統計と確率の基礎

第3版

服部哲弥 著

学術図書出版社

本書の読み方.

　本書は，大学での「確率・統計」「数理統計学」などの名称の講義に相当する内容についての基礎教科書である．自習用にも講義教科書用にも配慮した．

　本書は13に分けた章の他に序章，付録，練習問題の略解，関連図書，索引，を含む．文中で章を引用するときは第1章のように書く．各章の中はいくつかの節に分かれる．節を引用するときは，同じ章の中では§1.のように，他章からは第1章§1.のように書く．式や定理などの番号で引用することもある．

　本書でまずこだわったことは，題材を著者自身の問題意識と経験から選んだ点である．文字と数式の背後にある生身の人間の素朴な思いを重視した．

　その次にこだわったことは，高校までに学ぶ基礎的な確率論や統計学の考え方と各専門分野や現実の社会でのデータ解析で用いる個別の数理的技術の橋渡しを意識した点である．このため，本書前半では入門的な内容，すなわち数理統計学の種々の方法の共通の前提となる考え方を紹介し，本書後半に固有の技法の基礎的な背景を紹介した．数理統計学に限らずどの分野でも進歩があるので，最初に学ぶことと現場で使うことのギャップがある．進んだ実践的な内容と学んだ基礎事項に，見かけの違いにもかかわらず論理的な関係があることを理解しておけば，のちのち「言われたとおりやった」または「知らなかったから手が出なかった」と自分に言い訳せずに済む．これは基礎教科書の役割の一部と考える．

　以上の目標のため，とくに前半の各章の本文では詳細は避けて，簡単な状況を身近な例によって紹介した．主要な例は数値を掲げて検算できるようにし

た．後半では，短時間で多くの側面が見渡せるよう，基本的な概念や定式化に絞り，専門的な注意や技術的詳細を割愛した．ページ数すなわち本体価格の限界は厳しいが，小冊子の持つ普及力の可能性を優先した．

第6章までの章末練習問題には巻末略解を付けない問題も含め，問題番号に * を付けた．さらに，本文だけで解ける問題は [A]，補足（前の章の補足も含む）を用いる問題は [B] と分類した．問題の難易とは関係ない．

最初に書いたように，本書は自習用と講義用それぞれのための配慮をした．

自習用として：

- 前半はなるべく読み物として読めるように意識した．論理的な順序は犠牲にして定理の証明や基礎的な用語などもあとの章に回したり章末の補足とした．また，全体として記述が単調にならないよう気をつけた．
- 1回目は読み飛ばせるように込み入った数学や基礎事項のいくつかは補足に回した．（関係分野の大学院入試や統計学に関連する資格をめざす諸君は補足に回した内容も勉強していただきたい．たとえばアクチュアリーという保険業務に関する重要な資格があるが，2002年から2005年のアクチュアリー資格試験の中から練習問題を一部引用した．）

講義テキスト用として：

- 本書前半は大学前半までの基礎的な数学のみ仮定し，後半はやや進んだ内容も先取りすることで，幅広い学年・分野の講義に利用できることをめざした．各講義の目的・計画に応じて取捨選択していただければさいわいである．
- 進んだ話まで込めたので，最後までめくると難しく感じるかもしれないが，後半は必要とする向きの自習またはゼミなどでの履修を想定した．
- 大学1,2年の講義では本書の前半7章までをコアとし，これに中盤以降の章から選んで追加することを想定している．演習も加えて前半1章あたり2,3回の講義で，1学期で本書の前半を終えるのが想定する目安である．定理の証明や重要事項を一部章末や練習問題の補足に回したので，講義の意図に応じて補っていただければさいわいである．著者の講義の経験は，[1] の URL から著者のウェブ内で見つけることができる．本書が仮定する数学の水準への橋渡しについての著者の講義の経験も同じ URL から見つけることがで

きる.

　以上は第 2 版までとほぼ同じ前書きだが，第 3 版では基礎事項と実際的技法の橋渡しという方針をより徹底した．とくに後半で，それぞれのテーマを代表的な場合に絞る代わりに基礎づけをより精密に紹介した．中でも，第 11 章はベイズ統計学を基礎づけるワルドの統計的決定理論の紹介を拡充した．方法の背景に関係なく結果オーライならば結論だけ用いる，という考え方がもしあるとすると，本書は相補的な役割を果たすと期待する．また，本書の特徴の一つである独特の例題を追加し，説明の重複を整理するなどしてページ数を抑えた．

　本書の執筆にあたって多くの方々のお世話になった．第 2 版の前書きには以下のお名前を挙げた（五十音順敬称略）：尾畑伸明，高岡浩一郎，竹田雅好，沼澤洋平，服部久美子，服部哲也，原重昭，原隆，藤田岳彦，森田康夫，吉田伸生，渡辺浩．第 3 版では次のお名前を加える（上に挙げたお名前は重ねて記さない）：赤間陽二，池本駿，井出冬章，大塚岳，柏野雄太，楠岡成雄，熊谷隆，坂井哲，竹居正登，鳥巣伊知郎，服部環，原啓介，平野直人，水野義之，宮本宗実，湯浅久利．

　第 2 版の前書きでは理由を記して感謝したが，ページ数，したがって本体価格，を増やさないためにお名前だけとさせていただく．お許しを請う．他にも，講義の教科書に採用してくださる方々や参考文献にあげてくださる方々，ツイッターやブログなどで言及くださる方々にも感謝する．いくつかのハンドルネームや関わりの背景は，本書本文に載せることを断念した若干の補足資料とともに，[1] に記した．

　学術図書出版社の高橋秀治さんには本書の執筆を薦めていただいてから長期間にわたって，改訂や販売に尽力をいただいている．第 3 章 §1. の絵は高橋さんの著作である.

2014 年 7 月

著　者

目　次

　　　結婚年齢の男女差 ― 序. 1

第1章　硬貨投げとばらつき ― 確率. 　　　　　　　　4
　1.　2項分布. 4
　2.　離散分布の平均と分散. 7
　3.　2項分布の中心極限定理. 10
　　　練習問題1. 12

第2章　なぜ一列並びか ― 確率変数の期待値と分散. 　14
　　　プロローグ：Y駅みどりの窓口1990年. 14
　1.　連続分布の平均と分散. 15
　2.　確率変数の分布，期待値，分散，標準偏差. .. 18
　3.　窓口の並び方と分散. 20
　　　エピローグ：Y駅21世紀. 25
　　　練習問題2. 25

第3章　存在しない未来の大きさ ― 無作為抽出と独立確率変数列. 　27
　1.　標本と確率変数. 27
　　　クイズの答え. 31
　2.　確率変数列の独立. 32
　3.　多次元分布と確率変数列の結合分布. 34
　　　練習問題3. 39

第4章　宮城県沖地震2011年3月以前 ― 母数と推定量. 　42
　1.　標本平均と不偏分散. 42

追記：2011 年 3 月 11 日 48
  2. 概収束，大数の強法則，分布の収束，中心極限定理 48
      補足：標本平均と不偏分散を扱う根拠 51
      補足：定理の証明のあらすじと特性関数 52
      練習問題 4 55

第 5 章 さいころの目は不公平か？ —— 検定の考え方   56

  1. 差異とばらつき —— 問題は何か 56
  2. 正規分布 58
  3. 検定の原理 60
      補足：第 2 種の過誤と対立仮説と検定力 64
      練習問題 5 66

第 6 章 視聴率調査，何人分調べれば十分か？ —— 区間推定の考え方   67

  1. 区間推定の原理 67
  2. 視聴率調査と事故の件数 70
  3. データの蓄積と区間推定の「時間変化」 73
      練習問題 6 76

第 7 章 鶏が産む卵の重さはいくら？ —— 正規母集団の統計的推測   77

  1. クッキングスケール 77
  2. χ^2 分布 78
  3. 分散の推定・検定 80
  4. t 分布 81
  5. 平均値の推定・検定 83
      補足：いくつかの定理の証明のあらすじ 84
      練習問題 7 86

第 8 章 仙台は名古屋より涼しいか？ —— F 分布   87

  1. F 分布 87
  2. 等分散の検定 88

3.	仙台は名古屋より涼しい！	91
	補足：分散分析.	94
	練習問題 8.	99

第 9 章 健康診断結果の使い方 —— 回帰分析. **100**

1.	最小 2 乗法.	100
2.	最小 2 乗法の根拠.	103
3.	決定係数と相関係数.	105
4.	回帰係数の検定.	106
5.	重回帰分析.	107
6.	決定係数の高い法則と低い法則.	110
	補足：定理の証明のあらすじ.	113
	練習問題 9.	114

第 10 章 理論の香りを少し —— 尤度. **115**

1.	最尤法.	115
2.	尤度比と χ^2 検定.	117
3.	分布の適合度.	120
4.	推定量の不偏性.	122
5.	エントロピーと推定量の最良性.	124
6.	最尤推定量の強一致性.	126
	補足：最尤法としての回帰分析.	127
	補足：離散分布の尤度とエントロピー.	129
	補足：統計力学と熱力学のエントロピー.	130
	補足：いくつかの定理の証明のあらすじ.	131
	練習問題 10.	134

第 11 章 火星にネコの住む確率 —— ベイズ統計学門前編. **135**

1.	ベイズの公式.	135
2.	火星にネコの住む確率.	138
3.	尤度と事後確率.	140

4.	統計的決定理論とゲームの理論.	142
5.	ベイズ解の合理性.	144
6.	曖昧さにいくら払うか？	147
	補足：分離定理，ミニマックス定理，ワルドの定理.	151
	練習問題 11	156

第 12 章 株で損しない方法 — 数理ファイナンス門前編. 157

1.	数理ファイナンス.	157
2.	2 項 1 期モデルと複製ポートフォリオ.	159
3.	リスク中立確率.	162
4.	2 項 n 期モデルとポートフォリオの組み替え.	164
5.	連続極限とブラック・ショールズの公式.	167
	練習問題 12	171

第 13 章 双六，株価，地震 — 確率過程論門前編. 172

1.	1 次元単純ランダムウォーク.	172
2.	反射原理.	175
3.	1 次元ブラウン運動.	177
4.	ミクロからマクロへ.	179
5.	単純ランダムウォークからブラウン運動へ.	182
6.	ブラウン運動の微積分学.	184
	練習問題 13	189

付　録 A — 確率測度と確率連鎖. 190

1.	事象と確率測度.	190
2.	1 次元単純ランダムウォークの確率空間.	194
3.	乱数とシミュレーション.	195
4.	確率連鎖と予測.	198
	練習問題 A	202

練習問題の略解　　205

 　　　　　　　　結婚年齢の男女差

　政府はいろいろな統計を集めている．たとえば，人口動態調査に，初婚のカップルの男女年齢差の変遷の表がある．著者が 1976 年に受けた大学 1 年の統計学の講義のノートに「初婚男女の結婚年齢の男女差は平均 3（男性が 3 歳年上）の正規分布によく合っている」と，11 月 10 日に講師が余談をおっしゃった記録が残っている．結婚年齢は時代によって変動しても年齢差は変わらないという主張に聞こえた記憶がある．

　しかし，これが正しかったのは第二次世界大戦後 1970 年頃までの 20 年弱だけである．その後，年齢差の平均は 3 から同年齢の方向に減り続け，1997 年以降は 2 未満である（図 1）．

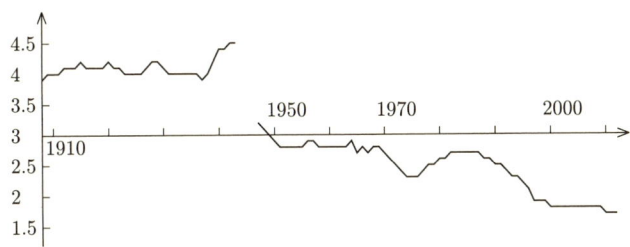

図 1　初婚男女年齢差の年間平均．縦軸は年齢差で男性が年上を正にとった．

　平均よりも詳細な正規分布という観察も，人口動態調査からある程度可否を確かめることができる．図 2 を見ると，1970 年頃はたしかに平均約 3，標準偏差も同程度，の正規分布と言えるが，1980 年には早くも崩れ始め，2000 年には正規分布と似ても似つかぬとがった分布になっている．このグラフを「平均 3 歳差結婚」と「同年齢結婚」の重ね合わせと考えておおざっぱに見積もると，

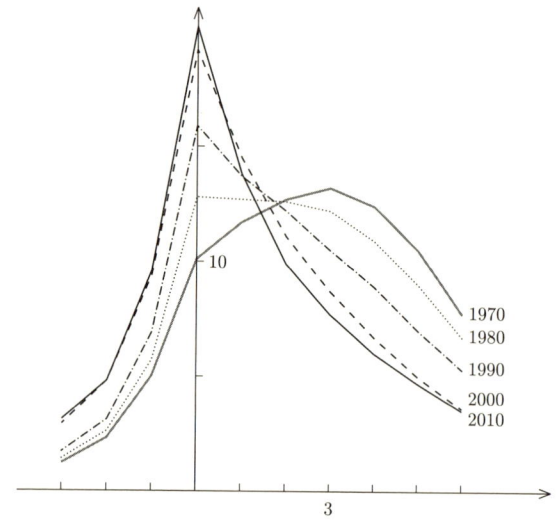

図 2 初婚男女年齢差分布．横軸は年齢差で男性が年上を正にとった．縦軸は割合％

1980 年は「同年齢結婚」が約 1 割，1990 年は 2 割弱，2000 年は 2 割強，2010 年は 3 割弱となる．1970 年代以降，伝統的な価値観の社会的圧力が弱まり，学校の同級生や入社の同期のあいだでの結婚が増えている，という仮説を立てると，分布の変化の社会的背景の説明として説得力を感じる．

結婚の年齢差を正規分布などを用いて分析するように，現象を数学を用いて分析することで現象の背後にある法則を調べられる可能性がある．「3 歳差結婚」は 1970 年代までの統計的分析から得られた法則だろうし，それが 1980 年代以降成り立たないこともより詳しい法則となり得る．本書はこのような分析の際の基礎的な考え方を紹介する．

本書全体のキーワードは**出自・発現の多様なばらつき**と**現象の数学的なモデル化**である．ばらつきというテーマの中での統計学のある姿をクイズの形でお見せしよう．図 3 は濃い色で書かれた図形に第 A 章§3.で紹介する一様乱数に基づいて濃さを決めた灰色のノイズを重ねた絵である．（情報の列のうち目的とする部分をシグナル（信号），目的としない部分をノイズ（雑音）と言う．）ノイズは 16 枚の絵のあいだで異なるが元の図形（シグナル）は同一である．さて，16 枚の絵に共通する元の図形を当てていただきたい．単純な形だが少し構

造がある．

　クイズの答えは，第3章で本書の主題との関わりが説明できるときまでとっておく．

図3　共通の画像に一様乱数列を用いてノイズを加えた16の画像．これらの図から共通にあるはずの原画像を再現できるか？

1　硬貨投げとばらつき

確　率

硬貨投げを最初の例として，離散分布について，確率測度，平均，分散の定義を復習する[1]．

§1.　2項分布.

公平な硬貨というと，たとえば，高校の数学の教科書の確率の章では表裏が等しい割合で現れること，つまり表の出る確率 p が $p=1/2$ であることを指す．（確率という言葉を使うときは，定義つまり言葉の約束として，起こり得るすべての可能性を合計したとき 1 でなければいけないので，表裏が等しければ 1/2 ずつである．）もう少し用心深い人ならば，何回硬貨を投げようともそれまでの表裏の出方に無関係に $p=1/2$，つまり，過去の記録から次の結果を予測できない，ということも要求するだろう．

しかし，実用上の公平は，むしろ，その硬貨の性質について関係者の持つ情報が等しいこと，である．ある硬貨を用いてゲームをする場合に，表の出る確率 p が 1/3，つまり，裏が表より 2 倍出やすい硬貨であっても，そのことをゲームの参加者全員が理解し承知していればゲームは成り立つ．そこで，p が 1/2 とは限らない硬貨も考えよう．簡単のため過去の記録から次の結果を予測できないことは仮定しよう．確率が負というのはあり得ないので $0<p<1$ である．$p=0$ は必ず裏の出る硬貨，$p=1$ は必ず表の出る硬貨，をそれぞれ意

---

[1] 本書が背景として想定する確率の定義を第 A 章 §1. に紹介する．ただし，少なくとも本書の最初の半分ではその知識や理解を仮定しない．

1. 2項分布. 5

味する．これらの可能性も含めても以下の話の大部分は成り立つが，確率論で扱う必要もないので必要がなければ除いておく．

さて，この硬貨を n 回投げる．高校で習ったように，確率を定義するにはまず**全事象**（全体集合），つまり起こり得ることのすべて，を念頭に置く．自然な選び方として n 回の表裏の現れ方の列全体，を全事象 $\Omega = \Omega_n$ に選ぶ．スペースの節約のため表を 1，裏を 0 と書くことにすると，0, 1 の長さ n の列の集合

$$\Omega_n = \{0,1\}^n = \{(s_1, s_2, \ldots, s_n) \mid \text{各 } s_i \text{ は 0 または 1}\} \tag{1.1}$$

が全事象である．表裏のある特定の列 $(s_1, s_2, \ldots, s_n) \in \Omega_n$ が起きる確率は各回の確率の積で計算できるとする．表1回あたり p，裏1回あたり $1-p$ で，n 回のうち表の回数は $s_1 + \cdots + s_n$ に等しいことは少し考えるとわかるので，

$$P_n[\{(s_1, s_2, \ldots, s_n)\}] = p^{s_1 + \cdots + s_n}(1-p)^{n-(s_1+\cdots+s_n)} \tag{1.2}$$

となる．これが，「過去の記録から次の結果を予測できない」ということの数学的なモデル化で，「異なる回の表裏の現れ方が独立である」と言う．（独立の概念は第3章であらためて紹介する．）本書で硬貨投げと言うときは (1.2) を仮定する．ちなみに，硬貨投げ n 回という簡単な話だが，ここまでの設定が定義する確率空間 (Ω_n, P_n) は**ベルヌーイ (Bernoulli) 試行**という立派な名前が付いている．

n 回の表裏の出る順番も，ランダムウォークと呼ばれるたいへん興味深い問題だが，本書第13章のお楽しみにして，表裏の順番は無視して n 回のうち表の回数 k に注目する．「表の回数」は Ω_n 上の関数である．これを $N_n : \Omega_n \to \{0, 1, \ldots, n\}$ と書くと，表の回数の分布 Q_n は $Q_n(\{k\}) = P_n[N_n = k]$ で与えられる．ここで P_n は Ω_n 上の確率だから変数は Ω_n の部分集合のはずだが，$N_n(\omega) = k$（表が k 回）である ω の集合を

$$\{\omega = (s_1, \ldots, s_n) \in \Omega_n \mid N_n(\omega) = k\} = \{N_n = k\}$$

のように省略して書いて，その確率を $P_n[N_n = k]$ と書くことが多い．「表の回数 N が k となる確率」と素朴に素直に読めるので，この書き方は確率論らしくて良い，と個人的に思う．関数 N_n は具体的に

$$N_n((s_1, \ldots, s_n)) = s_1 + \cdots + s_n \tag{1.3}$$

と書けることは (1.2) と同様なので，

$$Q_n(\{k\}) = \mathrm{P}_n[\,N_n = k\,]$$
$$= \sum_{\substack{s_1,\ldots,s_n \in \{0,1\};\\ s_1+\cdots+s_n=k}} \mathrm{P}_n[\,\{(s_1,\ldots,s_n)\}\,] = \sum_{\substack{s_1,\ldots,s_n \in \{0,1\};\\ s_1+\cdots+s_n=k}} p^k(1-p)^{n-k} \quad (1.4)$$
$$= p^k(1-p)^{n-k} \times (s_1+\cdots+s_n = k\ \text{なる}\ (s_1,\ldots,s_n)\ \text{の場合の数})$$

と計算できる．この式に登場した場合の数は n 回のうちちょうど k 回が表となる場合の数だから 2 項係数 ${}_n\mathrm{C}_k$ に等しいので，結局

$$Q_n(\{k\}) = {}_n\mathrm{C}_k\, p^k\,(1-p)^{n-k},\ k = 0, 1, \ldots, n-1, n, \quad (1.5)$$

となる．この確率を **2 項分布** と呼び $B_{n,p}$ と書く．

2 項分布を確率と呼んだが全事象を確認していなかった．N_n の値の分布だから N_n の値域 $\Omega'_n = \{0, 1, \ldots, n\}$ が全事象である．

2 項分布をベルヌーイ試行の上の 1 の個数を表す関数 N_n の値の分布として手に入れたが，確率空間の上の関数の値の分布は，特定のモデルによらず必ず関数の値域の上の確率になる．これをやや気取って $Q_n = \mathrm{P}_n \circ N_n^{-1}$ と書くこともあり，「確率変数 N_n は分布 Q_n に従う」とも言う．確率変数については第 2 章 § 2. であらためて紹介する．

細かく言うと，$B_{n,p}$ の添字 n, p を決めるごとに確率が決まるので，2 項分布は，n と p をパラメータとする無数の確率の族（似た確率をまとめて考えていること）を表す．$p = 1/2$ の場合の例を表と図に示す．

k	0	1
$Q_n(\{k\})$	0.5	0.5

k	0	1	2
$Q_n(\{k\})$	0.25	0.5	0.25

図 4　2 項分布 $B_{1,0.5}$ と $B_{2,0.5}$．

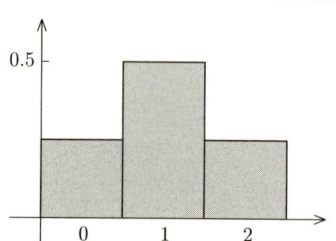

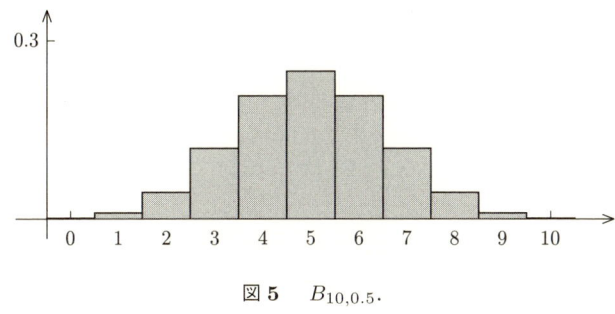

図5　$B_{10,0.5}$.

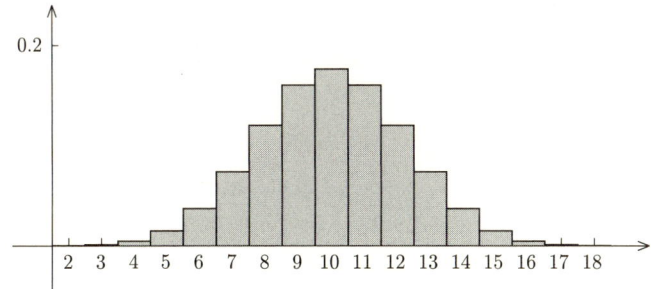

図6　$B_{20,0.5}$（分布の両端裾野の部分を一部省略した）.

§2. 離散分布の平均と分散.

硬貨を n 回投げたとき k 回表が出る確率（2項分布 $B_{n,p}$）を (1.5) で定義した．2項分布は k のとり得る $n+1$ 個の値 $0,1,\ldots,n$ それぞれに対応して $\{k\}$ という事象が起こる確率，つまり k 回表が出る確率 $Q(\{k\}) = Q_n(\{k\})$ が与えられている．一般の事象，すなわち集合 $A \subset \{0,1,\ldots,n\} = \Omega'_n$，の確率は

$$Q(A) = \sum_{k \in A} Q(\{k\}) \tag{1.6}$$

で与えられる．ちなみに，背後にある一般論（第 A 章 §1. 参照）の用語から，確率と呼んできた集合関数 P や Q のことを**確率測度**とも言う．確率測度の定義域，つまり確率が与えられている集合を**事象**と言う．いまのところ Ω'_n のすべての部分集合に対して確率を与えるので事象という言葉と集合という言葉は同じ意味になる．(1.6) は，排反事象（共通部分を持たない集合）の和集合の確率は各事象の確率の和に等しいという**確率測度の加法性**を意味する．結局，

2項分布と呼ばれる確率測度は (1.5) と (1.6) で定義される．

Ω が有限集合で，仮にそれを 2 項分布のときのように $\Omega = \{0, 1, \ldots, n\}$ と記号化して書くとき，非負の値 $Q(\{k\}), k \in \Omega$, が定義されていて，

$$\sum_{k=0}^{n} Q(\{k\}) = 1 \tag{1.7}$$

かつ，任意の $A \subset \Omega$ に対して $Q(A)$ が (1.6) で定義されているとき，Q を Ω 上の**離散分布**と言う．高校の教科書ではここに出てくる 1 個の要素からなる事象 $\{k\}$ たちを**根元事象**と呼んでいた．

2 項分布は離散分布の例である．もっとも単純な離散分布は，いつも表しか出ない硬貨やいつも 1 の目しか出ないさいころである．いかめしく書くと，Ω の特定の 1 点を仮に k_0 と置くと，k_0 を含む事象が確率 1，含まない事象は確率 0 となる分布である．そのような確率分布を**単位分布**と呼び，記号は δ_{k_0} と書くこともある．

$$\begin{aligned}\delta_{k_0}(A) = 1, \quad k_0 \in A, \\ \delta_{k_0}(A) = 0, \quad k_0 \notin A,\end{aligned} \tag{1.8}$$

ということである．たとえば，1 の目しか出ないさいころについて，A を奇数の目が出る事象 $A = \{1, 3, 5\}$ とすると $\delta_1(A) = 1$ といった具合である．とくに $\delta_{k_0}(\{k_0\}) = 1$ および $\delta_{k_0}(\{k_0\}^c) = 0$ （A^c は A の補集合）となるので，k_0 に集中した分布という言い方もする．単純すぎて確率の実例としておもしろくなさそうだが，(1.8) を用いると，(1.6) を $Q = \sum_{k=0}^{n} Q(\{k\}) \delta_k$ と，単位分布たちを正定数倍したものの和で書けるので離散分布の列で $n \to \infty$ を考えるときなどに役立つ．

確率はたくさんの数字を与えないと決まらない．離散分布で言えば $Q(\{k\})$ たちをすべての k について与える必要がある．しかし，日常生活でことあるごとに多数の数字を列挙するのは不便だし意味もとりにくい．1 個の数字で概略がわかるような「目安」がほしい．理論上もっとも重要で応用上ももっとも頻繁に用いられる目安は，高校時代に習ったとおり，分布の平均である．整数

(実数なども可) 上の離散分布 Q の**平均**を次で定義する：

$$\mu = \sum_{k \in \Omega} k\, Q(\{k\}). \tag{1.9}$$

平均は分布の重要な目安だが，分布を考えることは，平均という数値 1 個では状況を表しきれないということでもある．硬貨投げの表の回数はばらつく．ばらつきの目安として頻繁に用いられるのは分散である．離散分布の**分散**は

$$v = \sum_{k \in \Omega} (k - \mu)^2\, Q(\{k\}) \tag{1.10}$$

で定義する．右辺の 2 次式を展開して変形すると，

$$v = \sum_{k \in \Omega} k^2\, Q(\{k\}) - \mu^2 \tag{1.11}$$

もすぐわかる．$\sigma = \sqrt{v}$ を**標準偏差**と言う．目安として使うときは標準偏差のほうがわかりやすい．理由は（考えたことがなければ）考えてみると良い．（そのうち別の話の中で答えを示唆する．）

以上は離散分布の一般論だが，個別の例では個別の計算方法が必要になる．2 項分布 (1.5) の場合は以下のように計算するのが楽である．いったん 2 項分布のことは忘れたふりをして，公式をいくつか用意する．x, y を実数，n を自然数とすると，高校時代に習ったように 2 項定理

$$(x+y)^n = \sum_{k=0}^{n} {}_n\mathrm{C}_k x^k y^{n-k} \tag{1.12}$$

が成り立つ．x, y は任意なのでとくに $x = p, y = 1 - p$ と置くと

$$\sum_{k=0}^{n} {}_n\mathrm{C}_k p^k (1-p)^{n-k} = 1$$

となる．これは $Q_n(\Omega) = 1$，つまり 2 項分布 $B_{n,p}$ の定義 (1.5) が正しく確率を定義していることを示す．次に (1.12) を（y を固定して x だけの関数と思って）x で微分して x をかけると

$$nx(x+y)^{n-1} = \sum_{k=0}^{n} {}_n\mathrm{C}_k k x^k y^{n-k}. \tag{1.13}$$

x, y は任意なので $x = p, y = 1 - p$ と置くと $\sum_{k=0}^{n} {}_n\mathrm{C}_k k\, p^k (1-p)^{n-k} = np$. (1.9) と比べると $\mu = np$ がわかる．(1.13) を再度 x で微分して x をかけると

$$nx(x+y)^{n-1} + n(n-1)x^2(x+y)^{n-2} = \sum_{k=0}^{n} {}_n\mathrm{C}_k k^2 x^k y^{n-k}. \quad (1.14)$$

x, y は任意なのでとくに $x = p, y = 1 - p$ と置くと

$$\sum_{k=0}^{n} {}_n\mathrm{C}_k k^2\, p^k (1-p)^{n-k} = np + n(n-1)p^2.$$

上で導いた $\mu = np$ と (1.11) を用いると $v = np(1-p)$ を得る．標準偏差は分散の平方根なので $\sqrt{np(1-p)}$ となる．

まとめると，2項分布 $B_{n,p}$ の平均と分散は $\mu = np$ と $v = np(1-p)$ （標準偏差は $\sigma = \sqrt{np(1-p)}$）で与えられる．

§3. 2項分布の中心極限定理．

§1.で2項分布の表やグラフを掲げたが，n が大きくなると帽子に長い裾野がついた曲線に近づいているように見えないだろうか．この観察は正しくて，次の事実が成り立つ．

> **定理 1** (2項分布の局所中心極限定理)　$0 < p < 1$ とし，Q_n を (1.5) の2項分布 $B_{n,p}$，その平均と標準偏差を前節最後のとおり $\mu_n = np$ と $\sigma_n = \sqrt{np(1-p)}$ とする．実数 y 以下の最大の整数を $[y]$ と置き，$k_n(x) = [\mu_n + x\sigma_n]$ と置くとき，各実数 x に対して
>
> $$\lim_{n \to \infty} \sigma_n Q_n(\{k_n(x)\}) = \frac{1}{\sqrt{2\pi}} e^{-x^2/2} \quad (1.15)$$
>
> が成り立つ．　◇

$[y]$ を y 以下の最大の整数としたが，この定理では重要ではない．たとえば，y 以上の最小の整数でも極限をとると違いは見えなくなる．また，$Q_n(\{k\})$ は $|k| \leqq n$ でしか定義されていないが，左辺の数列は大きい $|x|$ に対しては大きい n から始まる数列を考えることにする．（または，$k < 0$ や $k > n$ のとき $Q_n(\{k\}) = 0$ として $\Omega = \mathbb{Z}$ の上の確率測度とみなしても差し支えない．本書

3. 2項分布の中心極限定理.

では数列などの極限についてのこの種の注意を省略する.)

(1.15) の右辺はこの先本書前半で詳しく扱う標準正規分布 $N(0,1)$ という名の連続分布の密度関数である. この文の意味は第2章で説明する. ここでは (1.15) の左辺が収束すること, そして極限が比較的すっきりした具体的な関数だということを見ておけば良い. 左辺は整数 $k_n(x)$ の意味がつかみにくいが, §1.の2項分布の図に込めた以下の「しかけ」に対応する. 図をよく見ると, 図の収まりを良くするために, 縮尺を n とともに変えていることに気づくと思うが, グラフがもっともらしい曲線に近づくためには座標の縮尺を変える必要がある, ということを数式で表したのが $k_n(x)$ という関数の意味である.

定理1の証明は, スターリング (Stirling) の公式

$$\lim_{n\to\infty} \frac{n!}{\sqrt{2\pi n}\, n^n e^{-n}} = 1, \tag{1.16}$$

および, よく知られた自然対数の底 $e = 2.718281828459\cdots$ の定義

$$\lim_{n\to\infty} \left(1 + \frac{1}{n}\right)^n = e \tag{1.17}$$

と, その拡張

$$\lim_{n\to\infty} e^{-x\sqrt{n}} \left(1 + \frac{x}{\sqrt{n}}\right)^n = e^{-x^2/2}$$

を知っていれば, あとは通常の数列の極限の計算問題になる. スターリングの公式は, 分母は $n=1$ でも誤差は 8.5% 以内であり, $n!$ の近似式として理論上も実用上も頻繁に用いられる. (1.17) のついでに指数関数に関する公式

$$e^x = \lim_{n\to\infty} \left(1 + \frac{x}{n}\right)^n \tag{1.18}$$

も覚えておくことにする.

局所中心極限定理は, 最初の章にしては精密な話に立ち入りすぎたが, 事象, 典型的には x の区間, の確率の言葉で書いた, 対応する定理を中心極限定理と言い, 正規分布を理論上および実用上重視する最初の理論的根拠になる. 次章以降の予告を兼ねて, 2項分布の中心極限定理を書いておく.

定理 2 (2項分布の中心極限定理) 確率 p で表が出る硬貨を n 回投げて表の回数が N_n 回出るとすると, 任意の実数の区間 $[a,b]$ に対して

$$\lim_{n\to\infty} \mathrm{P}_n[\, a \leqq \frac{N_n - np}{\sqrt{np(1-p)}} \leqq b \,] = \int_a^b \frac{1}{\sqrt{2\pi}} e^{-x^2/2}\, dx. \qquad \diamondsuit$$

右辺は標準正規分布 $N(0,1)$ のもとでの区間 $[a,b]$ の確率である．確率が積分で定義されているので，正規分布は第 2 章で紹介する連続分布の例である．極限分布が連続分布の場合，区間の確率が収束することは弱収束と呼ばれる数学概念と同値になる（第 4 章 § 2. (4.8) 参照）．定理 2 は「1 の確率が p のベルヌーイ試行 n 回のうち 1 の出る回数を N_n と置くと，$\dfrac{N_n - np}{\sqrt{np(1-p)}}$ の分布は $n \to \infty$ で標準正規分布に弱収束する」と言い換えられる．

定理の結論の左辺は (1.4) の最初の等号から

$$\lim_{n \to \infty} \frac{1}{\sqrt{np(1-p)}} \sum_{k;\ a \leq \frac{k-np}{\sqrt{np(1-p)}} \leq b} \sqrt{np(1-p)}\, Q_n(\{k\})$$

となるので，(1.15) を知っていれば定理 2 は納得しやすいだろう．実際は，中心極限定理は分布の特性関数を用いることで，局所中心極限定理を経由せず，2 項分布に限らず一般の分布で統一的に証明できる（第 4 章章末の補足参照）．

練 習 問 題 1

[A]

1. (1.11) を証明せよ．
2*. さいころを 5 回投げるなかで，1 の目が連続して 2 回以上出る確率を求めよ．また，さいころを 5 回投げるなかで，同じ目が連続して 2 回以上出る確率を求めよ．（平成 16 年日本アクチュアリー会資格試験）
3. 各問が 4 択で 1 問 5 点，20 問で 100 点満点の試験問題のすべての選択肢をでたらめに解答する．(i) 平均何点か．(ii) 60 点以上取れる確率はどの程度か．（電卓などを使用するか，機器を用いないならば中心極限定理と第 5 章の標準正規分布の数値を用いて見当づけることを想定した出題．）(iii) 60 点以上と同程度の確率なのは何点以下か．

[B]

4. a を自然数とし，$0 < p < 1$ とする．表の出る確率が p の硬貨を表が a 回出るまで投げるとき，裏が出た回数の合計の平均と分散を求めよ．（補足 1 参照）
5*. さいころを 2 回投げたとき出た目の和が 7 になる事象を A，8 になる事象を B，1 回目に 3 が出る事象を C と置くとき A と C は独立だが B と C は独立でないことを証明せよ．（補足 2 参照）

補足 1. 硬貨を表が a 回出るまで投げた時点で裏の出た回数 k の分布を負の 2 項分布またはパスカル (Pascal) 分布と呼び，硬貨の表が出る確率を p とするとき

$$\mathrm{P}[\,\{k\}\,] = {}_{a+k-1}\mathrm{C}_k\, p^a (1-p)^k, \quad k=0,1,2,\ldots, \tag{1.19}$$

で与えられる．この式は，最後の 1 回を除く $a+k-1$ 回のうち k 回が裏で，$a+k$ 回目が表の確率を考えることで得られる．負の 2 項分布と呼ばれる理由は，この式を

$${}_{a+k-1}\mathrm{C}_k\, p^a (1-p)^k = {}_{-a}\mathrm{C}_k\, p^a (p-1)^k$$

と書くことがあるから．ここで負の整数に対する 2 項分布 ${}_{-a}\mathrm{C}_k$ は正の場合の類似で $-a, -a-1, \ldots, -a-k+1$ をかけた数を $k!$ で割った値を表す．

非負整数 $\{0,1,2,\ldots\}$ の上の確率なので全事象の確率が 1 であるべきことから，2 項係数 ${}_n\mathrm{C}_k$ に関する次の公式を得る：

$$\sum_{k=0}^{\infty} {}_{a+k-1}\mathrm{C}_k\, (1-p)^k = p^{-a}, \quad a=1,2,\ldots,\ 0<p<1. \tag{1.20}$$

補足 2. 事象 A と事象 B が**独立**である（あるいは，A, B が独立事象である）とは

$$\mathrm{P}[\,A \cap B\,] = \mathrm{P}[\,A\,]\mathrm{P}[\,B\,] \tag{1.21}$$

が成り立つことを言う．独立でないことを従属であると言うことがある．

事象の独立性の意味は**条件付き確率**に由来する．事象 A が起きたときの B の起きる条件付き確率 $\mathrm{P}[\,B \mid A\,]$ を

$$\mathrm{P}[\,B \mid A\,] = \frac{\mathrm{P}[\,B \cap A\,]}{\mathrm{P}[\,A\,]} \tag{1.22}$$

で定義する．条件付き確率は $\mathrm{P}[\,A \mid A\,] = 1$ を満たす確率測度である．たとえば，

$$\mathrm{P}[\,B \mid A\,] + \mathrm{P}[\,B^c \mid A\,] = 1 \tag{1.23}$$

は (1.22) から直接確かめることができる．

$\mathrm{P}[\,A\,] \neq 0$ のとき事象 A, B の独立性 (1.21) は

$$\mathrm{P}[\,B \mid A\,] = \mathrm{P}[\,B\,] \tag{1.24}$$

と同値である．このとき $\mathrm{P}[\,A^c\,] \neq 0$ ならば $\mathrm{P}[\,B \mid A^c\,] = \mathrm{P}[\,B\,]$ も成り立つ．つまり事象 A, B が独立ならば B の起きる確率は A の条件を付けるか付けないかによらない．これが独立という言葉の元の意味である．（統計学的に深い話題が第 11 章に続く．）

2 なぜ一列並びか

確率変数の期待値と分散

　平均値だけで話を大きく誤らない日常の場面は多いが，ばらつきを考えなければ話を誤る日常の場面もある．例として窓口の一列並びと並列並びを紹介する．合わせて引き続き，確率変数や連続分布など確率論からの準備も進める．

§ プロローグ：Y 駅みどりの窓口 1990 年．

　窓口に行列はつきものである．JR みどりの窓口や銀行などの ATM，空港のチェックインカウンター，テーマパークなどの入場券売り場やアトラクションを待つ行列，公衆トイレやスーパーのレジ，など例にはきりがない．本書の草稿の一部になった 1995 年頃作成の講義ノートには，公衆電話という例もあったが，携帯電話やインターネットの爆発的普及によって公衆電話に並ぶ場面はほとんど消えた．

　閑話休題．窓口といっても窓が本当にあるかどうかが重要ではなくて，何かの処理のための複数の地点があり，処理を求めると処理を待つ順番が指定される，という 2 点に注目する．これを以下窓口と行列と呼ぶ．窓口が複数あるとき，各々の窓口を各自が選んでそれぞれ並ぶ方法（仮に並列並びと名付ける）と，行列は窓口から少し離して一列にしておいて先頭から順次開いた窓へ進む一列並びがある．1980 年代頃までの日本は並列並びが普通だった．1990 年頃一列並びの宣伝が広まり，21 世紀日本はスーパーのレジと入国審査を除けば一列並びが普通に見える．（庶民的な社会現象では関東と関西の違いの噂を必ず

聞くが，本書はこの永遠の研究課題には立ち入らない．）もし一列並びが増えたとすると，一列並びの利点は何だろうか？

　現在でこそあたり前に見られる一列並びも，宣伝され始めた 1990 年代はすんなり定着したわけではない．いったんは広まってあらゆる場所で一列並びが試みられたのち，飛行場や銀行などスペースのゆったりとれる場所で誘導や説明のために配置できる職員を多くかかえていたところではそのまま定着したが，それ以外では元の並列並びに戻すなどの混乱も見られた．実際，某鉄道 Y 駅の指定券前売り窓口は，昔は並列並びだったのを，一列並びが話題になってしばらくのち 1990 年始めに一列並びに変えた．ところが何カ月もたたないうちに一列並びをやめて並列並びに戻した．意見箱を利用して理由を問い合わせたところ，Y 駅の回答は

1. 平均時間は変わらない，
2. 列が長く見えて Y 駅は混んでいると思われてしまう，
3. 誘導人員が確保できない，

であった．第 2 点は心理的な問題，第 3 点は経済的な問題，かもしれないが，第 1 点は平均値という数学の問題である．「平均が変わらないから一列並びには意味がない」という主張に見えるが，これは適切だろうか？　本章で，一列並びは待ち時間の**平均は変わらなくても**数学的に意味があることを論じたい．

§1. 連続分布の平均と分散．

　一列並びの問題を論じるには待ち時間の分布の議論が必要である．時間はとり得る値が連続的なので，第 1 章で紹介した離散分布の定式化は使えない．とり得る値が連続的な集合の上の確率測度は密度を持つ連続分布を考えることが多い．そこで本題に入る前に密度を持つ連続分布を紹介する．

　第 1 章の離散分布の場合と同様に，確率を定義するにはまず全事象（全体集合）を与える．典型的な連続分布は全事象が実数の集合 $\mathbb{R}$ である．経過時間の場合は非負実数の集合 $\mathbb{R}_+$ をとるし，もっと狭く区間 $[a,b]$ に限る場合もある．この他，国語と算数の試験の成績の組を考える，身長と体重の関係を調べる，など，数の組の分布が問題になるときは n 個の実数を並べた列の集合 $\Omega = \mathbb{R}^n$

を考えることもあり，その上の確率測度は n 次元分布と呼ぶ．

1 次元分布（全事象 Ω が $\mathbb{R}$, $\mathbb{R}_+$, $[a,b]$ など）の場合，非負値関数 $\rho(x) \geqq 0$, $x \in \Omega$, で

$$\int_\Omega \rho(x)\,dx = 1 \tag{2.1}$$

を満たす区分的に連続な関数 $\rho: \Omega \to \mathbb{R}_+$ に対して，ρ を**密度関数**（確率密度関数）とする**連続分布**とは，事象 A に対して

$$Q(A) = \int_A \rho(x)\,dx \tag{2.2}$$

と書ける集合関数 Q を言う．(2.2) から，$A = \{x\}$ のような 1 点だけからなる集合（根元事象）は連続分布では確率 0 となる：

$$Q(\{x\}) = \int_x^x \rho(y)\,dy = 0. \tag{2.3}$$

これは離散分布との著しい違いである．

1 次元（連続）分布のもっとも重要な例は正規分布（ガウス分布）である．平均 μ 分散 v の**正規分布**とは密度関数が

$$\rho(x) = \frac{1}{\sqrt{2\pi v}} e^{-(x-\mu)^2/(2v)} \tag{2.4}$$

の 1 次元分布であり，$N(\mu, v)$ と書くことが多い．$N(0,1)$, つまり $\mu = 0$, $v = 1$ のときを**標準正規分布**と言う．標準正規分布 $N(0,1)$ の密度関数は (1.15) の右辺で先取りしていた．その数値例は第 5 章で扱う．(2.4) の定数は全事象の確率が 1 になるように決まっている．これは，ガウス (Gauss) 積分

$$\int_{-\infty}^\infty e^{-z^2/2}\,dz = \sqrt{2\pi} \tag{2.5}$$

に変数変換

$$z = \frac{x - \mu}{\sqrt{v}} \tag{2.6}$$

を考えればわかる．

離散分布と同様に連続分布も平均と分散が分布の目安として重要である．第 1 章の (1.9) に対応するのは，$\int_\Omega |x|\,\rho(x)\,dx < \infty$ のとき存在する分布の**平均**

$$\mu = \int_\Omega x\,\rho(x)\,dx \tag{2.7}$$

である．さらに $\int_\Omega x^2 \rho(x)\,dx < \infty$ のとき存在する分布の**分散**

$$v = \int_\Omega (x-\mu)^2 \rho(x)\,dx = \int_\Omega x^2 \rho(x)\,dx - \mu^2. \qquad (2.8)$$

が (1.10), (1.11) に対応する．また $\sigma = \sqrt{v}$ を**標準偏差**と言う．

$\int_\Omega |x|\rho(x)\,dx = \infty$ のときは平均も分散もない，と決める．たとえば，$x > 0$ の範囲での平均，などの部分的な平均なども考えたいので，それらとのあいだに矛盾や意味不明な結果が起きない場合のみ平均を考えるということである．第 1 章では明記しなかったが，第 1 章末練習問題補足のパスカル分布，本章末練習問題の幾何分布，(6.6) のポワッソン分布，など離散分布は根元事象が可算無限個あるときに拡張できるが，その平均も上と同様の注意を置く．

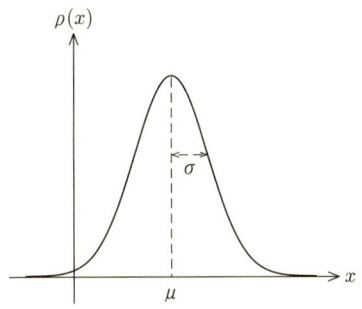

図 7　平均と標準偏差．

定義から，平均は分布の「中ほど」，標準偏差は $|x-\mu|$，つまり平均からの分布の「広がり・散らばり・ばらつき」を表す目安になる．（ちらばり $|x-\mu|$ の目安として，最初から $|x-\mu|$ の平均 $\int_\Omega |x-\mu|\rho(x)\,dx$ などを選ぶことも可能だが，本書前半で紹介する正規分布に即した統計的推測では，中心極限定理を踏まえた漸近理論やブラウン運動の応用まで込めて，分散のほうが扱いやすい．しかし，特定の問題で他の量が扱いやすいならば，目安になる限り代用できる．平均の代わりに中央値などを目安として用いる場面もあり得る．）

標準正規分布 $N(0,1)$ の場合，(2.4) で $\mu = 0$ と置くと (2.7) の被積分関数 $x\rho(x)$ は奇関数だから（積分値が存在することを知っていれば）平均 (2.7) は 0 である．また，ガウス積分 (2.5) で $z = y\sqrt{2a}$ と変数変換して両辺を $-2\sqrt{\pi a}$

で割ってからその両辺を a で微分して $a=1/2$ と置くと

$$\int_{-\infty}^{\infty} y^2 e^{-y^2/2} \frac{dy}{\sqrt{2\pi}} = 1. \tag{2.9}$$

これを (2.8) と (2.4) と見比べると $N(0,1)$ の分散は 1 である．一般の $N(\mu,v)$ の場合，(2.4) と変数変換 (2.6) によって $\int_{-\infty}^{\infty} \left(\frac{x-\mu}{\sqrt{v}}\right)^k \rho(x)\,dx$ は $k=1$ のとき $N(0,1)$ の平均だから 0, $k=2$ のとき $N(0,1)$ の分散だから 1. 前者と (2.7) から $N(\mu,v)$ の平均は μ, 後者と (2.8) から $N(\mu,v)$ の分散は v となる．(だから，(2.4) の上で $N(\mu,v)$ のことを平均 μ 分散 v の正規分布と書いた．)

§2. 確率変数の分布，期待値，分散，標準偏差．

確率空間 (Ω, P) の上の関数 $X:\Omega \to \mathbb{R}$ を確率論では**確率変数**と言い，

$$Q(A) = (\mathrm{P} \circ X^{-1})(A) = \mathrm{P}[\,X^{-1}(A)\,] = \mathrm{P}[\,X \in A\,] \tag{2.10}$$

で定義される集合関数 $Q = \mathrm{P} \circ X^{-1}$ を X の**分布**と言う．Q は X の値の分布である．X の分布が Q であることを，確率変数 X が分布 Q に従う，X の従う分布は Q である，などとも言う．(「X の従う分布」を積分変数を使って「x の従う分布」と書く初心者向け教科書も多い．これは X の値域を Ω にとり直して $X(x) = x$ と考えていることに相当する．)

関数のことをわざわざ確率変数といかめしい名前を付け直すのは，集合 Ω に確率測度 P が定義されていることを強調しているだけである (と，とりあえず思ってほしい)．関数 X のとり得る値が整数のように離散的でも実数のように連続的でもかまわない．X のとり得る値が離散的なとき X を離散値確率変数と呼ぶことにする．(離散確率変数，離散型確率変数，離散的確率変数などと呼ぶ教科書も多い．) 離散値確率変数の分布 Q は離散分布である．X の分布 $Q = \mathrm{P} \circ X^{-1}$ が連続散分布のときは X を連続型確率変数と言う．

確率変数 X の分布の平均を X の**期待値**と言い $\mathrm{E}[\,X\,]$ と書く．たとえば，第 1 章の (1.3) で定義された，n 回のベルヌーイ試行の確率空間 (Ω_n, P_n) の上の「1」または「表」の回数を表す確率変数 $N_n: \Omega \to \mathbb{Z}$ の分布は，(1.4) によって 2 項分布 $Q_n = B_{n,p}$ である．その平均は第 1 章 §2. で得た np なので，確率変数 N_n の期待値は $\mathrm{E}[\,N_n\,] = np$ である．

2. 確率変数の分布，期待値，分散，標準偏差.

一般に，離散値確率変数 X のとり得る値が有限個 $\{0, 1, 2, \dots, n\}$ で尽くされるとすると，X の期待値すなわち X の分布の平均は (1.9) と (2.10) から

$$\mathrm{E}[\,X\,] = \sum_{k=0}^{n} k\, Q(\{k\}) = \sum_{k=0}^{n} k\, \mathrm{P}[\,X=k\,] \tag{2.11}$$

となる．とり得る値が可算無限個のときは右辺の和を級数に置き換える．

X が連続型確率変数のとき，その分布 Q が密度 ρ を持つならば X の期待値は (2.7) から

$$\mathrm{E}[\,X\,] = \int_{\mathbb{R}} x \rho(x)\, dx \tag{2.12}$$

となる．分布の平均の定義に合わせて，$\mathrm{E}[\,|X|\,] < \infty$ のとき期待値が存在すると言い，$\mathrm{E}[\,|X|\,] = \infty$ のときは期待値は存在しないとする．

確率変数の期待値の定義が離散値と連続型で見かけが違うが，(2.12) は

$$\begin{aligned}
\mathrm{E}[\,X\,] &= \int_{\mathbb{R}} x \rho(x)\, dx = \lim_{n \to \infty} \sum_{k=-n^2}^{n^2} \frac{k}{n} \int_{k/n}^{(k+1)/n} \rho(x)\, dx \\
&= \lim_{n \to \infty} \sum_{k=-n^2}^{n^2} \frac{k}{n} Q([\tfrac{k}{n}, \tfrac{k+1}{n})) \\
&= \lim_{n \to \infty} \sum_{k=-n^2}^{n^2} \frac{k}{n} \mathrm{P}[\,\tfrac{k}{n} \leqq X < \tfrac{k+1}{n}\,]
\end{aligned} \tag{2.13}$$

と，区分求積法と (2.10) を用いて変形すると，極限の記号を見なければ (2.11) の右辺と似ていて，統一的に扱えることが伺える．(本書では統一的な扱いには立ち入らないが，背景については第 A 章 §1. を参照．)

期待値の定義が済んだので，**分散** $\mathrm{V}[\,X\,]$ は (X が離散値・連続型とも)

$$\mathrm{V}[\,X\,] = \mathrm{E}[\,(X - \mathrm{E}[\,X\,])^2\,] \tag{2.14}$$

で定義する．X の分布 $Q = \mathrm{P} \circ X^{-1}$ が離散分布のときは，(2.11) から Q の平均は $\mu = \mathrm{E}[\,X\,]$ なので，(2.11) の関数 X を関数 $(X - \mu)^2$ に置き換えると

$$\mathrm{V}[\,X\,] = \sum_{k=0}^{n} (k - \mu)^2 Q(\{k\})$$

となって，(1.10) から，$\mathrm{V}[\,X\,]$ は X の分布 Q の分散 v に等しい．X の分布 $Q = \mathrm{P} \circ X^{-1}$ が連続分布のときも，(2.12), (2.7), (2.8) からやはり $\mathrm{V}[\,X\,]$ は

X の分布 Q の分散 v に等しい.

期待値と分散の定義からあたり前だが，定数関数に対しては
$$\mathrm{E}[\,1\,] = 1, \ \mathrm{V}[\,1\,] = 0, \tag{2.15}$$
となる．また，定数 a に対して
$$\mathrm{E}[\,aX\,] = a\mathrm{E}[\,X\,], \tag{2.16}$$
および
$$\mathrm{V}[\,aX\,] = a^2\mathrm{V}[\,X\,], \tag{2.17}$$
さらに，確率変数 X, Y に対して
$$\mathrm{E}[\,X+Y\,] = \mathrm{E}[\,X\,] + \mathrm{E}[\,Y\,] \tag{2.18}$$
が成り立つ．(2.18) の性質を加法性，(2.18) と (2.16) の性質が両方成り立つことを線形性と言う．期待値の線形性は X と Y の関係にも有限集合か無限集合かにも一切関係なく期待値があれば常に成り立つ．しかし期待値の加法性の証明には結合分布を要するので，詳しくは第 3 章 §2. に順延していまは先を急ぐ．

分散については，まず期待値の線形性から (2.14) は
$$\mathrm{V}[\,X\,] = \mathrm{E}[\,X^2\,] - (\mathrm{E}[\,X\,])^2 \tag{2.19}$$
と書き換えることができる．また，(2.17) の右辺が a^2 であることに注意．期待値の (2.16) と次数を合わせるために，しばしば分散の代わりに**標準偏差** $\sigma_X = \sqrt{\mathrm{V}[\,X\,]}$ を用いる．分散は加法性がいつも成り立つわけではない．（この件も詳しくは第 3 章 §2. で.）

§3. 窓口の並び方と分散.

平均と分散（あるいは標準偏差）が確率分布の目安だ，と書いてきた．平均の実用上の役割は直感的に多くの人が把握していると思う．たとえば，保険料や年金の掛け金は（手数料を除くと）「事故などで生じる費用の平均値を各自が出し合っておけば，その中から実際に事故などにあった人に費用分を出すことができるはず」というのがいちばん基礎的な考え方である．

3. 窓口の並び方と分散. 21

では分散の実用上の意味は何か？ これを説明するために本章始めの指定券前売り窓口の問題に戻る.

問題を数学的に扱うために，以下の条件を置くことで，論じたいことの本質を損なわない範囲で簡単化したモデルを考える.

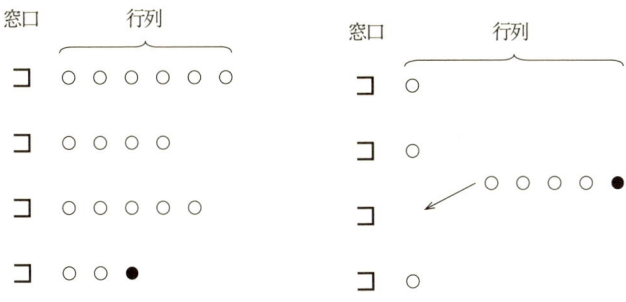

図 8 並列並びと一列並び（窓口数 $M=4$）. 左端が窓口，黒丸が自分.

1. 窓口の数を M，自分が行列の N 人目，すなわち，自分が到着する直前に $N-1$ 人が待っていたとする．M に比べて N は十分大きいとする．とくに，窓口に空き時間はなく，すべての窓口がいつも仕事をしているとする.

2. 「一列並び」は N 人の客が長い一列を作り，M 個の窓口のどれかが空き次第，その空いた窓口へ順に客が行って処理を受ける．「並列並び」ではどの窓口も均等に並ぶとする．すなわち M 個の窓口それぞれに N/M 人ずつ並び，ある窓口が空けばその窓口に並んでいた客が順に処理を受ける．（どの窓口が早いかわからないとき自然に均等に並ぶという仮定が含まれている．本題とは関係ないが，レジのようにうまいへたがあり，買い物かごの中身から処理時間の違いを予想できるときは，でこぼこに並ぶほうが合理的な場合がある．スーパーの常連とおぼしき人たちは驚くほど正しくでこぼこに並ぶ．彼らは本書で扱えないほど複雑な数学モデルを瞬時に解いている！）

3. 客 i ($i=1,2,\ldots,N$) の処理時間 S_i は確率変数である.

4. $\{S_i\}$ は独立とし，窓口はすべて同じ処理能力で，各々の客の処理時間の分布は等しいとする．各々の客を見ただけでは時間がかかりそうかどうか区別できないということ．とくに平均処理時間 $\tau=\mathrm{E}[S_i]$ は客によらず

一定とする．われわれは処理時間の分布を熟知してはいないが，少なくとも平均処理時間 τ は経験的に知っているとする．確率変数列の独立の定義は第 3 章の (3.2) まで待たねばならないが，ここでは，独立確率変数の分散の加法性 (3.6) を $V[S_1 + S_2 + \cdots + S_n] = V[S_1] + \cdots + V[S_n]$ の形で使うだけなので，この式だけを仮定すると考えておけば良い．

5. どの窓口が空いたか判断して窓口まで歩くのに要する時間は無視する．この他一列並びと並列並びは窓口の選び方以外の条件は変わらないとする．

待ち時間を表す確率変数 T は，一列並びと並列並びで異なる．

$$
\begin{aligned}
&\text{一列並びの場合は} \quad T^{(1)} = \frac{1}{M} \sum_{i=1}^{N} S_i, \\
&\text{並列並びの場合は} \quad T^{(2)} = \sum_{i=1}^{N/M} S_{j_i}.
\end{aligned}
\tag{2.20}
$$

ここで $j_1, j_2, \ldots, j_{N/M}$ は並列並びについて自分と同じ列に並ぶ客．N 人が M 個の窓口に分かれて並ぶので自分の前には N/M 人いる．念のため添字を 2 重にしたが，ここでの分析では番号（客の名前）は重要ではない．

まず，(2.20) と期待値の線形性 (2.16) と (2.18)，および $\tau = E[S_i]$ から

$$
E[T^{(1)}] = E[T^{(2)}] = \frac{N}{M}\tau = \bar{t}
$$

すなわち待ち時間の期待値（平均値）は並び方によらない．**平均値に関しては Y 駅の主張は正しい**．なお，τ を経験的に知っていると仮定したので，平均待ち時間 $\bar{t}$ も計算できる．

いよいよ本題である．Y 駅が主張するように，平均待ち時間 $\bar{t}$ は一列並びと並列並びで等しくても，実際に両者の並び方を体験すると「何かが違う」．違いのありかを示すために次の点に注目する．

仕事に忙しい，まじめな会社員が前売りを買うときは，次の約束までや仕事の休み時間など，他の用事のあいだの時間を利用して窓口に来るか，あるいは，乗車直前に窓口に来て発車までの時間で前売りを買う．（前売りを買うために休暇をとって 1 日並ぶ覚悟，というのは盆や正月の帰省など特殊な場合だけであろう．）そこで，電車の発車や次の約束・用事までに前売り券が買える

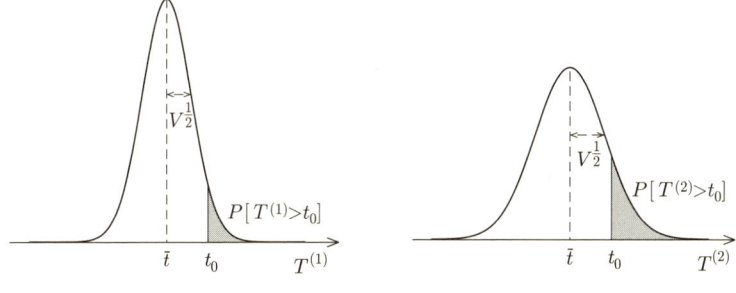

図 9　$V[T^{(i)}]$ と $P[T^{(i)} > t_0]$.

か，という問題を考える．次の用事までに t_0 の時間的余裕があるとき，それが平均待ち時間 $\bar{t}$ に比べて長ければ $(t_0 > \bar{t})$ 間に合うと判断して前売り券を買うために並ぶ．実際の待ち時間 T は平均 $\bar{t}$ のまわりにばらつく確率変数である．買えることもあるが，たまたま直前の客が手間取って買えない場合もある．$T < t_0$ が実現すれば券を買えるが，$T > t_0$ ならば待っているあいだに時間切れとなって券を買わずに次の仕事や約束に向かわなければならない．発車に間に合わなかった場合は計画を変更しなければいけない．確率 $P[T > t_0]$ で前売り券を買い損なうので，この確率が小さいほど望ましい窓口である．**平均待ち時間 $\bar{t}$ が等しくても待ち時間 T の分布によって「前の客に手間取ったための不運な買い損ない」$P[T > t_0]$ の大きさが変わり得る．**この値は，客の処理時間 S_i の分布の具体形がわからないと計算できないが，目安として分布の分散を考えることができる．常識的には，$t_0 > \bar{t}$ のとき，分布が広がっているほど $P[T > t_0]$ は大きい．分布の広がりの目安が分散であるから，分散が小さいほど買い損ないが少なく望ましい，と想像する．（厳しいことを言えば，この想像は成り立たないことがある．分布の形が違いすぎると $P[T > t_0]$ の大小と分散の大小が一致しない場合がある．$P[T > t_0]$ を比較すべきだが，いまは（まだ本の始めなので）目安として便利な分散を用いて話を進める．）

処理時間の分布は客によらないという仮定から，客 1 人あたり窓口あたりの

処理時間の分散 $V[S_i]$ は i によらないので，$\sigma^2 = V[S_i]$ と置く．このとき，

$$\begin{aligned} V[T^{(1)}] &= \frac{N}{M^2}\sigma^2，\text{一列並びの場合，} \\ V[T^{(2)}] &= \frac{N}{M}\sigma^2，\text{並列並びの場合，} \end{aligned} \quad (2.21)$$

となる．(2.21) の証明には第 3 章の (3.6) が必要である．ここでは (3.6) を認めて $V[T^{(1)}]$ について (2.21) を証明しておこう．(3.6) で証明するように，確率変数列 $\{S_i \mid i = 1, \ldots, N\}$ が独立ならば $V[S_1 + S_2 + \cdots + S_n] = V[S_1] + V[S_2] + \cdots + V[S_n]$ が成り立つ．この事実と (2.17) と (2.20) から，

$$\begin{aligned} V[T^{(1)}] &= V[M^{-1}S_1 + M^{-1}S_2 + \cdots + M^{-1}S_N] \\ &= V[M^{-1}S_1] + V[M^{-1}S_2] + \cdots + V[M^{-1}S_N] \\ &= M^{-2}\left(V[S_1] + \cdots + V[S_N]\right) = \frac{N}{M^2}\sigma^2. \end{aligned}$$

$V[T^{(2)}]$ の証明も同様にできるので読者の自習として省略する．$M > 1$ だと $V[T^{(1)}] < V[T^{(2)}]$ となるから，一列並びが並列並びに比べて，待ち時間の分散，すなわち散らばり具合が小さい．それゆえ一列並びのほうが前売り券を買い損なう確率が低いと思われる．

並列並びのほうが，早い窓口をめざとく見つけて並ぶことで，自分より先に来たのに遅い窓口に並んでしまった客を追い越せると思うかもしれないが，自分の直前の客がもたついて，あとから来て他の窓口に並んだ客が自分を追い越して先に終わる可能性もある．つまり，並列並びのほうが一列並びより極端に待ったり極端に早かったりする両極端が多い．これを『並列並びのほうが待ち時間のばらつきが大きい』と言う．いまは，平均よりも余裕をもって買いに来ているので，極端な場合全員平均どおり処理が終われば必ず自分も間に合う．だからばらつきの目安となる分散が小さい一列並びのほうが目的にかなう．

もし，朝寝坊して平均どおりだと間に合わない時刻に列に到着して，一か八か幸運に賭けたい，という賭け事の好きなタイプならば，自分の目の前にいる客の少ない並列並びを好むかもしれない（そして，自分の前の客が偶然全員手際が良いことに賭ける）．でも，ここでは用心深く余裕をもって到着した人の立

場で考えている．そういう慎重な人にとっては，ラッキーな人の多い並列並びはそのぶん「割を食う」ので，一列並びのほうが良い．並んでいられる時間が限られているときに一列並びのほうが並列並びに比べて買い損なう恐れが小さい，という意味で（平均待ち時間が変わらなくても）一列並びには意味がある．

§エピローグ：Y 駅 21 世紀.

Y 駅指定券前売り窓口では 2000 年頃から一列並びを再開した．かつて一列並びを希望する投書と否定的な回答のやりとりがあったことを覚えている人は誰もいないかのように，現在では一列並びがすっかり定着している．

ところで，用事の合間を利用しなければならない忙しい人たちは窓口に並ぶのをやめてインターネットで指定席を予約する時代になった．本章の話は一列並びの有効性の例としては昔話になりつつある．

しかし，平均だけでなくばらつきもだいじ，ということはなくならない．たとえば，保険料は，事故の損害の期待値で計算すると，たまたま事故が一時期に集中した場合に支払い不能になる危険がある．そこで，安全割増といって，平均だけではなくばらつきを考慮する．本書は各章ごとに繰り返しばらつき（分布，分散）の重要性をさまざまな角度から議論することになる．

練 習 問 題 2

[A]

1. 1990 年代に戻ったつもりになって，客の理解を得られない，と一列並びを渋る Y 駅の広報担当に代わり，一列並びについての客の理解を得るための広告説明文を提案せよ．
2. コーシー (Cauchy) 分布，すなわち密度関数 $\rho(x)$ が
$$\rho(x) = \frac{1}{\pi(1+x^2)} \qquad (2.22)$$
で与えられる実数上の連続分布は，確率分布ではあるけれども，期待値が（もちろん分散も）ないことを示せ．
3*. あるバス停でバスが毎時 0, 20, 50 分に発車する．A さんが歩いてバス停に着く時刻は 7 時から 8 時のあいだで一様である．A さんの待ち時間の期待値は何分か？（○○が a から b のあいだで一様であるとは，○○が区間 $[a,b]$ 上の一様分布 (2.24)

26   第 2 章　なぜ一列並びか —— 確率変数の期待値と分散．

に従う確率変数であることを言う．）（平成 14 年日本アクチュアリー会資格試験）

[B]

4. 確率変数 X が以下の分布に従うとき，それぞれについて X の母関数 $E[\,e^{\xi X}\,]$，期待値 $E[\,X\,]$，分散 $V[\,X\,]$ を求めよ．（補足 1 参照）

(i) $0 < p < 1$ のとき，幾何分布 $Ge(p)$，すなわち自然数たちを根元事象として
$$Q(\{k\}) = (1-p)^{k-1}p, \quad k = 1, 2, 3, \ldots, \tag{2.23}$$
で与えられる自然数上の離散分布．

(ii) $a < b$ のとき，区間 $[a, b)$ 上の一様分布 $U([a,b))$，すなわち密度関数 $\rho(x)$ が
$$\rho(x) = \frac{1}{b-a}, \quad a \leqq x < b, \tag{2.24}$$
で与えられる $[a, b)$ 上の連続分布．（a 以上 b 未満の区間 $[a, b)$ 上の分布，としたが，(2.3) で注意したように連続分布では 1 点の確率は 0 だから，端点を含めるか否かは趣味的で何の影響もなく，閉区間 $[a, b]$ などと区別しない．）

(iii) $\sigma > 0$ のとき，指数分布，すなわち密度関数 $\rho(x)$ が
$$\rho(x) = \frac{1}{\sigma} e^{-x/\sigma}, \; x \geqq 0, \tag{2.25}$$
で与えられる非負実数上の連続分布．

5. ある装置が故障を起こしてから次の故障を起こすまでの間隔が平均 τ 時間の指数分布に従うことがわかっている．あるときこの装置をそれまで使っていた別の人から譲り受けた．次の故障が起こるまでの平均時間はいくらか？（前問参照．なお，この問の結論を指数分布の無記憶性と呼ぶ．）

補足 1.　密度関数 ρ を持つ連続分布に対して積分
$$M(\xi) = \int_{-\infty}^{\infty} e^{x\xi} \rho(x)\, dx \tag{2.26}$$
を分布の母関数（積率母関数）と言う．（非負実数上の分布ならば積分範囲は $[0, \infty)$，区間 $[a, b)$ 上の分布ならば積分範囲は $[a, b)$ である．）$M(0) = 1$ は無条件で成り立つが，それ以外の ξ に対しては積分が存在する（有限になる）とは限らない．積分が存在する ξ の範囲を定義域とする．Q が離散分布のときは $M(\xi) = \displaystyle\sum_{k \in \Omega} e^{k\xi} Q(\{k\})$ を母関数と言う．$\xi = 0$ を内部に含む ξ の区間で $M(\xi)$ が有限ならば分布の平均 m と分散 v は $m = M'(0)$ および $v = M''(0) - M'(0)^2$ となることは微分を実行すればわかる．

確率変数 X に対して
$$M(\xi) = E[\,e^{\xi X}\,] \tag{2.27}$$
を X の母関数（確率母関数）と言う．k 階微分から X の k 次モーメント $E[\,X^k\,] = M^{(k)}(0)$ を得るのでモーメント母関数とも言う．$M(\xi)$ は X の分布 $P \circ X^{-1}$ の母関数である．分布の母関数と同様の条件のもとで $E[\,X\,] = M'(0)$ および $V[\,X\,] = M''(0) - M'(0)^2$ である．$z = e^\xi$ を変数にとって $E[\,z^X\,]$ を母関数ということもある．

3 存在しない未来の大きさ

無作為抽出と独立確率変数列

　調査，観測，実験などを1回限りでなく複数回行って平均をとることは数値を扱う仕事では当たり前の作業である．数理統計学ではこれを母集団についての統計的推測を行うために標本を無作為抽出することと理解し，確率論的にはこれを独立確率変数列と理解する．地味に見える内容だが，数理統計学の生粋の精神に立ち入る．

§1. 標本と確率変数．

　値がばらつく現象を調べるとき，調査や観測や測定や実験などを行い，俗にデータと呼ばれる数値の列を得る．この数値を確率空間から得られた値として位置づければ数理統計学になるが，確率論を持ち込む方法は現実に複数ある．
　まず，国勢調査のように**全数調査**，悉皆（しっかい）調査とも書くそうだが，を行うことが考えられる．調査結果はそのまま確率あるいは分布の全体像と位置づける．入学試験や学校の科目の成績の分布も規模は格段に小さいが同様である．本節は数値に対する姿勢を論じるので，本当に全数か一部の抜き取りかはさほど本質的ではない．コンビニなどがポイントカードの契約で購買行動を入手し，それを商品の販売計画に反映させる場合も，全消費者の中から抜き取り調査していると思うこともできるが，ポイントカードを持つお得意様の消費行動の全数調査とも考えられる．得られた数値の度数分布（を調査総数で割ることで得る確率）は，どちらにせよ確率の定義（第A章§1.）を満たすので，確率論の定理を使うことができる．本書の冒頭の図2で結婚年齢の男女差の分

布を紹介したときはそのように扱った．

まったく別の少し変わった視点として，人の思い描く未来についての確率がある．個人の中の思いは客観性がなさそうだが，大勢の人の未来についての思いの総意として倍率が決まる賭け事は，その数字が取引の結果に反映されるので客観性を持ち，かつ倍率の逆数が確率の定義を満たす（第 12 章 §3. 参照）．

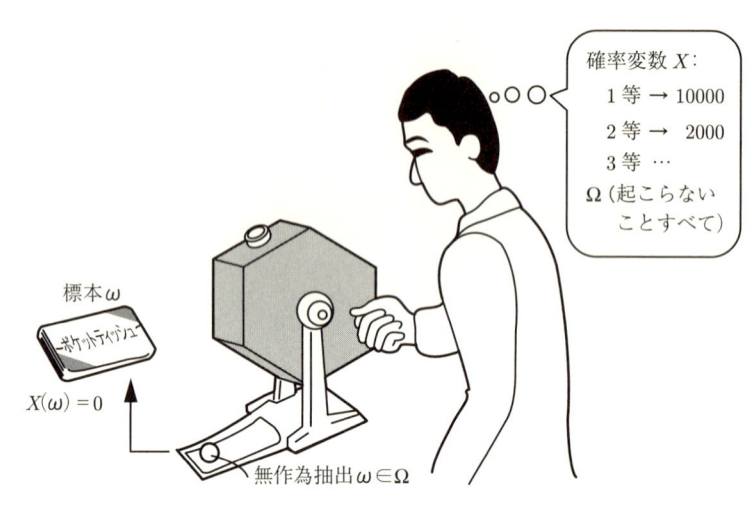

図 10　確率変数とは取らぬたぬきの皮算用，確率とは起こらないことの大きさ．

確率論は数学なので，定義を満たす対象はすべて確率論の記号や定理を用いて良い．その意味で以上はいずれも数理統計学的な扱いの例になる．しかし本書のとくに前半では，ばらついた数値の列に次のように確率を当てはめる．まず，調査や実験を繰り返すと数値がばらつくのは世界の真実が確率法則だからだ，と理解する．巨大な**母集団** (Ω, P) があって，現実の世界はその中からただ一つ選ばれた標本（サンプル）$\omega_0 \in \Omega$ であるとする．数理統計学では，統計学で言う母集団を確率論の確率空間とする．この確率空間はデータがばらつく要因そのものを指す．現実は標本 ω_0 としたが，必然的にそれ以外の $\omega \in \Omega$ は「存在しない未来や無かった過去」である（図 10）．SF 小説ならばパラレルワールドの全体を Ω と言うかもしれない．人は決定論を好むので，法則が確率，それも存在しない世界の大きさを量る確率，というのは受け入れにくいかもしれない．個人差や個別試験の成績も，遺伝や環境や体調と，人は決定論的

1. 標本と確率変数. 29

な理屈を付ける．前世の行い，という理屈に至っては，それが悪かったからといって現世に生まれるのを拒否できるわけで無し，思考停止をもたらす理由付けである．条件を注意深く揃えて繰り返した実験結果の個別の数値がばらつくのは偶然による，という扱いのほうが先に進む理解である．

次に，われわれは世界の真の法則を知らないので，その手がかりを得るために実験や観測を繰り返して数値を得る．同じものを繰り返し測っても数値はばらつく．たとえば第 4 章では 42.4, 26.3, 35.3, 39.7, 41.6 という $n = 5$ 個のばらついた数値を扱う．ばらつきの由来として，実験や観測は確率変数で表され，k 番目の数値 x_k は k 番目の実験 X_k のわれわれの世界における値 $x_k = X_k(\omega_0)$ と理解する．そして，実験や観測や調査を繰り返して数値の列を得ることを，$X_k, k = 1, 2, \ldots, n$ が独立同分布の確率変数列として確率論を当てはめる．確率変数の列が独立同分布とは，硬貨投げ (1.1) の表裏列の確率 (1.2) を導くときに，各回ごとに表の確率 p 裏の確率 $1 - p$ としてかけ合わせて列の確率を得たのと同様に，各回ごとの結果 x_k は X_k の分布 $Q = \mathrm{P} \circ X_k^{-1}$ （第 2 章 §2. 参照）に応じて確率が決まり，同分布なので Q は k について共通で，結果の列全体は各回ごとの確率の積で決まる分布に従うことを言う．確率変数の独立性がすべての鍵になるで，§2. であらためて紹介する．しばしば独立同分布を i.i.d. (independent, identically distributed) と略記する．

データという言葉は広い意味に使われるが，本書では実験や観測などに対応する独立同分布確率変数列 $X_k, k = 1, 2, \ldots, n$, をデータと呼ぶことにする．また，n をデータの大きさと言う．統計学としては X_k たちを**無作為抽出** (random sampling) と呼ぶべきだが，確率変数の側面が日本語からつかみにくい．結局同じことだが，得られた数値が独立同分布確率変数列の標本になるようなデータの集め方を無作為抽出と呼ぶことにする．$x_k = X_k(\omega_0)$ たちはデータの**標本（見本，サンプル）**と呼ぶ．確率論でサンプルと言うと $\omega \in \Omega$ を指すが，X_k は問題を決めれば決まるので，ω_0 と $x_k = X_k(\omega_0)$ をあまり区別しなくても良かろう．また，誤解がなければデータという言葉を柔軟に広い意味にも使う．

ところで，存在しない未来と過去の確率空間 (Ω, P) の上の確率変数 X_k た

ちが独立ということをどうやって保証するか？ 独立性の定義の趣旨から，異なる標本番号 k の数値の入手方法に関係が無いように工夫するが，存在しない世界の上の確率変数の独立性を現実という唯一の標本で証明することは不可能だから，現実には難しい問題である．数理統計学としては数値が無作為抽出によって得られたと仮定して話を進める．

母集団 (Ω, P) と実験などに対応する確率変数 X_k が与えられれば実験で得る値についての確率もわかる．実際は，得られた数値 $\{x_k\}$ が既知で，母集団は未知である．有限個の数値で無数の可能性の中から確率測度を決めることは不可能なので，データの大きさに比べて十分少ない個数のパラメータ θ を持つ確率測度の族 $\mathrm{P}_\theta, \theta \in \Theta$, の中に真の母集団があると仮定して，正しい（もしくは，範囲を狭めた中でもっとも真実に近い）$\theta = \theta^*$ を探す，という形に問題を制限する．母集団の候補の範囲を定めるパラメータ θ を**母数**と言う．（離散分布では各値をとる確率の組全体を母数に選ぶことができる．第 10 章 §3. では適合度という言葉で具体的な手法を紹介する．その意味では母数という言葉は数学的には便宜的である．）

実際は，一組の実験・調査などに関係するのは対応する**確率変数の分布** $Q_\theta = \mathrm{P}_\theta \circ X_1^{-1}$ である．（X_1 と書いたが同分布を仮定するので X_2 以下でも同じ Q_θ を得る．）以下で計算の対象になるのは実験結果，すなわち，X_1 の分布 $(\mathbb{R}, Q_{\theta^*})$ である．Q_{θ^*} を母分布とも言い，母分布の平均と分散をそれぞれ母平均と母分散と言う．たとえば Q_θ が (2.4) の正規分布 $N(\mu, v)$ ならば，母数は母平均と母分散の組 $\theta = (\mu, v)$ である．なお，母集団の分布に名前が付いている場合，その名前を付けて，たとえば，正規分布の場合には**正規母集団**と言うことがある．

最初に戻って，世界の真実を確率法則とするとしたが決定論的な側面も含む．たとえば光の速さが秒速約 30 万 km であるという結論は，光速を測定する実験 $\{X_k\}$ からごくわずかばらついた結果 $x_k = X_k(\omega_0)$ たちを得たとき，それを正規母集団 $N(\mu, v)$ からの標本として次節および次章以降の計算によって平均値 μ の値を統計的に推測して得た結論である．ある実験 $Q = \mathrm{P} \circ X^{-1}$ が正規母集団 $Q = N(\mu, v)$ に従うとき，たとえば μ を定数と考えているので「μ は

一定」という決定論的な法則を前提にしている．このとき $X = \mu + Z$ と置くと，$X \geqq a \Leftrightarrow Z \geqq a-\mu$ から得る $\mathrm{P}[X \geqq a] = \mathrm{P}[Z \geqq a-\mu]$ と，積分変数変換 $x = z + \mu$ で得る

$$\int_a^\infty e^{-(x-\mu)^2/(2v)} \frac{dx}{\sqrt{2\pi v}} = \int_{a-\mu}^\infty e^{-z^2/(2v)} \frac{dz}{\sqrt{2\pi v}}$$

を (2.4) とともに見比べると，

$$X = \mu + Z \text{ のとき，} X \text{ が } N(\mu, v) \text{ に従う} \Leftrightarrow Z \text{ が } N(0, v) \text{ に従う} \quad (3.1)$$

ことがわかる．このように書き換えると，世界を表す法則は確率的であるという仮定は，世界は決定論だが実験は誤差を伴う，という説明と同値とわかる．自然科学の実験では，ばらつきが信号 μ を見えにくくするノイズとと考え，実験誤差を減らして背後の法則を精密に求めることが目標になる．§2.の系 4 で示すように，標本平均の分散はデータの大きさに反比例して小さくなるので，実験を繰り返して結果の平均値をとることで，ばらつき v の影響を減らし μ の値の推測を精密にしようとする．

逆に，第 2 章の一列並びと並列並びで見たように，個人や集団のあいだのばらつきが不可避で差に応じて対処を決めるべき問題もある．この場合は分布の全体像に興味があって平均 μ だけでなく分散 v も知りたい．世界を表す法則が確率的という仮定は，分布全体に興味がある場合も無い場合も共通の数学的定式化によって扱うことを意味する．

以上をまとめると，実験や調査で無作為抽出によって得られる数値の列 $\{x_k\}$ はその実験などに対応する独立同分布確率変数列 $\{X_k\}$ の標本 $x_k = X_k(\omega_0)$ と考え，あらかじめ設定した母集団の候補の族 $Q_\theta = \mathrm{P}_\theta \circ X_1^{-1}$ の母数 θ について，$\{x_k\}$ に基づいて客観的に言えることのわかりやすい（誤解されにくい）表現を求めることが本書のこれから数章にわたるテーマである．

§クイズの答え．

序章最後に掲げたクイズの答えは，絵の各点の濃さの 16 枚の絵にわたる平均をとった図 11 を見れば，四角とその右下の「ほくろ」であることがわかる．データの平均をとることでノイズあるいは偶然のばらつきを減らし，限られた

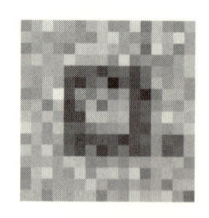

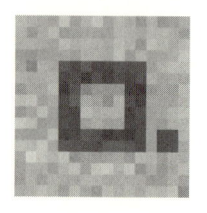

32　第 3 章　存在しない未来の大きさ —— 無作為抽出と独立確率変数列.

図 11　序章最後の 16 枚（左は 4 枚）の図の各点の濃さの平均を濃さにとった図.

　数値からわかりやすいシグナルを得るのは (3.1) 以下の考え方の例である.
　ある人に序章の 16 枚の図を見せたところ，「ねずみ」と答えた．四角の右下に「しっぽ」が出ているという次第である．右下の構造をノイズを通して見てとれる人間の視覚情報処理能力は偉大である．その上で，しかし，「しっぽ」ではなく「ほくろ」であることは肉眼で見抜くのは難しい．数学を援用すれば四角と「ほくろ」の隙間が浮かび上がる．画像の平均をとってノイズを減らす方法は，電子顕微鏡写真などノイズの大きい写真に実際に用いられる．

§2.　確率変数列の独立.

　この節は，じっとがまんして，第 2 章で先取りして用いた確率論の基礎事項，とくに独立確率変数列，の説明に戻る．第 2 章の (2.10), (2.11), (2.12), (2.14) で確率変数 X とその分布 $P \circ X^{-1}$，期待値 $E[X]$，分散 $V[X]$ を定義した．確率変数の列 $X_k, k = 1, \ldots, n$, が**独立**とは，

$$P[\, X_k \leqq a_k, \ k = 1, \ldots, n \,] = \prod_{k=1}^{n} P[\, X_k \leqq a_k \,] \tag{3.2}$$

がすべての実数の組 $(a_1, \ldots, a_n)$ に対して成り立つことを言う．X_k たちのとり得る値が離散的な場合（X_k が離散値確率変数の場合）(3.2) は

$$P[\, X_k = a_k, \ k = 1, \ldots, n \,] = \prod_{k=1}^{n} P[\, X_k = a_k \,] \tag{3.3}$$

があらゆるとり得る値の組 $(a_1, \ldots, a_n)$ に対して成り立つことと同値になることはすぐわかる．独立性は次の形でよく用いられる．

> **命題 3** X_k, $k = 1, \ldots, n$, が独立であることと，あらゆる非負値連続関数 $f_k : \mathbb{R} \to \mathbb{R}_+$, $k = 1, \ldots, n$, に対して
> $$\mathrm{E}[\prod_{k=1}^{n} f_k \circ X_k] = \prod_{k=1}^{n} \mathrm{E}[f_k \circ X_k] \tag{3.4}$$
> が成り立つことは同値である． ◇

ここで，$\circ$ は関数の合成 $(f \circ g)(\omega) = f(g(\omega))$ を表し，関数の積は $(fg)(\omega) = f(\omega) \times g(\omega)$ のように値の積で定義する．(f_k は非負値と限定したが，期待値の線形性 (2.16) と (2.18) から，f_k が負の値をとり得る場合も (3.4) は成り立つ．ただし，その絶対値の期待値が発散すると，期待値が定義できないことに注意．) 命題 3 の証明は略す．(第 2 の定義と思ってもらえば良い．)

関数の合成はすでに登場していた．たとえば分散の定義 (2.14) の右辺の期待値の中身は関数 $f(x) = (x - \mu)^2$ に $x = X(\omega)$ を代入して得られる Ω 上の関数すなわち確率変数 $f \circ X$ である．一般に，確率変数 $X : \Omega \to \mathbb{R}$ と実数上の区分的に連続な関数 $f : \mathbb{R} \to \mathbb{R}$ の合成関数 $f \circ X : \Omega \to \mathbb{R}$ は確率変数であり，(対応する積分や級数が発散しない条件のもとで) 期待値が存在する．変数 $\omega \in \Omega$ を省略する略記法に合わせて $f \circ X$ を $f(X)$ と書くことも多い．また，確率変数 X の分布 Q を元の確率測度 P と X の逆写像 X^{-1} との合成で $Q = \mathrm{P} \circ X^{-1}$ と書いてきたが，これも逆像を集合族から集合族への写像と見て，集合関数の合成と扱う記号法である．

とくに，$k = 1, \ldots, n$ に対してすべて等しく $f_k(x) = x$ と選ぶと，(3.4) から
$$\mathrm{E}[\prod_{k=1}^{n} X_k] = \prod_{k=1}^{n} \mathrm{E}[X_k] \tag{3.5}$$
となる．すなわち，独立な確率変数の積の期待値は期待値の積に等しい．さらに (2.14), (2.18), (2.16), (2.15) を用いると，X と Y が独立ならば
$$\begin{aligned} \mathrm{V}[X+Y] &= \mathrm{V}[X] + \mathrm{V}[Y] + 2\,\mathrm{E}[X - \mathrm{E}[X]]\,\mathrm{E}[Y - \mathrm{E}[Y]] \\ &= \mathrm{V}[X] + \mathrm{V}[Y], \end{aligned} \tag{3.6}$$

すなわち，**独立**な確率変数の和の分散は分散の和に等しい．すでに (2.18) で注意したが，無条件で加法的な期待値との違いに注意してほしい．

§1.で実験や観測などを繰り返して得る数値を独立同分布確率変数列 $X_1, \ldots, X_n$ の標本と見ることを宣言した．この視点から期待値の線形性と独立確率変数の分散の加法性を読むと，もっとも簡単な応用として次の公式を得る．

> **系 4** 母平均 μ と母分散 v の母集団から無作為抽出で取り出した大きさ n のデータ $X_1, \ldots, X_n$ の標本平均 $\overline{X}_n = \dfrac{1}{n}(X_1 + \cdots + X_n)$ の期待値と分散は $\mathrm{E}[\,\overline{X}_n\,] = \mu$ と $\mathrm{V}[\,\overline{X}_n\,] = \dfrac{v}{n}$ である． ◇

証明．(2.16) 以下の期待値の線形性から $\mathrm{E}[\,\overline{X}_n\,] = \mathrm{E}[\,\dfrac{1}{n}(X_1 + \cdots + X_n)\,] = \dfrac{1}{n}(\mathrm{E}[\,X_1\,] + \cdots + \mathrm{E}[\,X_n\,]) = \dfrac{1}{n} \times m \times n = m$．分散については (2.19) と (3.6) から $\mathrm{V}[\,\overline{X}_n\,] = \dfrac{1}{n^2}\mathrm{V}[\,X_1 + \cdots + X_n\,] = \dfrac{1}{n^2}(\mathrm{V}[\,X_1\,] + \cdots + \mathrm{V}[\,X_n\,]) = \dfrac{1}{n^2} \times v \times n = \dfrac{v}{n}$． □

数理統計学では，神のみぞ知る（誰も知らない）第 2 章の母平均などの母数を標本の関数（**推定量**）を用いて推測する．系 4 はその最初の数学的手がかりである．系 4 から標本平均の分散はデータの大きさ n に反比例し，ばらつき（標準偏差）は $1/\sqrt{n}$ の速さで減るので，誤差を伴う実験や観測を繰り返して平均値をとることに意味がある．この考え方は第 2 章で一列並びが並列並びより良いことを説明したときに先取りした．

§3. 多次元分布と確率変数列の結合分布．

これまで確率変数は実数に値をとる ($X : \Omega \to \mathbb{R}$) としてきた．離散値の場合は主に整数値を念頭に置いていたが，整数の集合 $\mathbb{Z}$ は実数の集合 $\mathbb{R}$ の部分集合なので，実数値の範疇である．硬貨投げも表裏を 1 と 0 に置き換えたので同様である．ここまで，確率変数の分布 $Q = \mathrm{P} \circ X^{-1}$ は $\mathbb{R}$ 上の確率測度となる．

現実には，個人ごとに身長と体重の組み合わせが種々あったり，国語のほうが得意な生徒，算数のほうが得意な生徒，など種々の組み合わせがある．これらは実数値確率変数 X と Y の組み合わせ (X, Y) として表しても良いし，

$W=(X,Y)$ をひとまとめにして $W:\Omega\to\mathbb{R}^2$ と, $\mathbb{R}^2$ に値をとる確率変数とみなしても良い. いずれにしても, その分布は, (2.10) と同様に,

$$Q(A) = (\mathrm{P}\circ (X,Y)^{-1})(A) = \mathrm{P}[\,(X,Y)\in A\,] \tag{3.7}$$

が定義する 2 次元平面 $\mathbb{R}^2$ の上の確率測度 $Q=\mathrm{P}\circ(X,Y)^{-1}$ である. これを (2.10) と同様に $W=(X,Y)$ の分布と呼んでも良いし, 確率変数 X と Y の**結合分布**とも言う. 3 個以上の確率変数の結合分布も同様である.

$\rho:\mathbb{R}^2\to\mathbb{R}$ が区分的に連続な非負値 2 変数関数で $\int_\Omega \rho(x,y)\,dx\,dy=1$ を満たすとき, (X,Y) の分布が ρ を**密度関数**(確率密度関数)とする**連続分布**であるとは, (2.2) と同様に, どんな 2 次元事象 A に対しても

$$Q(A)=\mathrm{P}[\,(X,Y)\in A\,]=\int_A \rho(x,y)\,dx\,dy \tag{3.8}$$

が成り立つことを言う. 2 次元の事象の典型例は長方形

$$A=[a,b]\times[c,d]=\{(x,y)\mid a\leqq x\leqq b,\ c\leqq y\leqq d\} \tag{3.9}$$

である. 一般に n 次元連続分布は n 変数関数で同様の表示ができるものを言う.

確率変数 X と Y を組み合わせて分布を調べれば結合分布だが, どちらかの確率変数の分布だけを見れば (2.2) と同様に 1 次元分布になる. 結合分布が密度 $\rho(x,y)$ を持つ連続分布のとき, (3.9) において y の値を制限しないで範囲を全実数にとった $A=A_1\times\mathbb{R}=\{(x,y)\mid x\in A_1\}$ を考えると,

$$\mathrm{P}[\,X\in A_1\,]=\mathrm{P}[\,(X,Y)\in A_1\times\mathbb{R}\,]=\int_{A_1}\left(\int_\mathbb{R}\rho(x,y)\,dy\right)dx$$

なので, X の分布は密度関数

$$\rho_1(x)=\int_\mathbb{R}\rho(x,y)\,dy=\int_{-\infty}^{\infty}\rho(x,y)\,dy \tag{3.10}$$

を持つ連続分布である. 同様に Y の分布の密度関数は

$$\rho_2(y)=\int_{-\infty}^{\infty}\rho(x,y)\,dx \tag{3.11}$$

となる. ρ_1 や ρ_2 を密度とする分布を ρ を密度とする分布の**周辺分布**と言う.

§2. の独立性との関連では次の公式が成り立つ.

命題 5 (X,Y) の分布が密度 ρ の連続分布で (3.10) の ρ_1, (3.11) の ρ_2, ρ がすべて連続関数のとき, X と Y が独立であることと
$$\rho(x,y) = \rho_1(x)\,\rho_2(y), \quad x,y \in \mathbb{R}, \tag{3.12}$$
が同値である. ◇

証明. X, Y が独立ならば (3.2) と (3.8) から長方形 $A_1 \times A_2$ に対して,
$$\int_{A_1 \times A_2} \rho_1(x)\,\rho_2(y)\,dx\,dy = \int_{A_1} \rho_1(x)\,dx \times \int_{A_2} \rho_2(y)\,dy$$
$$= \mathrm{P}[\,X \in A_1\,]\,\mathrm{P}[\,Y \in A_2\,] = \mathrm{P}[\,X \in A_1,\ Y \in A_2\,]$$
$$= \mathrm{P}[\,(X,Y) \in A_1 \times A_2\,] = \int_{A_1 \times A_2} \rho(x,y)\,dx\,dy.$$

任意の点 (x_0, y_0) に対して, A_1, A_2 をそれぞれ x_0, y_0 を中心とする小さな区間に選ぶと, ρ, ρ_1, ρ_2 は連続関数だから, 両辺は, $A_1 \times A_2$ の面積で割ると, それぞれ $\rho_1(x_0)\,\rho_2(y_0)$, $\rho(x_0, y_0)$ に近いので, 区間を小さくする極限をとれば (3.12) を得る. 逆に (3.12) が成り立つとすると, いまの長い計算式を中ほどで分割することで, (3.2) が成り立つから X, Y は独立である. □

3 変数以上でも同様に密度関数が 1 次元周辺分布の密度関数の積で書けることと独立性が同値である.

実験の繰り返しは独立確率変数列と仮定したが, 試験の成績は異なる科目のあいだで関係があると言われる. 概してどの科目も成績が良い人とどの科目も成績が悪い人が逆の組み合わせに比べて多いと考えられる. 高校で教えるすべての科目を大学入試の受験科目に課さない根拠はそこにもある. 確率変数 X と Y がどの程度に独立か独立でないかを表す目安として相関係数がよく用いられる. $C(X,Y) = \mathrm{E}[\,(X - \mathrm{E}[\,X\,])(Y - \mathrm{E}[\,Y\,])\,]$ を確率変数 X, Y の共分散と言う. 分散の定義 (2.14) を変形すると $\mathrm{V}[\,X+Y\,] - (\mathrm{V}[\,X\,] + \mathrm{V}[\,Y\,]) = 2C(X,Y)$ である. とくに $\mathrm{V}[\,X\,]\mathrm{V}[\,Y\,] \neq 0$ のとき,
$$r(X,Y) = \frac{C(X,Y)}{\sqrt{\mathrm{V}[\,X\,]\mathrm{V}[\,Y\,]}} = \frac{\mathrm{E}[\,(X - \mathrm{E}[\,X\,])(Y - \mathrm{E}[\,Y\,])\,]}{\sqrt{\mathrm{V}[\,X\,]\mathrm{V}[\,Y\,]}} \tag{3.13}$$
を X, Y の**相関係数**と言う.

命題 6 $V[X]V[Y] \neq 0$ のとき $-1 \leqq r(X,Y) \leqq 1$. とくに X, Y が独立ならば $C(X,Y) = 0$. ◇

証明．V と W が実数値確率変数で t が実数ならば無条件に成り立つ $E[(W - tV)^2] \geqq 0$ に，$t = \dfrac{E[VW]}{E[V^2]}$ を代入するとシュワルツの不等式

$$E[VW]^2 \leqq E[V^2]E[W^2] \tag{3.14}$$

を得る．等号は W と V の比が $\omega \in \Omega$ について定数のときそのときに限る．(3.14) に $V = X - E[X]$, $W = Y - E[Y]$ を代入すると，$|C(X,Y)| \leqq \sqrt{V[X]V[Y]}$ よって $-1 \leqq r(X,Y) \leqq 1$. 最後の主張は命題 3 から． □

$r(X,Y) = \pm 1$ は (3.14) の等号条件の注意から，$Y - E[Y]$ と $X - E[X]$ が比例関係にある場合に限る．比例関係というのは，x キロメートルが $1000x$ メートルに等しい，というように，同じ量を別の単位で見るという意味である．つまり，$r(X,Y) = \pm 1$ のときは X と Y が（測定の目盛りの付け方を除いて）同じ対象を表す．相関係数は，考えている確率変数の組が，独立 ($r = 0$) か本質的に同じか ($r = \pm 1$) どちらに近いかを判定する目安になる．ただし，命題 6 は独立ならば $r = 0$ を保証するが，$r = 0$ だからといって独立とは限らないので，目安に頼り切ってはいけない．

結合分布が**離散分布**になるのは (1.6) と同様に，根元事象の和で分布が書ける場合である．たとえば普通の試験は 1 点きざみなので，N 人の生徒を全体集合 Ω とし，国語が j 点，算数が k 点の生徒数を $N_{j,k}$ 人と置くと，根元事象は $\{(j,k)\}$ であって，国語の点数 X と算数の点数 Y の結合分布は $Q(\{j,k\}) = P[X = j, Y = k] = \dfrac{N_{j,k}}{N}$ で定義される．

期待値の線形性は第 2 章 §2. で紹介済みだが，とくに加法性 (2.18) の証明には結合分布が必要なので，先延ばしにしてきた．X と Y が離散分布に従う場合について証明を書くと，X のとる値の集合を R_X, Y のとる値の集合を

R_Y と置くと，連続分布の場合の (3.10) と同様の周辺分布の考察によって，

$$\begin{aligned}
\mathrm{E}[\,aX+bY\,] &= \sum_{x \in R_X} \sum_{y \in R_Y} (ax+by)\mathrm{P}[\,X=x,\,Y=y\,] \\
&= a \sum_{x \in R_X} \sum_{y \in R_Y} x\mathrm{P}[\,X=x,\,Y=y\,] + b \sum_{x \in R_X} \sum_{y \in R_Y} y\mathrm{P}[\,X=x,\,Y=y\,] \\
&= a \sum_{x \in R_X} x\mathrm{P}[\,X=x,\,Y \in R_Y\,] + b \sum_{y \in R_Y} y\mathrm{P}[\,X \in R_X,\,Y=y\,] \\
&= a \sum_{x \in R_X} x\mathrm{P}[\,X=x\,] + b \sum_{y \in R_Y} y\mathrm{P}[\,Y=y\,] = a\mathrm{E}[\,X\,] + b\mathrm{E}[\,Y\,]
\end{aligned}$$

となって線形性が証明できる．連続確率変数や混在する場合も同様である．

連続確率変数の和の分布の密度関数は次のようになる．

補題 7 確率変数の組 (X,Y) の分布が密度 $\rho(x,y)$ を持つ連続分布のとき，和 $Z=X+Y$ の分布も連続で，その密度 $\rho_Z(z)$ は $\rho_Z(z) = \int_{\mathbb{R}} \rho(x,z-x)\,dx$ と書ける．とくに，X と Y がそれぞれ密度 ρ_1 と ρ_2 を持つ連続分布に従う独立確率変数ならば，$Z=X+Y$ は密度 $\rho_Z(z) = \int_{\mathbb{R}} \rho_1(x)\,\rho_2(z-x)\,dx$ を持つ連続分布に従う．（後半は独立の場合に限ることに注意．） ◇

証明． (3.8) で $A=\{X+Y \leqq z\}$ として変数変換 $y=w-x$ を用いると $\mathrm{P}[\,X+Y \leqq z\,] = \int_{w \leqq z} \left(\int_{\mathbb{R}} \rho(x,w-x)\,dx \right) dw$ となって，(2.2) と比べると最初の公式を得る．X と Y が独立で分布の密度がそれぞれ $\rho_1(x)$ と $\rho_2(y)$ ならば (3.12) と最初の公式からあとの公式を得る． □

補題のあとの公式の右辺の形で定義した関数 $h(y) = \int_{\mathbb{R}} f(x)\,g(y-x)\,dx$ を関数 f と g のたたみこみと呼び，$h = f * g$ と書くことが多い．なお補題 7 は $\mathbb{R}$ 上の分布の場合の公式なので，非負実数や区間の上の分布の和に公式を当てはめる場合は範囲の外側で密度関数を 0 と考えて当てはめないといけない．

確率空間 (Ω, P) の事象 $A \subset \Omega$ に対して離散値確率変数 $\mathbf{1}_A : \Omega \to \mathbb{R}$ を

$$\mathbf{1}_A(\omega) = \begin{cases} 1, & \omega \in A, \\ 0, & \omega \notin A, \end{cases} \tag{3.15}$$

で定義して A の定義関数と言う．定義関数は $\mathbf{1}_{A \cap B}(\omega) = \mathbf{1}_A(\omega)\,\mathbf{1}_B(\omega)$,

$1_{A^c}(\omega) = 1 - 1_A(\omega)$, $1_A(\omega)^2 = 1_A(\omega)$ などが成り立つ．さらに (2.11) から，

$$\mathrm{E}[\,1_A\,] = 0 \times \mathrm{P}[\,1_A = 0\,] + 1 \times \mathrm{P}[\,1_A = 1\,] = \mathrm{P}[\,A\,] \tag{3.16}$$

と，事象の確率を確率変数の期待値で表せる．確率変数 X の分布は X の確率論的性質の基本だが，期待値のほうが線形性があるので扱いやすい場合がある．期待値の線形性の証明は（現代的な確率論を避けて説明中なので）離散値確率変数 (2.11) と連続型確率変数 (2.12) で分ける煩わしさがある．逆に，期待値の線形性と (3.16)（と極限定理）があれば，確率変数に関する一般論の多くはその場合分けを避けられる．たとえば，非負値確率変数の期待値は非負であることや，さらに，$X \geqq Y$ ならば $\mathrm{E}[\,X\,] \geqq \mathrm{E}[\,Y\,]$（期待値の単調性）などを得る．

1次元連続分布では1点の確率ではなく区間の確率が重要だが，とくに「x 以下」という（左側を制限しない）区間 $(-\infty, x]$ の確率は x の1変数関数なので集合関数である確率測度よりも便利な場合がある．1次元分布 Q に対して

$$F(x) = Q((-\infty, x]) \tag{3.17}$$

を分布 Q の分布関数（または累積密度関数）と呼ぶ．分布関数 F が微分可能ならば導関数 F' は分布の密度関数に等しい：$F'(x) = \rho(x)$．離散分布の場合も同じ定義で分布関数を定義する．離散分布の分布関数を実数 $\mathbb{R}$ 上の関数と見ると階段状の関数になる．離散分布のように密度関数がない場合も含めて1次元分布は必ず分布関数を持ち，分布関数が決まれば分布が決まる．確率変数 X に対しても $Q = \mathrm{P} \circ X^{-1}$ の分布関数を X の分布関数と呼ぶ．$A = \{X \leqq x\}$ として (3.16) を用いると X の分布関数は次で与えられる：

$$F(x) = Q((-\infty, x]) = \mathrm{P}[\,X \leqq x\,] = \mathrm{E}[\,1_{X \leqq x}\,]. \tag{3.18}$$

練習問題 3

[A]

1. $n = 2$ で X_1 と X_2 が独立な離散値確率変数の場合に (3.3) から (3.4) を導け．
2. n 個のさいころを振ったとき，1の目の出る個数 X と2の目の出る個数 Y との相関係数 $r(X, Y)$ を求めよ．（平成15年日本アクチュアリー会資格試験）

(ヒント：(3.15) を用いると，$X = \sum_{j=1}^{n} \mathbf{1}_{Z_j=1}$ および $Y = \sum_{k=1}^{n} \mathbf{1}_{Z_k=2}$ と書ける．)

3*. X_1, X_2, X_3 を独立でそれぞれ区間 $[0,1]$ 上の一様分布 ((2.24) で $a=0, b=1$ としたもの) に従う確率変数とする．このとき，確率 $P[\, X_1 + X_2^2 + X_3 < 1 \,]$ を計算せよ．(平成 16 年日本アクチュアリー会資格試験)

4. a と b を正定数とし，$\rho(x) = \begin{cases} 0, & x < a, \\ ba^b x^{-b-1}, & x \geq a, \end{cases}$ を密度関数に持つパレート (V. Pareto) 分布の分布関数 $F(x) = P[\,(-\infty, x]\,]$ を求めよ．

[B]

5. 個々の確率変数が指数分布 (2.25) に従う独立同分布確率変数列 $X_1, X_2, \ldots, X_k$ の和 $Z = X_1 + \cdots + X_k$ の分布の密度関数を求めよ．(補足 1 参照)

6. $[0,1]$ 上の一様分布 ((2.24) で $a=0, b=1$ としたもの) に従う母集団からの無作為抽出で得られる大きさ 3 のデータ，X_1, X_2, X_3 の順序統計量を $X_{(1)} \leq X_{(2)} \leq X_{(3)}$ とする．このとき $E[\,X_{(1)}\,]$，$E[\,X_{(2)}\,]$，$E[\,X_{(3)}\,]$ を求めよ．(補足 2 参照)

7. 確率変数列 $X_1, \ldots, X_n$ が独立同分布でその分布が $[0,1]$ 上の一様分布であるとする．最大値統計量 $X_{(n)} = \max\{X_1, \ldots, X_n\}$ に対して $Y_n = (n+1)(X_{(n)} - E[\,X_{(n)}\,])$ と置くとき，Y_n の分布関数 $G_n(y)$ を求め，さらに $\lim_{n \to \infty} G_n(y)$ を求めよ．(平成 14 年日本アクチュアリー会資格試験)　(補足 2 参照)

補足 1. s と σ を正定数とするとき，密度関数が

$$\rho(x) = \frac{1}{\sigma \Gamma(s)} \left(\frac{x}{\sigma}\right)^{s-1} e^{-x/\sigma}, \quad x \geq 0, \tag{3.19}$$

の 1 次元分布をガンマ分布 $\Gamma(s, \sigma)$ と呼ぶ．ここで

$$\Gamma(s) = \int_0^\infty x^{s-1} e^{-x} dx, \quad s > 0, \tag{3.20}$$

はガンマ (Γ) 関数と呼ばれる．s が自然数のとき，部分積分を行うことで

$$\Gamma(n) = (n-1)!, \quad n = 1, 2, 3, \ldots, \tag{3.21}$$

がわかるので，ガンマ関数は階乗の拡張である．また部分積分と変数変換 $x = y^2/2$ とガウス積分 (2.5) によって $\Gamma\left(\frac{1}{2}\right) = \sqrt{\pi}$ および

$$\Gamma(s+1) = s\,\Gamma(s) \tag{3.22}$$

したがって，とくに，

$$\Gamma\left(\frac{2n+1}{2}\right) = \frac{1}{2^n}(2n-1)!!\sqrt{\pi}, \quad n = 1, 2, 3, \ldots, \tag{3.23}$$

もわかる．ここで $(2n-1)!! = (2n-1) \cdot (2n-3) \cdots 5 \cdot 3 \cdot 1$．部分積分を行うことでガンマ分布 $\Gamma(s, \sigma)$ の平均は $m = s\sigma$，分散は $v = s\sigma^2$ であることもわかる．

$s=1$ のガンマ分布 $\Gamma(1,\sigma)$ が指数分布であることは (2.25) と比べればわかる．問 3 からわかるように s が自然数のガンマ分布 $\Gamma(k,\sigma)$ $(k=1,2,\ldots)$ は，指数分布に従う独立同分布確率変数 k 個の和の分布である．s が自然数または正の半奇数（奇数の半分）のとき $\Gamma\left(\dfrac{n}{2},2\right)=\chi^2(n)$ $(n=1,2,\ldots)$，つまりガンマ分布が第 7 章で紹介する自由度 n のカイ平方分布であること，も (3.19) と (7.1) を比べればわかる．

補足 2. 独立同分布確率変数列 $X_1, X_2, \ldots, X_n$ について，各 $\omega \in \Omega$ ごとに数列 $X_k(\omega), k=1,2,\ldots,n$, を小さい順に並べ直した数列を

$$X_{(1)}(\omega) \leqq X_{(2)}(\omega) \leqq \cdots \leqq X_{(n)}(\omega)$$

と書くと，関数（確率変数）列 $X_{(k)}, k=1,2,\ldots,n$, を得る．各 $X_{(k)}$ を順序統計量と呼ぶ．X_k たちの分布が密度関数 ρ を持つ連続分布で，その分布関数が $F(x)=\displaystyle\int_{-\infty}^{x}\rho(y)\,dy$ のとき，$X_{(k)}$ の密度関数 $\rho_{(k)}(x)$ は，第 k 位が n 通りあって，残り $n-1$ 個のうち $k-1$ 個が x 以下で $n-k$ 個が x 以上になるべきことから

$$\rho_{(k)}(x) = n \,{}_{n-1}C_{k-1} F(x)^{k-1}(1-F(x))^{n-k}\rho(x) \tag{3.24}$$

となる．これを $F'=\rho$ に注意して積分すれば $X_{(k)}$ の分布関数 $F_{(k)}$ を得る．とくに最小値 $X_{(1)}$ の分布関数 $F_{\min}=F_{(1)}$ と最大値の分布関数 $F_{\max}=F_{(n)}$ は

$$F_{\min}(x) = 1-(1-F(x))^n, \quad F_{\max}(x) = F(x)^n \tag{3.25}$$

となる．これらは，たとえば，最大値が x 以下になる事象は，X_k たちがすべて x 以下になる事象に等しく，その確率は X_k たちが独立なので 1 個が x 以下になる確率の n 乗に等しいことから直接わかる．

順序統計量は大きさ順に並べた $X_{(k)}$ のことだけでなく，$X_{(k)}$ たちから計算できる量を一般に指すこともある．この意味での順序統計量の代表的なものには，データの範囲すなわち区間 $[X_{(1)}, X_{(n)}]$，最小値統計量（標本最小値）$X_{(1)}$，最大値統計量（標本最大値）$X_{(n)}$，中央値（標本中央値，中位数，median）すなわち，n が奇数なら $X_{(n+1)/2}$，偶数なら $(X_{n/2}+X_{n/2+1})/2$，第 1 四分位数 $X_{(n+1)/4}$ と第 3 四分位数 $X_{3(n+1)/4}$（もし $(n+1)/4$ が整数でないときは，これらの両側のいちばん近い整数番目の $X_{(k)}$ の値の適当な比例配分），第 1 四分位数と第 3 四分位数のあいだを意味する四分位範囲（すなわち，大きさの順に並べたときの累積確率が 25％から 75％の範囲）などがある．中央値は分布の中心を表すが，本書では分布の中心の指標はもっぱら平均値 (mean, arithmetic mean) を扱う．分布の中心の指標としてはこの他，度数分布表において頻度が最大の階級値を指す最頻値 (mode) も知られているが，階級区分に依存したり単峰（分布密度関数を左から見たとき一度減少すると再増加しないグラフであること）でない場合は分布の代表としての意味を持たない場合があるので，特別な用途でのみ使われる．

4 宮城県沖地震2011年3月以前

母数と推定量

　標本から神のみぞ知る母集団について言えることをわかりやすく表現することが数理統計学の役割である．そのもっとも単純な形式として，母集団の性質を推定するのに適切な確率変数を推定量として，標本における推定量の値で母数を点推定する方法がある．標本平均と不偏分散がもっとも基礎的な推定量である．また，統計的推測のためにデータを積み重ねる理論的根拠として大数の法則および中心極限定理がある．

§1. 標本平均と不偏分散.

　標本から神のみぞ知る母集団について言えることをわかりやすく表現することが数理統計学の役割である．神のみぞ知るとは，第3章§1.冒頭の用語で言えば，真の母分布 $Q_\theta = P_\theta \circ X_1^{-1}$ や真の母数 $\theta^* \in \Theta$ を誰も知らないということである．実験や調査 $\{X_k\}$ の結果である大きさ n の標本 $x_k = X_k(\omega_0)$ たちだけが既知である．わかりやすく表現するとは，標本の数値の数学的意味が誤解なくかつ数値から引き出せる最大限の情報を伝え得ることである．結果として意志決定者の判断と行動に合理的な影響が及ぶべきである．数学的意味は明確でもわかりやすさは一意的ではない．そこに統計学独特のおもしろさと難しさがおそらくある．標本 $\{x_k\}$ に基づいて言えることのわかりやすい表現をいくつか紹介することがこれから数章にわたるテーマである．

第2版第2刷までの表題は「宮城県沖地震を逃れる確率」だったが，改題した．地震に関連する章の内容は短い追記を加えた他は基本的に2006年頃のままとした．なお，少し詳しい追記を http://web.econ.keio.ac.jp/staff/hattori/eqne1103.htm に置いた．

データの大きさ n が大きければ**経験分布**

$$\hat{Q}_n = \frac{1}{n} \sum_{k=1}^{n} \delta_{X_k(\omega)} \tag{4.1}$$

が見本 $\omega \in \Omega$ の選び方に事実上関係なく元の分布に近づくことが知られている．ここで δ_a は (1.8) で用意した単位分布で，経験分布とは，得られた標本 $X_k(\omega)$ たち n 個の値の上の一様分布である．中学の教科書などで度数分布としておなじみのものを式で書いた．ただ一つの現実 ω_0 しか知らなくても，理論上はデータが大きければ (4.1) は元の分布の近似になる．（細かいことを書くと，この「近づく」は，次節 §2.で紹介する大数の強法則の拡張版で，確率分布の集合という無限次元空間における収束 $\hat{Q}_n \to Q = \mathrm{P} \circ X_1^{-1}$ である．第 13 章 §4.で関連する話題を紹介する．）

ていねいな実験を繰り返して n を大きくすることで真の母分布をデータから高い精度で再現できれば，標本の持つ意味の誤解の余地は少ないだろう．しかし，日々の仕事の現場では小さなデータしかない状況で行動を決定したい場面は多い．（影響する要因が複雑な場合は母数が多いため，データが大きくても大数の法則との関連では小さいデータで結論を出すことになる．）経験分布が元の分布に近いとは言えない状況で結論を得たいという問題である．

たとえば，2005 年 8 月現在の地震調査研究推進本部の web page「宮城県沖地震の長期評価」（基本的には 2000 年 11 月の内容）によれば，宮城県沖地震の過去の発生記録は次表のとおりである．宮城県沖地震は日本の大地震の中ではいちばんといっていいくらい規則的に繰り返すことが知られている（間隔だけでなく規模も 1861 年以降の分はほぼ一定の M7.4 と推定されている）けれども，それでも表からわかるように発生間隔は一定ではなく，ばらついているように見える．（宮城県沖地震を例として取り上げた理由は，発生の規則性ということだけでなく，著者が本書執筆時点で仙台にある東北大学に勤務していたからでもあることは否定しない．）この大きさ $n = 5$ のデー

発生年/月/日	間隔（年）
1793/02/17	
1835/07/20	42.4
1861/10/21	26.3
1897/02/20	35.3
1936/11/03	39.7
1978/06/12	41.6

44   第 4 章　宮城県沖地震 2011 年 3 月以前 — 母数と推定量.

タの標本から真の母集団について知りたい．次図に，上記の宮城県沖地震の発生記録を (4.1) の経験分布 $\hat{Q}_n$ として図示したものと，それを逆ガウス分布と呼ばれる分布に本章の主題である点推定によって当てはめた結果を図示する．（経験分布 $\hat{Q}_n$ そのものを密度関数のグラフで図示することはできない．ここでは第 1 章の 2 項分布の図示のまねをした．）

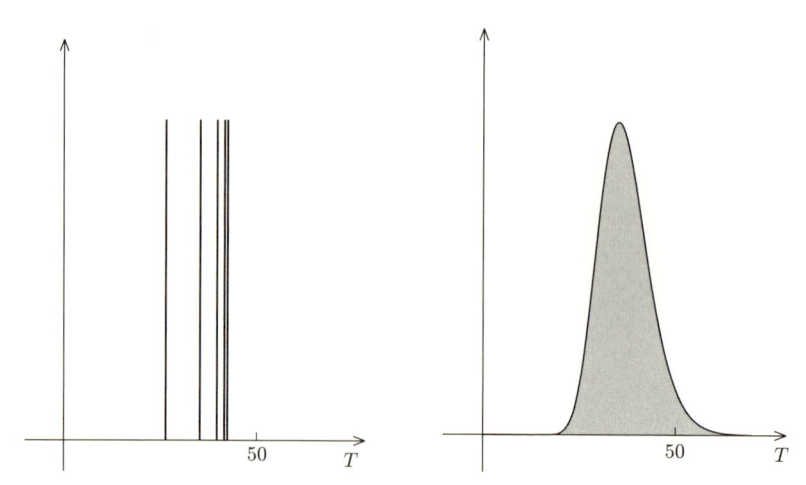

図 12　宮城県沖地震の記録に基づく経験分布（左図）とそれを逆ガウス分布に当てはめた（パラメータを点推定した）結果（右図）．

逆ガウス分布（ワルド分布，BPT 分布とも呼ばれる）は

$$\rho(t) = \frac{1}{\sqrt{2\pi v t^3/\mu^3}} e^{-\frac{(t-\mu)^2}{2vt/\mu}}, \quad t > 0. \tag{4.2}$$

を密度関数に持つ非負実数 $\Omega = \mathbb{R}_+$ 上の連続分布である．宮城県沖地震が発生してから次に発生するまでの時間間隔を表す確率変数を $X_k, k = 1, 2, \ldots, n$，と置くとき，それが a 以上 b 以下となる確率を $\mathrm{P}[\, a \leq X_k \leq b \,] = \int_a^b \rho(t)\,dt$ で計算できるというモデルを採用する．（第 3 章で仮定したとおり，$\{X_k\}$ は独立同分布確率変数列とするので，分布は k によらない．）(4.2) をモデルとする根拠の説明は第 13 章に先延ばしにして以下これを用いる．分布であること，つまり $\int_0^\infty \rho(t)\,dt = 1$ が成り立つことは，公式

$$\int_0^\infty e^{-pt - \frac{a^2}{4t}} \frac{dt}{\sqrt{t^3}} = \frac{2}{a}\sqrt{\pi} e^{-a\sqrt{p}}, \quad a > 0,\ p > 0,$$

を用いれば計算できる．さらにこれを用いればこの分布の平均 (2.7) と分散 (2.8) がそれぞれ μ と v であることもわかる：

$$\mathrm{E}[\,X_1\,] = \mu, \quad \mathrm{V}[\,X_1\,] = v. \tag{4.3}$$

小さなデータで母集団を完全に決めるのは不可能である．図 12 に即して言えば，実際に起きた地震の間隔の経験分布（左図）だけからモデルの分布（右図）を予想するのは不可能である．そこで第 3 章の議論の続きに従って，発生間隔の記録の数値だけで真の分布を予想するのではなく，真の分布（に近い分布）が，理論的理由に基づいて，逆ガウス分布の族にあることは仮定して，(4.2) のパラメータすなわち母数 $\theta = (\mu, v)$ を決める，という問題に制限する．

標本 $\{x_i\}$ が既知だから，標本の関数 $\hat{\theta}_n(x_1, \ldots, x_n)$ をうまく選んで，$\theta = (\mu, v)$ に近い値を得ることを目指す．真の母数は未知だから $\hat{\theta}_n$ は母数の関数になっていてはいけない．数値 $\{x_i\}$ は偶然の値で確率変数 $\{X_k\}$ が本質，という立場を取ったので，以上の条件を満たす関数に対して確率変数 $\hat{\theta}_n(X_1, \ldots, X_n)$ を母数 θ の**推定量**と言う．（母数にこだわらない話の持って行きようもある．母分布から計算できる，知りたい性質や目安となる量であって，比較的収束が早いものを**母集団特性値**と呼ぶ．具体的には母平均や母分散が候補となる．母集団特性値の推定量としての確率変数を**統計量**とも呼ぶ．ただし，数式の扱いは変わらないので，本書では母数という用語で話を進める．）

(4.2) で必要なのは母平均 μ と母分散 v である．ここでは標準的な選び方として，母平均の推定量を**標本平均**

$$\overline{X}_n = \frac{1}{n} \sum_{k=1}^{n} X_k, \tag{4.4}$$

母分散の推定量を**不偏分散**

$$V_n = \frac{1}{n-1} \sum_{k=1}^{n} (X_k - \overline{X}_n)^2 \tag{4.5}$$

に選ぶ．((4.5) で n ではなく $n-1$ で割る理由は章末補足 (4.11) の付近を参照．）本書の前半では母数は母平均と母分散に話を絞る．他の母数に対する推定量の一般論は第 10 章で紹介する．また，母数に対して推定量の選び方は複数あり得るが，その議論は章末の補足と第 10 章の後半に譲る．

第 4 章 宮城県沖地震 2011 年 3 月以前 — 母数と推定量.

推定量 $\hat{\theta}_n(X_1, \ldots, X_n)$ の標本 $\{x_i\}$ における（われわれのいる世界 ω_0 での）値 $\hat{\theta}_n(x_1, \ldots, x_n) = \hat{\theta}_n(X_1(\omega_0), \ldots, X_n(\omega_0))$ で母数の推定値とする方法を（第 6 章で紹介する区間推定との対比で）**点推定**と言う．たとえば，宮城県沖地震発生間隔一覧の表の数値に適用すると，$n = 5$ であって，

$$\overline{X}_5(\omega_0) = 37.06, \quad V_5(\omega_0) = 43.74 \;\; (\sigma_5(\omega_0) = \sqrt{V_5(\omega_0)} = 6.61), \tag{4.6}$$

を得る．つまり，過去の記録によると宮城県沖地震の間隔（周期）が平均約 37 年でばらつきの目安（標準偏差）が 7 年弱である．

点推定としては (4.6) を得たところで一件落着であるが，せっかくなので，少し深入りして，得られた数値の使い道を見ておこう．以後，点推定値 (4.6) を母数に代入して $\mu = 37.06$ および $v = 43.74$ とする．仙台の住人として興味があるのは発生間隔よりは，「いまから何年後に地震が起きるか？」である．そこで，地震調査研究推進本部ウェブの手法に従って，最後の地震発生から現在まで地震が起きなかったという条件のもとで現在から何年かあとまでに地震が起きる条件付き確率を計算する．まず，「現在」を 2004/06/17（著者が数理統計学の講義の試験問題を作成していた日付）とし，2007/03/31 までに地震が発生する確率を（(4.2) に $\mu = 37.06$ と $v = 43.74$ を代入した密度を用いて）計算する．（この日付は，著者が行っていた講義の受講生諸君の多くが学部を卒業した日である．）「現在」以前の最後の地震発生日 1978/06/12 から現在までの時間を $t_0 = 26.0$，最後の地震発生日から求める時刻までの時間を t，次の地震発生日までの時間（確率変数）を T，と置くと，条件付き確率は (1.22) から

$$q(t) = \frac{\mathrm{P}[\, t_0 < T < t \,]}{\mathrm{P}[\, t_0 < T \,]} \tag{4.7}$$

である．$\mu = 37.06$ と $v = 43.74$ を代入して数値積分すると

$$\mathrm{P}[\, T > t_0 \,] = \int_{26.0}^{\infty} \frac{1}{\sqrt{2\pi v t^3/\mu^3}} e^{-\frac{(t-\mu)^2}{2vt/\mu}} dt = 0.97$$

および $q(28.8) = 0.065$ となった．次表に，この値，および，中央値と四分位範囲（第 3 章章末補足参照）に対応する，$q(t) = \dfrac{1}{2}, \dfrac{1}{4}, \dfrac{3}{4}$ となる t をまとめた．

期限	前回からの経過時間 t	期限までの発生確率 $q(t)$
2007/03/31	28.8	6.5%
2011/03/07	32.7	25%
2015/02/25	36.7	50%
2019/09/25	41.3	75%

以上の計算は 2004 年に行ったが，2005 年 8 月 16 日火曜日 11 時 46 分頃，宮城県南部川崎町で震度 6 弱や仙台市各地で震度 5 など強い揺れを計測した地震が起きた．震源位置は実際に以上の計算で前提とした宮城県沖地震に対応しており，一連の地震の 1 件と考えるのが妥当のようである．ただし，このときは想定されていたエネルギーの約半分しか解放されなかったので，近いうちにもう一度同系列の地震が起こることが確実視されている[1]．解放されるエネルギーを表すマグニチュードは（本章冒頭の表の最初の行のみ，複合して大きかったと考えられているが，とくに最近 4 回は）$M = 7.4$ だったのに対して，2005 年 8 月 16 日の地震は $M = 7.2$ だった．マグニチュード M のとき解放されるエネルギー（つまり，地震が引き起こす破壊などのエネルギー）はジュールという単位で計って $10^{4.8+1.5M} \approx 6.3 \times 10^4 \times 31.6^M$ である．つまりマグニチュードが 1 増えるとエネルギーはおよそ 32 倍になる．したがって，$M = 7.2$ と $M = 7.4$ の違いはエネルギーに換算すると $32^{7.2-7.4} = 32^{-0.2} = 0.5$ となって，2005 年 8 月 16 日の地震はこれまでの宮城県沖地震の半分のエネルギーしか解放していない，と推測する．

「半分のエネルギーだの 2 回だのというのは最初の説明と話が違う」と思われるかもしれない．実際，あとからそういう先例もあったという話も出ている．地震の詳しい研究が可能になったのは観測態勢が整備されたごく最近のことで，昔の記録は解釈が難しいのだろう．

---

[1] 宮城県沖地震に関しては東北大学の五十嵐丈二先生に教えていただく機会があった．記して感謝したい．本書が完成したら持参してさらに教えを請うつもりでいたが，完成直前の 2006 年 3 月に他界された．青葉山地中の測定器を見学させていただくなど，普通なら雑用と括られる委員会が五十嵐先生にお会いできる場として生きていた．冥福をお祈りする．

§追記：2011 年 3 月 11 日．

§1.の記述は 2006 年頃に用意した内容で，本書の他の部分と違って，その後の改訂でデータの追加更新などを行っていない．手持ちの最善の知恵を提供したいという著者の思いには反するが，2011 年 3 月 11 日以前に宮城県沖地震がどのように見えていたか，という歴史の記録として，古い内容のまま基本的に元の記述を残すことにした．

2011 年 3 月 11 日 日本標準時 14 時 46 分，三陸沖（北緯 38 度東経 143 度深さ約 25km）で M9.0 の東北地方太平洋沖地震が発生した．詳しくは，たとえば http://www.jishin.go.jp/main/chousa/major_act/act_2011.htm#a20110710 を参照．本章で扱った狭い意味の宮城県沖地震の想定を遙かに越える連動を引き起こし，津波による被害は，世界一とも言われた備えもかなわぬほどに，甚大だった．震源は本章の扱う宮城県沖地震を含み，時期は前掲の表を見るとその統計的予測の四分位範囲に入る．中央値に比べれば早いとはいえ予想された地震と言える．むろん，規模，そして被害，については予想は失敗であった．紙数が限られるので，震災直後に書いた少し長い追記はウェブ http://web.econ.keio.ac.jp/staff/hattori/eqne1103.htm に置く．

統計学にとっての 1 つの教訓は，人や社会にある「一部の数値に一定の傾向（モデルと矛盾しない記録）が見えると，外れた数値（大災害の記録）は根拠が薄いとして排除する」傾向の怖さである．大災害の記録・証拠を掘り起こした研究者もいたが，たとえば当時の地震調査研究推進本部は採用しておらず，生かされなかった．

§2. 概収束，大数の強法則，分布の収束，中心極限定理．

確率論の重要な基礎概念と基礎定理をいくつか追加しておく．確率空間 (Ω, P) 上の確率変数 $X_k : \Omega \to \mathbb{R}$ の列 $(k = 1, 2, \ldots)$ と確率変数 $X : \Omega \to \mathbb{R}$ について，確率変数列 $\{X_k\}$ が X に概収束するとは，ある確率 0 の事象 $N \subset \Omega$ $(\mathrm{P}[\,N\,] = 0)$ がとれて，N の補集合 N^c 上での各点収束

$$\lim_{n \to \infty} X_n(\omega) = X(\omega), \quad \omega \notin N,$$

が成り立つことを言い，$\lim_{n\to\infty} X_n = X$, a.e., と書く．a.e. は almost everywhere の略．概収束は（起こる確率が 0，すなわち，実際には起こり得ない奇跡，を除けば）「事実上すべての ω」に対して必ず収束すると言っている．われわれは，偶然をともなう現象のただ一つの見本 ω_0 を生きているが，ω_0 つまり現実でもデータを重ねれば収束する．（逆に，神のみぞ起こせる奇跡まで確率論は面倒見切れないので，確率 0 の例外は許して理論を組み立てるのが a.e. の意味でもある．わかりにくければ最初は a.e. は省略して読んで差し支えない．）Ω 上の関数列の収束としては（確率 0 の点を除いて）各点収束を意味する．大数の強法則は概収束に関する定理である．

> **定理 8 (大数の強法則)** X_k, $k = 1, 2, \ldots$, を独立同分布確率変数列とし，その分布は $\mathrm{E}[\,|X_1|\,] < \infty$ を満たすとする．このとき
> $$\lim_{n\to\infty} \frac{1}{n} \sum_{k=1}^{n} X_k = \mathrm{E}[\,X_1\,],\ \text{a.e.},$$
> すなわち関数（確率変数）たちの単純平均が期待値（定数）に概収束する．（2 次モーメントが有界ならば，同分布でなくても結論は成り立つ．） ◇

この定理については章末に簡単な場合の証明を補足として掲げておく．詳しいことは確率論の基礎教科書を参照していただきたい．

大数の法則と並んで重要な基礎定理に中心極限定理がある．第 1 章で 2 項分布 $B_{n,p}$ が適当なパラメータの調節のもとで $n \to \infty$ で正規分布に弱収束することを紹介し，その事実を中心極限定理と呼んだ．第 6 章での都合もあるので，もう少し汎用性のある形で定理を紹介する．

1 次元分布の列 Q_k, $k = 1, 2, \ldots$, が 1 次元連続分布 Q に弱収束するとは任意の区間 $[a, b]$ に対して

$$\lim_{k\to\infty} Q_k([a,b]) = Q([a,b]) \tag{4.8}$$

が成り立つことを言う．Q_k は離散分布でも連続分布でもかまわないが，上記は極限分布 Q が連続分布の場合専用の定義である．Q が離散分布でも通用する定義は，(4.8) の前提の「任意の区間 $[a, b]$ に対して」を「$Q(\{a\}) = Q(\{b\}) = 0$ であるような任意の区間 $[a, b]$ に対して」としたものである．

分布の弱収束を確率変数列の言葉で書き換えたのが法則収束である．確率空間 (Ω, P) 上の実数値確率変数列 $X_k : \Omega \to \mathbb{R}$, $k = 1, 2, \ldots$, が確率変数 X に法則収束するとは，X_k の分布 $\mathrm{P} \circ X_k^{-1}$ が X の分布 $\mathrm{P} \circ X^{-1}$ に弱収束することを言う．

定理 9 (中心極限定理) X_k, $k = 1, 2, \ldots$, が独立同分布確率変数列とし，その分布は $0 < \mathrm{V}[X_1] < \infty$ を満たすとする．このとき
$$\frac{1}{\sqrt{n \mathrm{V}[X_1]}} \sum_{k=1}^{n} (X_k - \mathrm{E}[X_1])$$
は $n \to \infty$ で標準正規分布 $N(0,1)$ に従う確率変数に法則収束する． ◇

標準正規分布は (2.4) で $\mu = 0$ と $v = 1$ と置いた関数を密度関数とする連続分布であった．この定理の証明の概略を章末に補足として掲げておく．きちんとした証明は確率論の基礎教科書を参照していただきたい．2 項分布で先取りした中心極限定理（定理 2）は定理 9 で $\{X_k\}$ が (6.2) なる分布を持つ独立同分布確率変数列の場合に相当する．

第 1 章で紹介した 2 項分布 $B_{n,p}$ が正規分布へ近づく様子が中心極限定理（分布の弱収束）の具体例である．$p = 0.5$ の場合の図 5 と図 6 を（多少見た目を変えて）再掲して，それが標準正規分布 $N(0,1)$ に近づく様子を図示しておく．

図 16 は $N(0,1)$ の密度関数（(2.4) で $\mu = 0$, $v = 1$ としたもの）である．

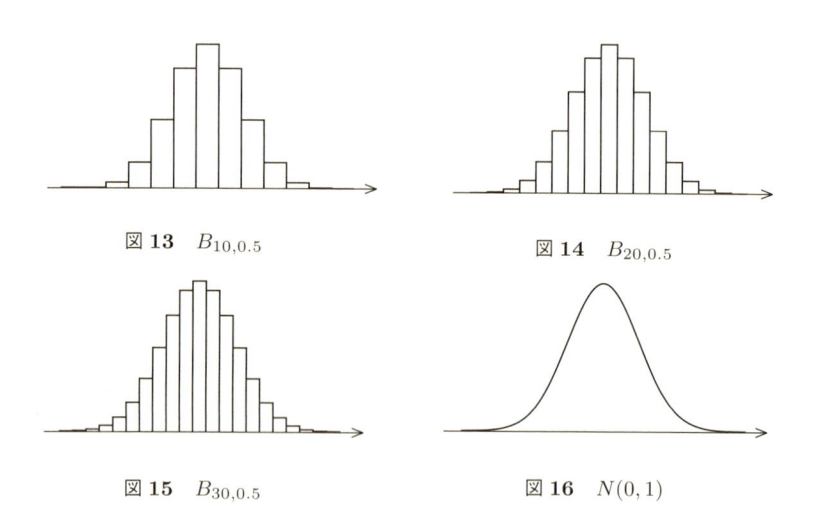

図 13　$B_{10, 0.5}$

図 14　$B_{20, 0.5}$

図 15　$B_{30, 0.5}$

図 16　$N(0,1)$

大数の強法則は概収束，すなわちわれわれの唯一の現実でも観測する収束である．大数の強法則から，標本をたくさん集めれば標本平均は母平均の良い推定値になる．これが点推定の根拠である．この考え方は第3章でクイズの答えを紹介した際に先取りした．現実には限りなく大きいと言えるほど大量のデータを集める時間的余裕または経済的価値がない場合がほとんどである．そのような場合の標本平均は中心極限定理が示す割合で母平均からずれる．以下の数章でそのようなばらつきを持つ標本から言えることを定式化する．

§ 補足：標本平均と不偏分散を扱う根拠．

標本平均 (4.4) や不偏分散 (4.5) を推定量として適切と考える主な根拠である**一致性**，**不偏性**，**最良性（有効性）**を簡単に紹介する．（第10章で再度取り上げる．）

一致性 (consistency) は，データの大きさ n を大きくした極限で母数に収束する性質である．標本平均，不偏分散とも一致性を持つ：

$$\lim_{n \to \infty} \overline{X}_n = \mathrm{E}[\,X_1\,], \text{ a.e.,} \tag{4.9}$$

$$\lim_{n \to \infty} \frac{1}{n-1} \sum_{j=1}^{n} (X_j - \overline{X}_n)^2 = \mathrm{V}[\,X_1\,], \text{ a.e.} \tag{4.10}$$

(4.9) や (4.10) のように，推定量の母数への収束が概収束のとき，とくに**強一致推定量**であるということもある．(4.9) は大数の強法則（定理8）そのものである．(4.10) は，任意の定数 μ に対して成り立つ

$$\sum_{j=1}^{n} (X_j - \overline{X}_n)^2 = \sum_{j=1}^{n} ((X_j - \mu) - (\overline{X}_n - \mu))^2 = \sum_{j=1}^{n} (X_j - \mu)^2 - n(\overline{X}_n - \mu)^2$$

において $\mu = \mathrm{E}[\,X_1\,]$ と選ぶと，第1項は (4.9) において X_j を $(X_j - \mathrm{E}[\,X_1\,])^2$ に置き換えれば $\mathrm{E}[\,(X_j - \mathrm{E}[\,X_1\,])^2\,] = \mathrm{V}[\,X_1\,] < \infty$ のとき $\mathrm{V}[\,X_1\,]$ に概収束することがわかる．第2項は大数の強法則から2乗の中身が0に概収束する．よって，(4.10) が $\mathrm{V}[\,X_1\,] < \infty$ のとき成り立つ．

不偏性 (unbiasedness) は，推定量の期待値が母数に等しい性質である．一致性だけでは，たとえば，不偏分散の定義 (4.5) の分母は $n-1$ でなくても n でもかまわない（$\lim_{n \to \infty} \frac{n}{n-1} = 1$ だから）．$n-1$ にするのは，定義から直接確かめられる不偏性

$$\mathrm{E}[\,\overline{X}_n\,] = \mathrm{E}[\,X_1\,], \quad \mathrm{E}[\,V_n\,] = \mathrm{V}[\,X_1\,], \tag{4.11}$$

を重視している．推定量の期待値が母数に等しいとき**不偏推定量**であると言う．強一致性は概収束なので，現実の世界でデータを取り続ければ母数に収束することを事実上意味する．これに対して期待値は「存在しない世界」にわたる平均値なので実際の検証はできない．理論上の扱いやすさが利点である．

有効性 (efficiency)(最良性) は，分散が最小であることを言う．n を大きくしたとき早く母数に収束するので望ましい．このような推定量を**有効推定量**または**最良推定量**と言う．適当な条件下での最良の不偏推定量が決まることがある（第 10 章参照）．

§ 補足：定理の証明のあらすじと特性関数．

大数の強法則の証明の概略（4 次モーメント有限の場合）．

定理 8 の大数の強法則をぎりぎりの仮定のもとで証明するためにはマルチンゲール的な事象の場合分けの議論が必要だが，仮定を強くして，性質の良い分布を持つ確率変数列に限ればより初等的に証明できる．参考までに証明のあらすじを紹介しておく．

> **定理 10（大数の強法則（4 次モーメント有限な場合））** 独立同分布確率変数列 $X_n, n \in \mathbb{N}$, が $\mathrm{E}[\,X_1\,] = 0$ と $\mathrm{E}[\,X_1^4\,] \leqq \eta^2 < \infty$ を満たせば $\dfrac{1}{n}\sum_{i=1}^{n} X_i$ は 0 に概収束する．（平均 0 の場合のみ掲げたが，分布の平均 μ が 0 でない場合は $Y_i = X_i - \mu$ に以上を適用すれば良い．また，記述の簡単のため X_i たちは同分布としたが，分布が各々異なっても平均 0 で 4 次モーメントが有界ならば以下の証明が成り立つ．） ◇

証明． $\mathrm{E}[\,X_1^2\,] = \sigma^2$ および $W_n = \sum_{k=1}^{n} X_k$ と置く．高次のモーメントが有限ならば非負低次のモーメントも有限になることは承知しているとしよう．このことから W_n^4 を X_k たちについて展開したとき $\mathrm{E}[\,X_i^3 X_j\,]$ の形の項は独立性から $\mathrm{E}[\,X_i^3\,]\mathrm{E}[\,X_j\,]$ と，期待値の積に分けられて，$\mathrm{E}[\,X_j\,] = \mathrm{E}[\,X_1\,] = 0$ となる．よって，

$$\mathrm{E}\left[\left(\frac{1}{n}W_n\right)^4\right] = \sum_{k=1}^{n} \frac{\mathrm{E}[\,X_k^4\,]}{n^4} + \frac{3}{n^4}\sum_{k=1}^{n}\sum_{j\neq k, 1 \leqq j \leqq n} \mathrm{E}[\,X_k^2\,]\mathrm{E}[\,X_j^2\,] \leqq \frac{\eta^2}{n^3} + 3(n-1)\frac{\sigma^4}{n^3}$$

となるので，$\mathrm{E}\left[\sum_{n=1}^{\infty}\left(\dfrac{1}{n}W_n\right)^4\right] = \sum_{n=1}^{\infty}\mathrm{E}\left[\left(\dfrac{1}{n}W_n\right)^4\right] < \infty$．（確率変数たちが非負値ならばその級数の期待値と級数の順序を交換できる．単調収束定理と呼ばれる．）期待値が有限値なので確率変数が無限大になる点の集合が確率 0 でないといけない．「確率 0 を除いて成立」を a.e. と書くから $\sum_{n=1}^{\infty}\left(\dfrac{1}{n}W_n\right)^4 < \infty$, a.e., となるが，これから $\lim_{n\to\infty}\left(\dfrac{1}{n}W_n\right)^4 = 0$, a.e., すなわち，$\lim_{n\to\infty}\dfrac{1}{n}W_n = 0$, a.e., を得る． □

特性関数と中心極限定理の証明の概略.

分布の弱収束の証明には特性関数が便利である．確率変数 X の特性関数を
$$\phi_X(\xi) = \mathrm{E}[\,e^{\sqrt{-1}\xi X}\,] = \mathrm{E}[\,\cos(\xi X)\,] + \sqrt{-1}\mathrm{E}[\,\sin(\xi X)\,], \quad \xi \in \mathbb{R},$$
で定義する．この定義は X の分布が連続分布か離散分布かによらない一般的な定義である．特性関数は X の分布で決まるので，分布の特性関数という言い方もする．たとえば分布が ρ を密度関数とする連続分布のとき，特性関数は $\phi_\rho(\xi) = \int_{-\infty}^{\infty} \rho(x)\, e^{\sqrt{-1}\xi x}\, dx$, $\xi \in \mathbb{R}$, である．

分布を与えると特性関数が決まるが，逆に特性関数を与えると分布が決まる．したがって，たとえば，問題となる確率測度があらわにわからなくても，特性関数を比べることで教科書のどの確率測度に等しいかわかる．具体的に特性関数の積分を用いて確率測度を表すレヴィ (Lévy) の反転公式も知られているが，一般的に書くと，積分と二重の極限を含み，やや煩雑である．（多くの確率・統計の教科書や web の資料にある．）分布が滑らかな密度関数を持つ場合はやや簡単になる．たとえば，分布の密度 ρ が x の近くで 2 階連続微分可能ならば，特性関数を ϕ とすると，
$$\rho(x) = \frac{1}{2\pi} \lim_{T \to \infty} \int_{-T}^{T} e^{-\sqrt{-1}x\xi} \phi(\xi) d\xi \tag{4.12}$$
と書ける．（正規分布の特性関数 (4.13) は絶対値をとったものの積分が有限だが，指数分布は $\mathbb{R}$ 上の分布と見ると $x=0$ で密度関数が不連続なことの影響で特性関数の絶対値の積分は発散する．後者の場合は (4.12) のように積分の上下端を対称に大きくする広義積分にする必要がある．）

特性関数は分布と 1:1 に対応するだけではなく，確率変数の独立性や分布の弱収束の判定の同値条件も与え，理論的にたいへん有用である．

> **定理 11 (Glivenko の定理)** ϕ, ϕ_n, $n \in \mathbb{N}$, をそれぞれ分布 μ, μ_n, $n \in \mathbb{N}$, の特性関数とする．このとき特性関数の各点収束，つまり，各 $\xi \in \mathbb{R}$ に対して $\lim_{n \to \infty} \phi_n(\xi) = \phi(\xi)$ となることと，μ_n が μ に弱収束することは同値である． ◇

命題 3 から，確率変数 X と Y が独立なことと，それぞれの任意の関数の積の期待値が期待値の積に等しいことが同値だが，関数として $e^{\sqrt{-1}\xi x}$ の形だけで十分である．

> **定理 12** 確率変数 X と Y の結合分布（同時分布）の特性関数 $\phi(\xi, \eta) = \mathrm{E}[\,\sqrt{-1}X\xi + \sqrt{-1}Y\eta\,]$ がそれぞれの特性関数 $\phi_X(\xi) = \mathrm{E}[\,\sqrt{-1}X\xi\,]$ と $\phi_Y(\eta) = \mathrm{E}[\,\sqrt{-1}Y\eta\,]$ の積 $\phi(\xi, \eta) = \phi_X(\xi)\phi_Y(\eta)$ になることと，X と Y が独立になることは同値である．（3 個以上の確率変数列も同様．） ◇

Lévy の反転公式，Glivenko の定理，独立性の特性関数による特徴づけの証明を含む詳細は確率論の教科書にゆだねる．

正規分布 $N(\mu, v)$ の特性関数 $\phi_{\mu,v}$ は
$$\phi_{\mu,v}(\xi) = \exp(\sqrt{-1}\mu\xi - v\xi^2/2), \ \xi \in \mathbb{R}, \tag{4.13}$$

である．これは $\phi_{\mu,v}(\xi) = \dfrac{1}{\sqrt{2\pi v}} \int \exp(\sqrt{-1}x\xi) \exp(-\dfrac{(x-\mu)^2}{2v}) dx$ の指数部を平方完成して
$$\sqrt{-1}x\xi - \dfrac{1}{2v}(x-\mu)^2 = -\dfrac{1}{2v}(x - \mu - \sqrt{-1}\xi v)^2 + \dfrac{1}{2v}(2\sqrt{-1}\mu\xi v - \xi^2 v^2)$$
とし，正則関数の複素積分の積分路変更を経て，ガウス積分 (2.5) を用いると得る．

定理12の応用例を紹介する．以下，n 成分列ベクトルを $\vec{p}$，その第 i 成分を p_i のように書き，ベクトルの内積を $\vec{p} \cdot \vec{q}$ などと書く．$a = b$ のとき 1，$a \neq b$ のとき 0 となる 2 変数関数を $\delta_{a,b}$ と書いてクロネッカー (Kronecker) のデルタと呼ぶ．たとえば，ベクトル $\vec{p}^{(k)}$, $k = 1, 2, \ldots, m$, が互いに直交する単位ベクトルであることを $\vec{p}^{(k)} \cdot \vec{p}^{(\ell)} = \delta_{k,\ell}$ と書く．

> **命題 13** Z_i, $i = 1, 2, \ldots, n$, を独立同分布確率変数列とし，その分布が正規分布 $N(0, v)$ であるとし，それを縦に並べた列ベクトルを $\vec{Z}$ と書く．$m \leq n$ で，$\vec{p}^{(k)} \cdot \vec{p}^{(\ell)} = \delta_{k,\ell}$ を満たすベクトル $\vec{p}^{(k)}$, $k = 1, 2, \ldots, m$ に対して，$Y_k = \vec{p}^{(k)} \cdot \vec{Z} = \sum_{i=1}^{n} p_i^{(k)} Z_i$ で定義される確率変数列 Y_k, $k = 1, 2, \ldots, m$, は独立同分布確率変数列になり，その分布は標準正規分布 $N(0, v)$ である． ◇

証明． $(Y_1, Y_2, \ldots, Y_m)$ の結合分布の特性関数を
$$\phi(\xi_1, \xi_2, \ldots, \xi_m) = \mathrm{E}[\, e^{\sqrt{-1}(\xi_1 Y_1 + \xi_2 Y_2 + \cdots + \xi_m Y_m)} \,]$$
と置く．右辺の期待値の中の指数部の虚部は
$$\xi_1 Y_1 + \xi_2 Y_2 + \cdots + \xi_m Y_m = \xi_1 \sum_{i=1}^{n} p_i^{(1)} Z_i + \xi_2 \sum_{i=1}^{n} p_i^{(2)} Z_i + \cdots + \xi_m \sum_{i=1}^{n} p_i^{(m)} Z_i$$
$$= \sum_{i=1}^{n} (\xi_1 p_i^{(1)} + \xi_2 p_i^{(2)} + \cdots + \xi_m p_i^{(m)}) Z_i = \sum_{i=1}^{n} \left(\sum_{k=1}^{m} \xi_k p_i^{(k)} \right) Z_i$$
となるが，Z_i たちは独立でそれぞれ $N(0, v)$ に従うので，定理12と (4.13) から
$$\phi(\xi_1, \xi_2, \ldots, \xi_m) = \mathrm{E}[\, \prod_{i=1}^{n} e^{\sqrt{-1}(\sum_{k=1}^{m} \xi_k p_i^{(k)}) Z_i} \,] = \prod_{i=1}^{n} \mathrm{E}[\, e^{\sqrt{-1}(\sum_{k=1}^{m} \xi_k p_i^{(k)}) Z_i} \,]$$
$$= \prod_{i=1}^{n} \exp(-\dfrac{v}{2} (\sum_{k=1}^{m} \xi_k p_i^{(k)})^2) = \exp(-\dfrac{v}{2} \sum_{i=1}^{n} (\sum_{k=1}^{m} \xi_k p_i^{(k)})^2).$$
右辺の指数部の和は，仮定 $\vec{p}^{(k)} \cdot \vec{p}^{(\ell)} = \delta_{k,\ell}$ を用いると，
$$\sum_{i=1}^{n} (\sum_{k=1}^{m} \xi_k p_i^{(k)})^2 = \sum_{k=1}^{m} \sum_{\ell=1}^{m} \sum_{i=1}^{n} \xi_k p_i^{(k)} \xi_\ell p_i^{(\ell)} = \sum_{k=1}^{m} \sum_{\ell=1}^{m} \xi_k \xi_\ell \vec{p}^{(k)} \cdot \vec{p}^{(\ell)} = \sum_{k=1}^{m} \xi_k^2$$
となるので，$\phi(\xi_1, \xi_2, \ldots, \xi_m) = \prod_{k=1}^{m} e^{-\frac{v}{2} \xi_k^2}$ を得る．結合分布の特性関数がそれぞれの変数の関数の積になるので定理12から Y_k たちは独立であり，その分布は (4.13) から $N(0, v)$ である． □

定理 9 の証明. 特性関数の使い方の概略のみ説明する．詳しくは確率論の教科書を参照していただきたい．分布の平均 μ が 0 でない場合は $Y_i = X_i - \mu$ を考えれば良いので，以下 $\mathrm{E}[\,X_1\,] = 0$ とする．$\dfrac{1}{\sqrt{n\,\mathrm{V}[\,X_1\,]}} \sum_{i=1}^{n} X_i$ の分布が $N(0,1)$ に収束することを示したいので，定理 11 から，その特性関数 ϕ_n が (4.13) に各点収束することを示せば良い．$\{X_n\}$ が独立同分布だから，X を同じ分布を持つ確率変数とすると

$$\log \phi_n(\xi) = n \log \mathrm{E}[\, e^{\sqrt{-1}\frac{\xi}{\sqrt{n\mathrm{V}[\,X\,]}}X} \,].$$

$\mathrm{E}[\,\cdot\,]$ の中の指数関数を実部と虚部に分けて，3 次以上の剰余項のテイラーの定理を用いた上で $|\sin x| \leqq 1$ などを用いることで，剰余項項からの寄与は $n \to \infty$ で消えることがわかる．右辺を ξ^2 まで書くと $\mathrm{E}[\,X\,] = 0$ と $\mathrm{V}[\,X\,] = \mathrm{E}[\,X^2\,]$ に注意して

$$\log \phi_n(\xi) \sim n \log \mathrm{E}[\, 1 - \frac{\xi^2}{2n\,\mathrm{V}[\,X\,]} X^2 \,] \sim -\frac{\xi^2}{2\mathrm{V}[\,X\,]} \mathrm{E}[\,X^2\,] = -\frac{\xi^2}{2}.$$

すなわち，$\lim_{n \to \infty} \phi_n(\xi) = e^{-\xi^2/2}$ となって，$N(0,1)$ に収束することがわかる． □

練習問題 4

[A]

1*. 対数正規分布，すなわち，

$$\rho(x) = \frac{1}{\sqrt{2\pi v}} \frac{1}{x} \exp\left(-\frac{(\log x - \mu)^2}{2v}\right) \tag{4.14}$$

を分布密度関数に持つ $x > 0$ 上の分布の平均と分散を求めよ．

2. ある自然現象に関する定数を求めるために n 回実験を繰り返して得た値 x_k ($k = 1, \ldots, n$) の平均値 $\dfrac{1}{n} \sum_{k=1}^{n} x_i$ をとる．1 回ごとの実験 X_k は平均 μ 分散 v のある分布に従う．追試（同じ条件で実験を繰り返すこと）を繰り返すと第 3 章の考え方によって平均値もばらつく．その分布は n が大きいとき X_k の分布によらず正規分布に近いことを議論し，その平均と分散を求めよ．

[B]

3. 正規母集団 $N(\mu, \sigma^2)$ から大きさ 2 のデータ（独立同分布確率変数列）X_1, X_2 をとる．母平均 μ の推定量 $Y = a\dfrac{X_1}{2} + b\dfrac{X_2}{3}$ が最良推定量になる定数 a と b，およびそのときの Y の分散 $\mathrm{V}[\,Y\,]$ を求めよ．　（平成 16 年日本アクチュアリー会資格試験）

5 さいころの目は不公平か?

検定の考え方

ばらつきをともなう世の中の真実を確率法則としたので，法則から言える最大限はある現象が起こる確率の大きさである．ばらつきを伴う数値から正しい結論を意志決定の参考にしやすい形で表現することを数理統計学の社会的役割とするならば，統計的検定は本書の前半の要となる．

§1. 差異とばらつき —— 問題は何か.

さいころは目の数によって材料を削り取る量が異なるため目の出る確率が正確に $p = \frac{1}{6}$ ずつではない，という話題が某テレビ番組で取り上げられたらしい．仮にある人がこの真偽を確かめたいと思ってさいころを $n = 10000$ 回投げて 6 の出た回数 m を調べたところ $m = 1569$ だったとする．このとき 6 の出る確率は $1/6$ より少ないと結論していいだろうか？ たしかに $\frac{m}{n} = \frac{1569}{10000} = 0.1569$ は $\frac{1}{6} = 0.1667$ に比べて相対的に $\frac{0.1667 - 0.1569}{0.1667} = 0.059 = 6\%$ くらい小さい．（数値は小数点以下 5 桁目を四捨五入して有効数字 4 桁とした．データは誤差を伴う数値なので長い桁数は意味がない．本書では有効桁数で切った近似値も断りなく等号で結ぶ．）第 4 章の点推定の考え方では推定量の実測値である 0.1569 を p の点推定値とするので，$p \neq 1/6$ と結論する．しかし，点推定値は偶然のばらつきを伴う数値を推定量に代入した標本値だから偶然の値である．$1/6$ と異なるのは偶然のばらつきがあったためだと主張されたら反論できない．

第 3 章 §1. と第 4 章 §1. の立場から，世の中は確率法則で現実はその標本である．仮に真の母数がわかっているとしても $m = 1569$ となる確率の大きさが

1. 差異とばらつき — 問題は何か.

正しい結論としては得られる最大限であるが，標本である現実の有限個の数値から真の母数を得ることはできない．この二重の限界の中で，目の前にあるばらつきを伴う数値から，上記の意味の正しい結論を，ばらつきか差異かの意志決定の参考にしやすい形で表現することが問題となる．このための本書前半の要となる考え方として統計的検定を紹介する．

複数の調査結果の差や得られた数値と念頭にあるモデルの結果の差などがあったときに，それが偶然のばらつき（誤差）の範囲内か母集団に違いがあるのか決断に迫られる場面は多い．判断を誤れば社会に悪影響を及ぼし得る．たとえば，国民全員のうちあるテレビ番組を見ている人の割合を，その番組の視聴率と言う．オンエアされていない地域は除く，広告主の観点からは世代別や収入別，など定義を精密にする方法も理由も多数あるが，ここではすべて省略して，単に見るか見ないかのみ考える．日時とチャンネルを決めれば決まるはずの 0 以上 1 以下の数値である．しかし，全員を調査するのはその効果に比べて費用がかかりすぎる．視聴率調査は，広告料をとって広告を放映するテレビという商売から派生した商売である．広告料より費用がかかる調査に意味はないので全数調査をすることはない．つまり，真の視聴率を人は決して知ることができない．実際の視聴率調査は総人口に比べてごく一部の人を調査して番組を見た人の割合を算出する．当然，調査結果は正しい値からずれる．もし視聴率調査会社が 2 社以上あって調査をすれば結果は細かいところで違う．視聴率調査が違えば，テレビ会社の儲けや番組制作に関わる人たちの給料や人事に影響するという噂もあった．数字の遊びとばかりも言っていられない．

視聴率調査の計算は第 6 章 §2. までとっておくが，あとで計算とごちゃまぜにならないように細かいことを先に書いておく．世論調査も同様だが，総人口など全体集合が現実の有限集合のとき，いわゆる抜き取り調査（サンプル調査）はどの部分が第 3 章 §1. で言う「確率法則」か問題になり得る．一人一人は調査対象の番組を見るか見ないか決定論的に決まっているとすると，誰を抜き取って調べるかという，高校教科書の説明に習えば「袋に，見た・見ないの書いてある球が入っていてそこからいくつか抜き取る」部分が標本 ω_0 になる．このとき，抜き取った結果を独立同分布確率変数列とするには，球を毎回袋に

戻さないといけないので，同じ人を偶然 2 度調査する（2 倍に集計する）可能性も許すべきだが，現実には総人口 N に比べて抜き取り調査のデータの大きさ n はたいへん小さい $(n \ll N)$ なので，偶然同じ人を調査する確率は n/N 程度で答えの小数点以下かなり下のほうにしか効かなくて無視できる，と考える．他方，その番組を見たい度合いがすべての人々に共通で，その度合いを測るのが視聴率調査だという考え方もできる．各個人が確率 p で見たいという共通の気分を持っていて，実際に見るかどうかは各個人ごとの独立同分布確率変数とすると，異なる人を n 人集めて聞くのがデータの取り方になる．第 6 章 §2. では後者の立場で計算する．われわれは唯一の ω_0 に住んでいる立場なので，どちらが正しいかわからない．どちらの考え方も許容され，一貫していればどちらの（および，ここで例示しなかった他の）考え方も意味がある．上に書いたように実用上 $N \gg n$ ならば同じ結果を与えるので気にならない．本書ではこの関連の議論にこれ以上踏み込まない．

§2. 正規分布.

正規分布はこれまでの章で少しずつ準備をしてきたが，いよいよ具体例の計算で用いるので，性質をまとめておこう．平均 μ と分散 v を母数とする 1 次元連続分布で，$\mu \in \mathbb{R}$ と $v > 0$ が与えられたとき (2.4) の $\dfrac{1}{\sqrt{2\pi v}} e^{-(x-\mu)^2/(2v)}$ を密度とする分布を**正規分布**と言い $N(\mu, v)$ と略記する．ガウス (Gauss) 分布とも呼ばれる．とくに $N(0, 1)$ を**標準正規分布**と言う．

正規分布の密度は指数部が 2 次式の指数関数だが，逆に指数部が 2 次式の指数関数が密度である $\mathbb{R}$ 上の連続分布はすべて正規分布である．これは指数部の 2 次式を平方完成したとき残る定数項が (2.4) の下で注意したように，全確率 1 の条件から上記の形に決まるからである．

確率変数の分布という言葉を (2.10) に用意したが，$N(\mu, v)$ に従う確率変数 X に対して

$$\mathrm{P}[\, a \leqq X \leqq b\,] = \frac{1}{\sqrt{2\pi v}} \int_a^b e^{-(x-\mu)^2/(2v)} \, dx, \tag{5.1}$$

さらに（積分可能な）実数値関数 f に対して第 3 章 §2. に注意したとおり合成

関数 $f(X) = f \circ X$ も確率変数だから (2.12) から
$$\mathrm{E}[\,f(X)\,] = \frac{1}{\sqrt{2\pi v}} \int_{-\infty}^{\infty} f(x) e^{-(x-\mu)^2/(2v)}\,dx,$$
などとなる．計算の上で役立ついくつかの初等的性質をまとめておく．（導出は各項目の括弧内を参照．）

1. $N(\mu, v)$ の平均は μ，分散は v．（第 2 章 §1. の最後．）
2. $N(\mu, v)$ の密度関数は $x = \mu$ に関して対称．したがって，とくに X が標準正規分布 $N(0, 1)$ に従うとき，$\mathrm{P}[\,X \leqq -a\,] = \mathrm{P}[\,X \geqq a\,]$．（密度関数の形から明らか．）
3. X の分布が $N(\mu, v)$ のとき，$Z = \dfrac{X - \mu}{\sqrt{v}}$ は標準正規分布に従う．一般に $a \neq 0$ と b が定数のとき，$Y = aX + b$ は $N(a\mu + b, a^2 v)$ に従う．$(\mathrm{P}[\,Z \leqq a\,] = \mathrm{P}[\,X \leqq \mu + a\sqrt{v}\,]$ の計算式 (5.1) で積分変数変換 (2.6) を行うと Z が $N(0, 1)$ に従うことがわかる．Y についても同様．)
4. X と Y がそれぞれ $N(\mu_x, v_x)$ と $N(\mu_y, v_y)$ に従う**独立**な確率変数ならば $X + Y$ の分布は $N(\mu_x + \mu_y, v_x + v_y)$ になる．正規分布に従う 3 個以上の独立確率変数の和も正規分布に従う．（期待値の加法性は (2.18)，独立確率変数の分散の加法性は (3.6)．正規分布に従う独立な確率変数の和が正規分布に従うことが言えれば良いが，和の分布の密度は補題 7 の後半の式において被積分関数が z と x の 2 次式の指数関数の x 積分で書ける．x について指数部を平方完成して (2.6) のような 1 次変換を利用したのちガウス積分 (2.5) を実行すると指数部に z の 2 次式の指数関数が残るので，本節の冒頭に注意したように正規分布である．）
5. 平均 μ，分散 $v > 0$ の母集団から無作為抽出で選ばれたデータ $X_1, \ldots, X_n$ について $\sqrt{\dfrac{n}{v}}(\overline{X}_n - \mu)$ は n が十分大きいときほぼ標準正規分布 $N(0, 1)$ に従う．$\overline{X}_n$ は (4.4) で定義した標本平均．（定理 9 の中心極限定理．）   ◇

正規分布に従う確率変数 X については第 2 章 §1. の最後の計算を応用することで，期待値や分散やモーメント $\mathrm{E}[\,X^n\,]$ の計算が（したがって，テイラー展開を考えれば一般の期待値 $\mathrm{E}[\,f(X)\,]$ の計算も）具体的な数式で表せる．しかし，確率そのもの，たとえば，$\mathrm{P}[\,X \geqq a\,]$，$\mathrm{P}[\,a \leqq X \leqq b\,]$，$\mathrm{P}[\,|X| \geqq a\,]$ な

とは a, b を含む初等関数では表せない．値が必要なときは適当な桁数の数値で近似的に表す．標準正規分布 $N(0,1)$ の密度関数を $\rho(x) = \dfrac{1}{\sqrt{2\pi}} e^{-x^2/2}$ と置くとき，$x \geqq 0$ の場合について分布関数 $\mathrm{P}[\,X \geqq x\,] = \displaystyle\int_x^\infty \rho(y)dy$ がわかっていれば上にまとめた性質によって任意の $N(\mu, v)$ の任意の区間の確率が計算できる．対称性から $\mathrm{P}[\,|X| \geqq 0\,] = 0.5$ であることはわかる．

x	$\displaystyle\int_x^\infty \rho(y)dy$
0	0.5
1	0.1587
1.6448	**0.0500**
1.9600	0.0250
2	0.0228
2.05375	0.0200
2.326	0.0100
2.5758	0.0050
3	0.00135

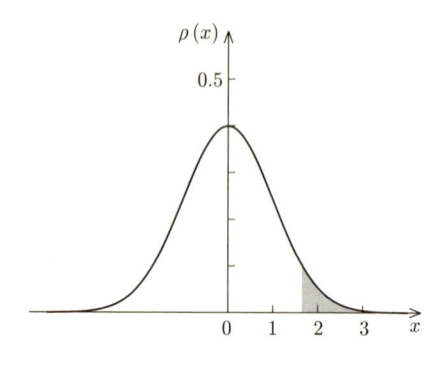

図17 標準正規分布 $N(0,1)$ の密度関数．アミかけは左表の太字欄 $x = 1.6448$ に対する数値 (0.05) の説明．

X が標準正規分布に従うとき，たとえば，99％の確率で $X \leqq 2.326$，99％の確率で $-2.5758 \leqq X \leqq 2.5758$，95％の確率で $|X| \leqq 1.960$，などとなる．一般の正規分布 $N(\mu, v)$ に従うときは，標準偏差を $\sigma = \sqrt{v}$ と置くと，99％の確率で $|X - \mu| \leqq 2.5758\sigma$，95％の確率で $|X - \mu| \leqq 1.960\sigma$，などとなる．標準正規分布では $\mathrm{P}[\,|X| \geqq 3\,] = 0.0027$ なので，$N(\mu, \sigma^2)$ に従う X が平均から 3σ 以上離れるのは 1000 回中 3 回に満たない．うそつきのことを「せんみつ（千三）」という古語があるそうだが，統計学では「3σ はずれたデータだ」というのがそれに対応する．「せんみつ」には不動産業という意味もあるそうだ．商談の成立するのが千口のうちで三口ほどという意味で，苦労がしのばれる．

§3. 検定の原理．

統計的検定（仮説検定）とは，無作為抽出された標本の確率の評価を，母集団に関する主張（仮説）の正否の判断の参考になる形で表現することを言う．

3. 検定の原理.

　第3章§1.と第4章§1.の考え方に従って，母集団 Ω 上の確率測度の族 $\{P_\theta \mid \theta \in \Theta\}$ と大きさ n のデータ（独立同分布確率変数列）$X_k : \Omega \to \mathbb{R}$, $k = 1, \ldots, n$, を考え，データの分布を $Q_\theta = P_\theta \circ X_1$, データに基づく母数 θ の推定量を $\hat{\theta}_n(X_1, \ldots, X_n)$ と置く．真の母数 $\theta = \theta^*$ を知っていれば実験結果 $x_i = X_i(\omega_0)$ に関する確率が計算できるが，現実は $\{x_i\}$, したがって $\hat{\theta}_0 = \hat{\theta}_n(x_1, \ldots, x_n)$ を知っていて θ は未知である．このとき統計的検定を手続きとして書くと次のようになる．

---

　(1) 仮説 H: $\theta = \theta_0$ を立てる．(2) 小さいと自分が判断（意思決定）する正の実数 α を固定し，$\alpha = Q_{\theta_0}(A)$ を満たす事象 A を決める．(3) 推定量の標本値 $\hat{\theta}_0 \in A$ ならば仮説 H を**棄却** (reject) し，「母数は θ_0 ではない」と結論する．$\hat{\theta}_0 \notin A$ ならば仮説 H を**採択** (accept) し，「母数は θ_0 でないとは言えない（さらなる研究が必要だ）」と結論する．

　α を**有意水準** (significance level, 危険率), $1-\alpha$ を信頼係数, $(1-\alpha) \times 100\,\%$ を信頼水準 (confidence level), A を**棄却域**（危険域, critical region），と呼ぶ．危険率の決定とは，確率 α 以下の事象は「信じがたい」として切って捨てる意思決定である．A は，θ_0 が真の母数のときその意味の「信じがたい」値の集合（典型的には Q_{θ_0} の平均値付近の区間を除いた部分）に選ぶ．実験結果を見る前に危険率を決めるのは客観性を保つためであるが，研究者が実験結果を報告し事業者が意思決定すると言った社会的分業の場合は，実験結果 $\hat{\theta}_0$ およびそれよりももっともらしくない値の集合を A と置いて $p = Q_{\theta_0}(A)$ を p 値と呼んで論文で発表する形も多い．意志決定者は α を選んでおいて $p \leq \alpha$ ならば棄却することになる．（第10章§2.に母数が2個以上の場合を含むより一般的な場合の検定の理論を紹介する．）

　仮説 H が本当は正しいのに，データが運悪く棄却域に入ったために H を**棄却することを第1種の過誤**（第1種の誤り）と言う．**危険率 α は第1種の過誤が起きる確率である．**たとえば，めったに不良品が出ないのに，抜き取り検査をしたら運悪く不良品にあたったときにその周辺のひとかたまりの製品をすべて捨てる損失が第1種の過誤である．危険率 α は意思決定者の判断で小さくとるので，H が検定で棄却されればそれは根拠があると考える．棄却するとき強

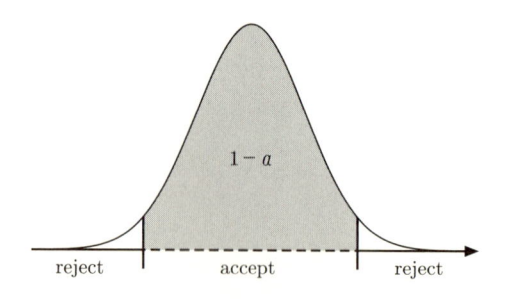

図 18 信頼率 $1-\alpha$ のときの棄却域（reject となっている領域）

い意味を持つため，仮説 H は**帰無仮説** (null hypothesis) とも呼ばれる．常識または既存の理論を帰無仮説に立てて実測によって覆す（新法則の発見），あるいはまた，問題のない正常状態を帰無仮説として実測によって否定されれば異常事態と判断して対策を立てる（抜き取り検査）など，帰無仮説の考え方はデータに基づく判断を迫られる場面で広く浸透している．

仮説 H が本当は間違っているのに，データが採択域に入った（棄却域を逃れた）ために H を採択することを第2種の過誤（第2種の誤り）と言う．ここまでの議論では第2種の過誤の確率は決まらない．たとえば，「星占いは当たる」という誤った仮説を棄却しようと研究を始めたが，データ不足で否定できなかったので採択した場合が第2種の過誤である．仮説 H が採択された場合にそれが正しいことの根拠はここまで説明した手続には内在していない．それどころか，攻守ところを替えて，同じデータで「星占いは当たらない」を帰無仮説としたら，やはりデータ不足で否定できず採択に至るだろう．「当たるも採択，当たらぬも採択」となる．意味のある客観的な情報を得るには最終的にはデータを積み重ねるしかない．

節の最後に，本書前半の統計的推測についての原理的注意を残しておく．（続きを本書後半第 11 章で紹介する．）

1. 危険率をどう選ぶかは意思決定の問題であり，本章からの数章で紹介する統計的推測は意思決定支援情報を提供するだけである．両者を切り離すことで，小さいデータであえて先に進むかコストをかけてデータを積み重ねるかという意志決定をデータの利用者にゆだねることが，数理統計学の社

3. 検定の原理. 63

会的役割としての「わかりやすい表現」であるとする立場である.

2. さいころを2回投げて6の目が続いたとする．帰無仮説 H:「6の目の確率が 1/6 以下」のもとで 6 の目が続く確率は $1/36 = 0.0277\cdots$ 以下なので危険率 5% で H は棄却され，3 回目も 6 に賭けるのが得，という結論になる．$\alpha = 0.05$ はその程度の粗い評価である．実験の予算が潤沢ならば誤差の要因をとことん除去した理想的な実験環境で大きなデータを積み重ねることで危険率の低い強い結果を得ることが望ましい．しかし社会や生活に直結する意味で緊急性のある多くの課題では，そのとてつもない複雑さに比べて相対的に小さいデータで決断しなければならない．そのような状況で客観性を維持する最後のよりどころの数字が危険率 5% であり，小さいデータで我慢するしかない状況をも尊重して，ぎりぎり客観性を保つ進言を行うことも数理統計学の社会的役割であろう．この問題はビッグデータが宣伝される今世紀も背後の法則が複雑であるゆえに変わらないと考える．

3. はっきりした結果を導くには母数の自由度はデータの大きさより十分小さい必要があるので，母分布の形のほとんどの部分は別の根拠から決めておく必要がある．第 7 章や第 8 章では正規分布の族に限るが，未知の母集団について正規分布に限る先験的な理由はない．しばしば正規分布の族が用いられるのは，中心極限定理（定理 9）などの理論的根拠と母数の少なさによるが，硬貨投げや視聴率は問題の定義から 2 項分布が基本だし，他の分布が適切な場合もある．結果に大差のない分布も，大きな差が出る分布もある．帰無仮説の選び方や危険率の選択も結論を左右する場合があるが，選び方に先験的な根拠はなく，意志決定者の判断に任される．

4. 統計的検定の手続きは「母集団が帰無仮説 H に従うとすると，得られた実験結果などの数値の確率は小さすぎて，そんな異常事態が起きるとは信じられない（ので H を棄却する）」という論法である．論理的に得られるのは，母数を H で仮定する値に選んだときに標本値が得られる確率であって，母数の値についての確率では決してない.

章始めの問題に戻って，さいころを $n = 10000$ 回投げて 6 の出た回数が

$m = 1569$ だったとき，6 の出る確率 p が $1/6$ と異なると言えるか考える．

帰無仮説 $H: p = 1/6$ を危険率 1% で検定する．定理 2 で 2 項分布の中心極限定理を紹介した際は硬貨と書いたが，p が同じなら硬貨でもさいころでも同じことだから，そこの N_n を用いると推定量は 6 の出た割合 $X = \dfrac{N_n}{n}$ で，標本は $x = X(\omega) = \dfrac{1569}{10000}$ である．

定理 2 から，帰無仮説 H のもとで $Y = \sqrt{\dfrac{n}{p(1-p)}}(X - p)$ の分布は $n \to \infty$ のとき標準正規分布 $N(0, 1)$ に弱収束するので，$n = 10000$ が十分大きいと考えて Y の分布は $N(0, 1)$ と近似する．危険率 $\alpha = 0.01$ だから $P[\,|Y| > c\,] = 2P[\,Y > c\,] = 0.01$ となる c を §2. の正規分布の表から求めると $c = 2.5758$ となる．よって，H を $|Y| > 2.576$ のとき棄却する．すなわち

$$|X - p| > 2.576\sqrt{\dfrac{p(1-p)}{n}} = 2.576\sqrt{\dfrac{5}{6^2 \times 10000}} = 0.0096,$$

より，$|m - np| > 0.0096n = 96$ のとき棄却する．$np = 1667$, $m = 1569$ ならば $|m - np| = 98$ だから H を棄却する．つまり冒頭の問題では危険率 1% で目の出方が不均一である．

§ 補足：第 2 種の過誤と対立仮説と検定力．

帰無仮説を別の仮説と比較する検定の考え方を定式化した検定を 2 仮説検定と言い，比較の対象となる仮説を**対立仮説**と言う．§3. では明示しなかったが，H を棄却すれば「それ以外のことが起きた」という主張だから，暗黙に「それ以外」が存在する．既存の理論や常識と新説や新発見の対決，正常状態と異常事態の比較，も同様である．

話を具体的にするために，母分布の候補となる分布の族 Q_θ が 1 個の母数 θ だけを持つとし，帰無仮説 H の分布は Q_{θ_0}，対立仮説 H' の分布は Q_{θ_1} とする．たとえば，不公平なさいころの例では $\theta = p$, $\theta_0 = 1/6$，そして θ_1 は各目の面で削りとった量からなんらかの（著者の知らない）理論物理学的計算によって得られる予想値とする．

危険率 α を自分で選び，棄却域 A を

$$\alpha = Q_{\theta_0}(A) \tag{5.2}$$

となるように決め，$x \in A$ ならば H を棄却するのであった．第 1 種の過誤が起きる確率は α そのものだが，(5.2) だけでは A の形は決まらない．§3. では，A は通常は区間の外側の領域に選ぶとだけ書いた．その決め方がここで問題になる．

帰無仮説 H か対立仮説 H' のいずれかが成り立つとすると，第 2 種の過誤は，本当は Q_{θ_1} が正しい母集団なのに $x \in A^c$ なるデータを得たとき起きるので，その確率 β は

$\beta = Q_{\theta_1}(A^c)$, 言い換えると,

$$1 - \beta = Q_{\theta_1}(A) \tag{5.3}$$

である. Q_θ は θ が異なれば違う分布なので, A の選び方によって α が等しくても一般には β が変わる. 当然 α が同じなら β が小さくなる A の選び方のほうが良い. これが棄却域の形 A を決める. 同じ α に対して β の小さい検定方法を**検定力**が強いと言い, (5.3) を検定方式 (α, A) の検定力と言う. θ_1 を動かすときは, $Q_{\theta_1}(A) = 1 - \beta$ を θ_1 の関数と見て**検定力関数**とも言う. 検定力関数を異なる棄却域 A に対して描くことで, 最適の棄却域を決めることに使える. たとえば, $\theta_1 > \theta_0$ のとき, 正規分布のような分布ならば $A = [c, \infty)$ の形に選ぶのが検定力が強い. すなわち, 対立仮説の分布が帰無仮説の分布より右にずれている場合は, 右側棄却域とするのが β を最小に抑える.

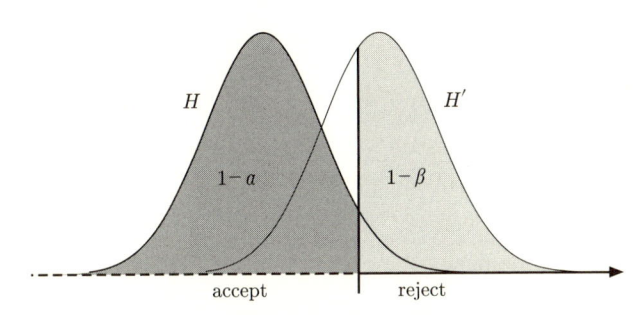

図 19 信頼率 $1 - \alpha$ と検定力 $1 - \beta$ (帰無仮説 H と対立仮説 H')

具体的には, 硬貨投げにおける硬貨の公平性の検定において,「一部の硬貨は表が出やすい細工があり, 残りは公平で, 現場でどちらが使われたかはわからない.」という情報が入った場合に相当する. 表が出にくいケースを考える必要がなくなるので, **片側棄却域**を選ぶ (片側検定).

正規母集団において, 対立仮説が明確でないときに, 片側棄却域ではなく両側棄却域を選ぶことが多いが, これは念頭にある対立仮説が帰無仮説 θ_0 より小さい値と大きい値両方の可能性があるときである. いずれにせよ検定結果には危険率とともに棄却域の形も明示する必要がある.

以上のように帰無仮説とともに対立仮説を用意すれば, 第 2 種の過誤の確率 β も第 1 種の過誤の確率 α と同様に議論できる. 2 仮説検定については, 第 10 章 §2.で尤度比検定を紹介したあとで, 第 11 章 §5.で詳しく紹介する.

練習問題 5

[A]

1. 表の出る確率 p の硬貨を $n=12$ 回投げて，表の出た回数に基づいて帰無仮説 H_0: $p=0.5$ を両側検定する．表の回数が期待値 6 からずれるほど H_0 から得た結果とは信じにくくなる．H_0 を危険率 0.1 で棄却することになるのは表が何回出たときか？ 2 項係数を直接計算する方法と正規分布で近似する方法で結果を比べよ．

2*. 問 1 と同様に，表の出る確率 p の硬貨を n 回投げて，表の出た回数に基づいて帰無仮説 H_0: $p=0.5$ を信頼水準 90% で両側検定する．中心極限定理に基づいて正規分布で近似する方法で信頼区間を n の関数として求めよ．

3. 100 個の非負値データの合計をとる．個々のデータについて，小数点以下を四捨五入して合計する場合と小数点以下を五捨六入して合計する場合の，差の絶対値が α を超えない確率が 0.95 以上となるような，最小の整数 α を中心極限定理を用いて求めよ．（データの小数点以下の値は $[0,1)$ 上の一様分布に従うとする．） （平成 16 年日本アクチュアリー会資格試験）

[B]

4. 母集団 $N(\mu, \sigma^2)$ から標本を無作為抽出して，仮説 H_0: $\mu=\mu_0=165$ を，対立仮説 H_1: $\mu=\mu_1=172$ に対して検定したい．いま，$\sigma=11$ はわかっており，かつ対立仮説 H_1 が真であるとき，H_0 を誤って採択する（第 2 種の誤りをおかす）確率が 2% 以下になるようにするには，標本数 n はいくつ以上あれば良いか？ 自然数で答えよ．ただし有意水準は 5% とする．（平成 16 年日本アクチュアリー会資格試験）

5. 10 個の球が入っている袋がある．袋のなかの球の構成は，(a) 赤球 3 個と黒球 7 個，または，(b) 赤球 6 個と黒球 4 個，のいずれかである．帰無仮説 H_0: 袋のなかの球の構成は (a) である，および，対立仮説 H_1: 袋のなかの球の構成は (b) である，として，この袋から 2 個の球を非復元抽出で選ぶとき，少なくとも 1 個が黒球であれば H_0 を採択し，それ以外のときは H_0 を棄却する．この検定において，第 1 種の誤りの起こる確率 P_1 と第 2 種の誤りの起こる確率 P_2 を求めよ．（平成 15 年日本アクチュアリー会資格試験）

6 視聴率調査，何人調べれば十分か？

区間推定の考え方

統計的検定は本書の前半の要となる統計的推測の基本原理だが，最後の否定的結果を見越して最初に帰無仮説を選ぶ手続きがやや小難しい印象を与えるかもしれない．統計的検定の内容を手軽に表現する方法として区間推定がある．

§1. 区間推定の原理．

第4章§1.で紹介した点推定は，母数たとえば母平均 μ を推定量たとえば標本平均 (4.4) の標本値で推定した．標本値なので第5章§1.で議論したように，「正しい」値ではない．正しい言い方として第5章§3.で紹介した検定の手続きは，棄却を想定して帰無仮説を用意する点で，常識や正常状態を否定して新法則や異常事態に気づくための応用に向くが，母数の値を知る目的には扱いにくい．検定と同様の意味で「正しく」，点推定のように母数の値の手がかりを得る目的にとってわかりやすい表現が区間推定である．

データ X_i, $i = 1, 2, \ldots, n,$ の大きさ n が大きく，X の分布 $Q = \mathrm{P} \circ X_1^{-1}$ の母分散 $v = \mathrm{V}[\,X_1\,]$ が既知のとき，母平均 $\mu = \mathrm{E}[\,X_1\,]$ を標本平均の標本値（実験や調査結果の数値の単純平均）$x = \overline{X}_n(\omega_0)$ に基づいて区間推定する手続きは次のようになる．

68　第6章　視聴率調査，何人分調べれば十分か？ — 区間推定の考え方.

> (1) 小さい正の実数 α を固定し，標準正規分布の数表から区間 $[-c, c]$ の確率が $1-\alpha$ に等しい c を求める．(2) 大きさ n のデータの標本平均の実測結果の値 x に対して**信頼係数** $1-\alpha$（**危険率** α）で μ を $x - c\sqrt{\dfrac{v}{n}} \leqq \mu \leqq x + c\sqrt{\dfrac{v}{n}}$ と推定する．

$(1 - \alpha) \times 100\%$ を**信頼水準** (confidence level)，区間

$$[x - c\sqrt{\tfrac{v}{n}},\ x + c\sqrt{\tfrac{v}{n}}] \tag{6.1}$$

を**信頼区間**と言う．

区間推定は次の原理による．$\mu = \mathrm{E}[X_1]$ と $v = \mathrm{V}[X_1]$ と中心極限定理（定理9）から，$\sqrt{\dfrac{n}{v}}(\overline{X}_n - \mu)$ は n が大きいとき（母分布 Q の真の形と無関係に）標準正規分布 $N(0,1)$ に近いから，c の選び方から，標本平均 $\overline{X}_n$ は確率 $1-\alpha$ で $-c \leqq \sqrt{\dfrac{n}{v}}(\overline{X}_n - \mu) \leqq c$ を（n が大きいとき，ほぼ）満たす．μ が未知のときこの式を μ について解いたのが区間推定である．

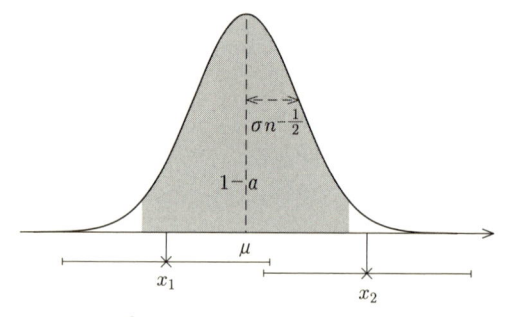

図20　母平均 μ と母分散 $v = \sigma^2$ とデータの大きさ n に対して標本平均の分布は $N(\mu, \sigma^2/n)$ に近い．図で標本平均として x_1 を得るのはおかしくないが，x_2 は信じがたいと判断する．逆読みして，x_1 を得たときの信頼区間には μ が入り，x_2 の信頼区間には μ が入らない，と理解する．

上の導出の出だしから，信頼区間から外れた μ の値は，第5章の両側検定において帰無仮説にとると，「手持ちの実測値（標本）を得るのは小さい確率 α 以下だから信じがたい」として棄却されることがわかる．つまり，信頼係数 $1-\alpha$ の信頼区間とは，手持ちの数値によって危険率 α で統計的検定をしたとき，（母数の候補のうちそれが真実の場合に手元にある標本が珍しくないため棄却できず）真実への候補として残す母数の範囲である．検定と同様に，危険

1. 区間推定の原理. 69

率 α は母数についての確率ではなく標本の珍しさの許容限界である．よって統計学の理論としては検定のみを扱えば十分だが，実用上は区間推定の形のほうが見やすい場面も多い．古典的な意味で，統計的検定と区間推定を併せて**統計的推測**と言うこともある．また，大きいデータの標本平均が正規分布にほぼ従うとして行う統計的推測を大標本理論と言うことがある．

母数 θ が 1 個の場合 μ も v もその母数の関数である．たとえばベルヌーイ試行（硬貨投げ，視聴率，さいころの特定の目）の場合は $\theta = p$ で

$$P_p[\,X_1 = 1\,] = p, \quad P_p[\,X_1 = 0\,] = 1 - p, \tag{6.2}$$

だから，

$$\mu(p) = E_p[\,X_1\,] = p, \quad v(p) = V_p[\,X_1\,] = p(1-p) \tag{6.3}$$

が成り立つ．このとき区間推定の結論は

$$x - c\sqrt{\frac{v(p)}{n}} \leqq \mu(p) \leqq x + c\sqrt{\frac{v(p)}{n}} \tag{6.4}$$

となるので，p について解けば，母数 p の区間推定を得る．ベルヌーイ試行 (6.3) の場合は $v(p) = p(1-p) \leqq \dfrac{1}{4}$ が $0 \leqq p \leqq 1$ で恒等的に成り立つので区間を少しゆるめて

$$x - \frac{c}{2\sqrt{n}} \leqq p \leqq x + \frac{c}{2\sqrt{n}} \tag{6.5}$$

と見積もるのが簡単である．

この節の残りは，(6.1) の形の考察と応用上のヒントである．

まず，第 4 章で紹介した点推定値は 1 個の数字なので，結論を得るのに用いたデータの大きさ n がわからないのに対して，信頼区間 (6.1) の幅はデータの大きさ n の平方根に反比例して小さい．これは統計誤差とも呼ばれ，実験や調査の報告では，たとえば，$\alpha = 0.01$ のとき，$\mu = x \pm c\sqrt{\dfrac{v}{n}}$ (99% CL) のように書くことがある．(**CL** は**信頼水準**，confidence level のこと．) 調査や実験の信頼性の手がかりを与える点で，点推定に比べてより正しい表現であるだけでなく，データのより詳しい情報である．

次に，信頼区間 (6.1) の幅が母分布の標準偏差に比例して大きいのは直感的には次図で理解できる．

図 21 標本が散らばっているほど母平均の点推定値は不正確だと判断するのが自然.

図 21 の左図は v が大きい場合，右図は小さい場合である．それぞれ，5 回の測定を繰り返した結果 ∨ の値を得てその標本平均を計算したところ ∧ の値となったとすると，右図の標本平均のほうが左図より母平均に近い可能性が高いだろう．

最後に，生のデータから既知の関数 f で変数変換した量の期待値 $E[f(X_1)]$ を推定する手続きは X_k を $f(X_k)$ に置き換えて平均の区間推定を行えば良い．たとえば，高次のモーメント $E[X^2]$, $E[X^3]$ などの区間推定は μ の区間推定と同様に行える．ただし，不偏分散は定義式 (4.5) の和の各項に標本平均が入っているので独立確率変数の和に関する中心極限定理を用いることはできない．（第 7 章で正規母集団の場合の不偏分散が χ^2 分布に従うことを見るので，一般の母分布の場合も大きいデータの場合には中心極限定理と組み合わせることで χ^2 推定・検定ができる．）

§2. 視聴率調査と事故の件数．

例題 1 — 視聴率調査．

第 5 章 §1. で定義した視聴率調査の例を区間推定の問題として考えよう．現実の調査を以下の計算に対応させるまでの細かいいきさつは第 5 章 §1. で議論したので，ここでは割り切って計算を進める．個人 k ごとに見た $X_k = 1$ か見ない $X_k = 0$ で，確率 p で見たと返事するから (6.2) が成り立つ．（これは，各個人が確率 p で見たいという共通の気分を持っている，と考えるのと同じである．）n 人に対してこの調査を行えば，n 回繰り返しのベルヌーイ試行になる．視聴率調査で見ていた人と調査対象人数との比を $x = \overline{X}_n(\omega_0)$ と置くと，視聴率 p の信頼区間（の手軽な評価）は (6.5) となる．

たとえば信頼水準 99％ で推定することにすると $\alpha = 0.01$．正規分布の表（図 17）から標準正規分布で区間 $[-c, c]$ の確率が $1 - \alpha = 0.99$ になるのは $c = 2.5758$ である．仮にある番組が $n = 1$ 万人の視聴率調査で 30％ の大ヒットという結

果が出たとしよう．$x = 0.3$ なので，(6.5) は $p = 0.3 \pm \dfrac{2.5758}{2 \times 100} = 0.3 \pm 0.013$ (99％ CL)．つまり，真の値は 28.7％ から 31.3％ のあいだにあると見積もる．同じ結果を信頼水準 90％ で推定することにすると $\alpha = 0.1$ なので $c = 1.6448$ だから $p = 0.3 \pm \dfrac{1.6448}{2 \times 100} = 0.3 \pm 0.008$ (95％ CL)．同じ調査結果に対して，信頼区間の幅を狭くするには信頼水準を低くしないといけないことに注意．強い結論を出すには間違いの危険をより多く覚悟しないといけない．言い換えると，慎重に可能性を残すならば発言内容は曖昧になる．慎重が良いか曖昧がいけないかは意思決定する側の判断である．

　検定との関係を見るために，帰無仮説 $H: p = 0.29$ を立てて，第 5 章 §3. の手続きに $\theta_0 = p = 0.29$ と $\hat{\theta}(\omega_0) = x = 0.3$ として当てはめる．第 5 章 §3. の Q_p は標本平均 $\overline{X}_n$ の分布 $Q_p = \mathrm{P}_p \circ \overline{X}_n^{-1}$ に選ぶ．(以下，やや込み入った計算が必要なのは，第 5 章 §3. の検定では推定量の分布 Q_θ が与えられているとしたのに対して，本章前節では標本平均の分布の計算を標準正規分布の数表で済ませるために，n が大きいとして中心極限定理を用いた上に 1 次変換で標準正規分布に直した形で区間推定の手続きを書いたからである．説明を短くするため，以下第 5 章 §2. にまとめた正規分布の性質を断りなく使う．) 区間推定の手続き (6.4) では中心極限定理によってこれが $N(p, \dfrac{p(1-p)}{n})$ に近いとして話を進めたので，上に合わせて標準正規分布で $[-c, c]$ の確率が $1 - \alpha$ に等しくなる c を選ぶと，$Q_p(A) = \alpha$ となる危険域 A は $A = [p - c\sqrt{\dfrac{p(1-p)}{n}},\ p + c\sqrt{\dfrac{p(1-p)}{n}}]^c$ となる（右肩の c は補集合を表す）．$p = 0.29$ と $n = 10^4$，そして，$\alpha = 0.01$ のとき $c = 2.5758$ だったから代入すると $A = [0.278, 0.302]^c = (-\infty, 0.278) \cup (0.302, \infty)$．$x = 0.3 \notin A$ だから H は危険率 0.01 で採択される．$\alpha = 0.1$ のときは $c = 1.6448$ だったから $A = [0.283, 0.297]^c = (-\infty, 0.283) \cup (0.297, \infty)$．$x = 0.3 \in A$ だから H は危険率 0.1 で棄却される．対応する信頼区間と比べると，危険率を揃えたとき $p = 0.29$ が信頼区間に入らないことと $H: p = 0.29$ が棄却されることが同値であるという §1. の対応関係が確認できる．

　ところで，信頼区間 (6.5) の幅（統計誤差）は危険率の設定と調査対象数（データの大きさ）だけで決まる．日本全体の視聴率でも関東の視聴率でも等

しい統計誤差を得るために調査すべき人数は等しい！各個人が確率 p で見たいという共通の気分を持っていることと同値な定式化なので p は母集団の大きさと無関係だからである．(これは第 5 章 § 1. で議論したことの帰結である．)

実際のテレビの視聴率ではパーセント表示で小数第 1 位まで報道されている．比で言えば小数第 3 位の数値が意味を持つには統計誤差 $\frac{c}{2\sqrt{n}} < 0.001$ でなければお話にならない．甘く見積もって $\alpha = 0.1$ としても $c = 1.6448$ だったから $n > (500c)^2 = 6.8 \times 10^5$．約 70 万人を調査しなければならないので考えがたい．小数第 1 位の報道はテレビ局の余興であろう．

例題 2 ── 事故，母集団がポワッソン分布の場合．

たとえば，自動車事故のように「起こり得る場所（道の多さや人や車の多さ）が独立かつ多いが 1 場面あたりの頻度が小さく，両者の積で得られる平均生起数 λ が「目に見える大きさ」である現象は，一定期間内の発生数がポワッソン (Poisson, ポアソン) 分布にほぼ従うと考えられる．k 件起きる確率は

$$Q_\lambda(\{k\}) = \frac{\lambda^k}{k!} e^{-\lambda}, \quad k = 0, 1, 2, \ldots, \qquad (6.6)$$

で与えられる．生起件数だから当然だが非負整数の集合 $\mathbb{Z}_+$ を全体集合とする分布である．(一見，込み入った式だが，テイラー展開 $e^\lambda = \sum_{k=0}^\infty \frac{\lambda^k}{k!}$ を思い出せば，定数 $e^{-\lambda}$ は $Q_\lambda(\mathbb{Z}_+) = 1$ から決まることがわかる．) 2 項分布 $B_{n,p}$ との対応では，「起こり得る場面が多いが 1 場面あたりの頻度は小さい」とは，n が大きく p が小さく，平均 $np = \lambda$ が決まった値，ということである．実際 $B_{n,\lambda/n}$ において $n \to \infty$ とすると，平均 λ のポワッソン分布に弱収束する（ポワッソンの少数の法則）．なお，離散分布の離散分布への弱収束は，各 k ごとの収束である．

簡単な例題を試しておこう．問題：ある交通機関のある路線で 1 日平均 1 件忘れ物がある．1 週間の忘れ物の個数を信頼水準 95% で予測せよ．

1 週間の忘れ物の件数は平均 7 のポワッソン分布に従うと考えると，分布は

$$Q(\{k\}) = \frac{7^k}{k!} e^{-7}, \quad k = 0, 1, 2, \ldots,$$

で与えられる．信頼係数 $1-\alpha$ に対する信頼区間 $[b, c]$ の両端 $b = b(\alpha), c = c(\alpha)$

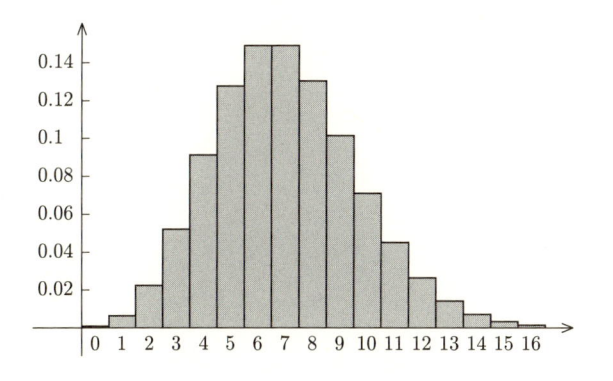

図 **22**　平均 7 のポワッソン分布.

は信頼係数の関数．ポワッソン分布は左右非対称なので正規分布のように左右対称に選ぶ必然性はない．区間推定の考え方からは，確率の大きい k を順次とるのが自然だろう．そのとき $Q([b,c]) \geqq 1-\alpha$ となる中でいちばん狭い区間 $[b,c]$ を $[b(\alpha), c(\alpha)]$ と定める．計算すると，信頼水準 95％ の信頼区間は $[2,12]$ なので，忘れ物の予測件数は 2 以上 12 以下となる．

§3.　データの蓄積と区間推定の「時間変化」．

自然法則の定数（自然定数）を実験データから求める自然科学の実験では，データのばらつきは制御不能のやむを得ない撹乱（測定誤差）によるものと考え，母平均（自然定数）に関心がある．実験を繰り返して母数 μ に対する n 個の測定値 $X_1(\omega_0), \ldots, X_n(\omega_0)$ を得てその標本平均 $\overline{x} = \overline{X}(\omega_0)$ に基づいて区間推定を行うと，母分布の標準偏差（測定誤差）を σ と置くとき，$\mathrm{E}[\overline{X}] = m$, $\mathrm{V}[\overline{X}] = \sigma^2/n$ だから，中心極限定理（定理 9）から $\frac{\sqrt{n}}{\sigma}(\overline{X} - \mu)$ はほぼ標準正規分布 $N(0,1)$ に従う．σ^2 を不偏分散の実測値 $v = V(\omega_0) = \dfrac{1}{n-1}\sum_{i=1}^{n}(x_i - \overline{x})^2$ で近似すれば，信頼係数 $\alpha = N(0,1)([-c,c])$ に対する信頼区間が $[\overline{x} - c\sqrt{\dfrac{v}{n}}, \overline{x} + c\sqrt{\dfrac{v}{n}}]$ となる．c は平均値が従う分布の標準偏差を単位にして測った推定区間の長さで，正規分布の表から，$c=1$ のとき $1-\alpha = 0.683$，$c=2$ のとき $1-\alpha = 0.954$，などとなる．対応する区間を 1 シグマ，2 シグマと俗称することがある．実験

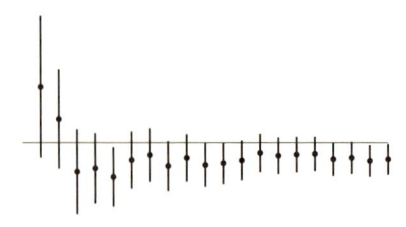

図 23 毎年同数の独立同分布データを累積したときの統計誤差（±1σ の幅，すなわち正規分布近似で 68.3％ (CL) の信頼区間）の変化のシミュレーションサンプル．横軸の高さが母数（真の値）．統計的には全データの約 7 割のデータの誤差棒が横軸に触っていることを期待する．

データを図示するときこの 1 シグマの統計誤差を線分で表示する（図 23）．

ある定数に関してある実験が学術論文として発表されると，別の研究者が追試を行うのが普通である．追試は同じ定数を別の角度から調べる場合もあるし，最初の発表と同じようにやって再現性を確かめる場合もある．ここでは後者について少し立ち入る．最初の一群のデータについてデータの大きさ n_1，(4.4) の標本平均 $\bar{x}_1$，(4.5) の不偏分散 σ_1^2，が報告されていれば，追試のデータと合わせて全体でより大きなデータとして区間推定の区間幅を改善できる．実際，追試のデータの大きさ，標本平均，不偏分散がそれぞれ n_2，$\bar{x}_2$，σ_2^2，とすると両者を併せて大きさ $n = n_1 + n_2$ のデータと見たときの標本平均 $\bar{x}$ と不偏分散 σ^2 は

$$\bar{x} = \frac{1}{n}(n_1 \bar{x}_1 + n_2 \bar{x}_2),$$
$$\sigma^2 = \frac{1}{n-1}\left((n_1 - 1)\sigma_1^2 + (n_2 - 1)\sigma_2^2 + \frac{n_1 n_2}{n}(\bar{x}_1 - \bar{x}_2)^2\right) \tag{6.7}$$

で与えられることが定義に戻って計算するとわかる．

図 23 は，追試の蓄積によって定数の区間推定が改善する様子を (6.7) を帰納的に用いることでシミュレーション（第 13 章参照）した結果である．ここで少し変わったことを考える．1 年目になんらかの理由で統計的には異常なほど偏ったデータが発表された場合のシミュレーションを行ったのが図 24 である．「なんらかの理由」とは，たとえば，測定装置の較正ミス，データ処理の計算間違い，計算に使用した他の実験結果の偏り，理論的予測やその他の「常識」に引きずられた，めったにない統計的例外が不幸にも初回に起きた，など，種々考えられる．

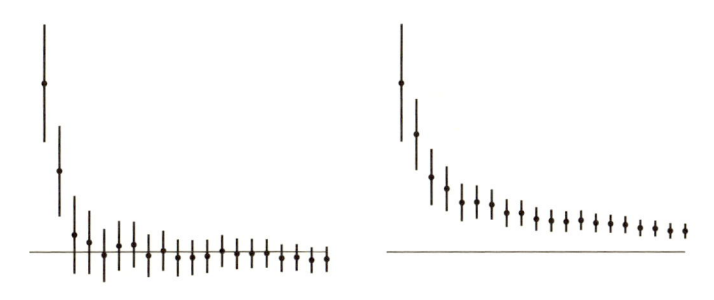

3. データの蓄積と区間推定の「時間変化」. 75

図 24 1 年目に偏ったデータが発表された場合. 左図は 2 年目以降は統計的に自然なデータが累積されたとき, 右図はつねに前年までの累積結果にその年の発表データが引きずられた場合 (シミュレーション).

　左図は, 2 年目以降は 1 年目の異常値と独立なデータが累積されたとき, 右図は, つねに前年までの累積結果にその年の発表データが引きずられた場合, である. データに引きずられる, というのは, それまでの結果と異なると, ミスを一所懸命捜すため, 誤って正しい結果を誤りと判断してデータから捨てたり, 最初の報告と近い値が出た場合は安心して装置の異常や偏りに気づかない場合などが考えられる. (シミュレーションでは, 簡単のために, 前年までの結果から大きくずれた乱数値は少し前年の推定区間に近づける, という操作で近似した.) 「正しい」左図では, 2 年目の時点では最初の発表と追試のどちらが異常かはわからず, 合わせたデータは中間的な位置にあるが, 淡々とデータを蓄積していけば急速にあるべきところに落ち着く. これに対して, 1 年ごとの変化は自然であっても, 10 年にわたって一定の方向にずれた挙げ句, 元の区間推定値から何シグマも離れた値にゆっくり落ち着く右図は, 長期間にわたってデータが引きずられたことを疑われる.

　高エネルギー実験学の世界では 20 世紀後半から Rosenfeld の先駆的研究を引き継いでこのようなデータの蓄積が行われ続けている. その解析によれば, さいわいなことに, 図 24 の右図のような例はきわめて少ない. (過去においてはまれにそのような例もあったことも初期の報告ではきちんと指摘されている.) 高額の予算がついて社会の目が厳しいからだけでなく, 学問的見地から厳しい検討がつねに行われる. 実益に直結していないこともおそらく偏りを生む圧力が小さい状況を生んでいて, 基礎科学の健全さと, したがって, 長い目

で見れば社会全体を豊かにし得る成果が期待できる．しかし，日本の大学を取り巻く最近の状況を見ると，将来については楽観を許さない．人間関係や社会的圧力（実益）などからくる，あってはならない例外的事態に備えたチェックの仕組みも必要かもしれず，統計的手法にも役割があるかもしれない．

練習問題 6

[A]

1. 視聴率 $x\%$（百分率で表示したもの）を x が $0 < x < 100$ のどの値であっても信頼水準 95% で小数第 1 位まで「正確」に，つまり，信頼区間の幅が 0.1% 以内，とするのに要する調査対象世帯数を求めよ．
2*. ある集団中の無作為抽出標本 1 万個体中 100 個体にある病原菌の感染があった．この集団への病原菌の感染率 p を信頼水準 95% で区間推定せよ．

[B]

3. X が平均 λ のポワッソン分布に従うとき，期待値 $\mathrm{E}[X]$，分散 $\mathrm{V}[X]$，母関数 $\mathrm{E}[e^{X\theta}]$ を求めよ．
4. X が $[0, 1)$ 上の一様分布に従うとき，$Y = -\sigma \log X$ は平均 σ の指数分布 (2.25) に従うことを示せ．
5. 平均 λ のポワッソン分布の歪度と尖度を求めよ．（補足 1 参照．）

補足 1. X の分布の歪度を $\dfrac{\mathrm{E}[(X - \mathrm{E}[X])^3]}{(\mathrm{V}[X])^{3/2}}$ で定義する．平均に関して対称な分布ならば 0 になるので，左右対称性からのひずみ（ゆがみ）を表すことになっているが，分散が平均からの偏差の 2 次のモーメント $\mathrm{E}[(X - \mathrm{E}[X])^2]$ を表すのに対応して 3 次のモーメントに比例する量というのが本来だろう．分母は歪度が $X \to aX$ で不変になるように規格化するため．また，$\dfrac{\mathrm{E}[(X - \mathrm{E}[X])^4]}{(\mathrm{V}[X])^2}$ を尖度と言う．正規分布にと比べたときのとがりを表し，正規分布では 3 になる．

7 鶏が産む卵の重さはいくらか?

正規母集団の統計的推測

　検定と区間推定は，ばらつきを伴う数値から母数について言えることを誤解なく，判断の参考になる形で表現する手続きを与え，母数が1個の場合には具体的に計算可能な手続きである．さいわい，母数が2個の代表である正規母集団の統計的推測も，標本平均と不偏分散という代表的な推定量をうまく組み合わせることで，母数が1個ずつの2種類の統計的推測に帰着する．

§1. クッキングスケール.

　ずいぶん前のことだがタニタのデジタルクッキングスケールをいただいてその便利さを知った．（その後，転勤で仮の宿用に買い足したところ，さらに便利になっていた．技術的向上心が感じられて感心した．それはともかく．）計測器があれば使いたくなる研究者の性分で，1996年某月某日に近所のスーパーで買った地卵10個packの卵の重さ（グラム）を調べたところ，61, 62, 64, 64, 68, 58, 63, 64, 66, 67, であった．いらないことをいっぱい書いたのは架空の数字ではなく実測値だという主張であるが，それはさておき，卵の母平均と母分散はそれぞれどの程度だろうか？

　自分が買った分の平均ではなく，鶏が生んでくれている卵の重さの分布について，手元にある材料だけで推測したい，という問題である．あまりにささやかでぱっとしない例題に見えるかもしれないが，もしこの数値がある会社の過去10年間の毎年の売り上げを10億円単位で書いたもので，その会社の力量を知りたいという問題だとしたら，ささやかとは言えまい．数学の問題としては

同じことなので，架空の会社の問題ではなく卵の問題で考える．

第5章の検定と第6章の区間推定は，母数が1個の場合には具体的に計算可能な手続きである．第6章§1.では話を簡単にするためにデータの大きさ n が大きいとして中心極限定理を用い，母分布に無関係に標本平均の分布は正規分布に近いことを仮定して手続きを簡単にした．もし，母分布（の族）が正規分布ならば，第5章§2.にまとめた正規分布の性質から，データの大きさ n に無関係に1個や2個でも標本平均の分布は正確に正規分布である．したがって，データの大きさを気にせずに第5章の検定と第6章の区間推定の手続きを用いることができる．この理由でこれから本章で紹介する正規母集団の統計的推測を**小標本理論**と呼ぶことがある．

正規母集団 $N(\mu, v)$ は母平均 μ と母分散 v の2個の母数を持つが，さいわい，データ $X_k, k = 1, \ldots, n,$ が正規母集団 $N(\mu, v)$ に従うとき，不偏分散 V_n は μ に無関係で v だけで決まる分布に従うので，母分散 v の推定量として母数が1個の統計的推測の手続きがそのまま利用できる．§2.と§3.で具体的に紹介する．標本平均 $\overline{X}_n$ と V_n を組み合わせると v に無関係で μ だけで決まる確率変数を得るので，母平均 μ も母数が1個の統計的推測の手続きを応用できる．§4.と§5.で具体的に紹介する．

§2. χ^2 分布．

標準正規分布 $N(0,1)$ に従う独立同分布確率変数列 $X_1, X_2, \ldots, X_n$ の平方和 $\sum_{i=1}^{n} X_i^2$ が従う分布を，自由度 n の χ^2 **分布**（カイ平方分布，カイ2乗分布，カイ自乗分布，カイスクウェア分布）と言い，χ^2_n と書く．

> **定理14** 自由度 n の χ^2 分布は平均 $m = n$，分散 $v = 2n$ の非負実数 $[0, \infty)$ 上の連続分布で，密度関数は
> $$f_n(z) = \frac{1}{2\Gamma(\frac{n}{2})} \left(\frac{z}{2}\right)^{n/2-1} e^{-z/2} \tag{7.1}$$
> で与えられる．ここで $\Gamma(s)$ は (3.20) のガンマ関数． ◇

定理14の証明は本章の章末の補足に回す．第7章や第8章で紹介するすべ

2. χ^2 分布. 79

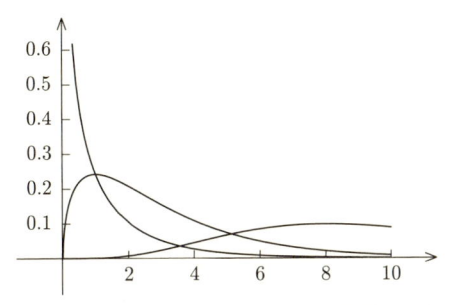

図 25 自由度 $n = 1, 3, 10$ のカイ平方分布の密度関数. 0 付近の値が大きいグラフが小さい n に対応. $n = 8$ 近くに最大値のあるのが $n = 10$.

ての分布 (χ^2 分布, t 分布, F 分布) に共通の注意だが, これらの分布を用いる際は母集団が正規分布ないしは正規分布が良い近似であることが必要である.

$n \setminus \alpha$	0.99	0.975	0.95	0.05	0.025	0.01	0.005
1	0.00	0.00	0.00	3.84	5.02	6.63	7.88
2	0.02	0.05	0.10	5.99	7.38	9.21	10.60
3	0.12	0.22	0.35	7.81	9.35	11.34	12.84
4	0.30	0.48	0.71	9.49	11.14	13.28	14.86
5	0.55	0.83	1.15	11.07	12.83	15.09	16.75
6	0.87	1.24	1.64	12.59	14.45	16.81	18.55
7	1.24	1.69	2.17	14.07	16.01	18.48	20.28
8	1.65	2.18	2.73	15.51	17.53	20.09	21.96
9	2.09	2.70	3.33	16.92	19.02	21.67	23.59
10	2.56	3.25	3.94	18.31	20.48	23.21	25.19
12	3.57	4.40	5.23	21.03	23.34	26.22	28.30
14	4.66	5.63	6.57	23.68	26.12	29.14	31.32
16	5.81	6.91	7.96	26.30	28.85	32.00	34.27
18	7.01	8.23	9.39	28.87	31.53	34.81	37.16
19	7.63	8.91	10.12	30.14	32.85	36.19	38.58
20	8.26	9.59	10.85	31.41	34.17	37.57	40.00
50	29.7	32.36	34.76	67.50	71.42	76.15	79.49
100	70.1	74.22	77.93	124.34	129.56	135.81	140.17

$\alpha = \mathrm{P}[\chi_n^2 > c] = \int_c^\infty f_n(x)\,dx$ となる c の表

§3. 分散の推定・検定.

母集団から無作為抽出したデータ $X_1, \ldots, X_n$ の標本平均 (4.4) は $\overline{X}_n = \dfrac{1}{n}\sum_{j=1}^n X_j$, 不偏分散 (4.5) は $V_n = \dfrac{1}{n-1}\sum_{j=1}^n (X_j - \overline{X}_n)^2$ であった.

> **定理 15** $\dfrac{n-1}{v}V_n$ の従う分布は自由度 $n-1$ の χ^2 分布である. ◇

χ^2 分布の自由度がデータの大きさ n に比べて見かけ上 1 少ない. これは平均を $\overline{X}_n$ で推定したために, 自由度が 1 減ったと理解すると覚えやすい. 定理 15 から V_n の分布は μ によらないので, 母平均を知らなくても母分散 v の統計的推測ができる. 定理 15 の証明は本章の章末の補足に回す.

本章始めの卵パックの卵の重さの問題に戻って, 卵の重さの母分散 (鶏が生んでいる卵の重さの分散) の推定を試みよう. 問題は 10 個の卵の重さが 61, 62, 64, 64, 68, 58, 63, 64, 66, 67, のときに, 母分散 v を求めたいということであった. 話を具体的にするために, 母集団が正規母集団と仮定し, 信頼水準を 90% として区間推定する. 計算すると, 標本平均 $\overline{X}_n(\omega_0)$ は 63.7, 不偏分散 $V_n(\omega_0)$ については $(n-1)V_n(\omega_0) = 2.7^2 + 1.7^2 + 0.3^2 \times 3 + 4.3^2 + 5.7^2 + 0.7^2 + 2.3^2 + 3.3^2 = 78.1$ だから, $\dfrac{78.1}{v}$ が自由度 $n = 10-1 = 9$ の χ^2 分布からとった標本となる. 両側に 5% ずつの棄却域をとることにして $\alpha = 0.95$ と $\alpha = 0.05$ に対応する自由度 9 の χ^2 分布の区間の端点の値は §2. の χ^2 分布の数表からそれぞれ 3.33 と 16.92 だから, 信頼区間は $3.33 < \dfrac{78.1}{v} < 16.92$ となる. これから $4.62 < v < 23.45$, すなわち, 母分布の標準偏差 $\sigma = \sqrt{v}$ の 90% 信頼係数での信頼区間は $2.15 < \sigma < 4.84$ となる. 重さのばらつきが標準偏差で 2 グラム程度以上はあるが 5 グラム程度以内には収まる, と推測する. χ^2 を用いた分散の検定や推定を χ^2 検定や χ^2 推定とも言う.

以上の例と §2. の数表や図 25 から, 大きさ 3 以上のデータの不偏分散は極端に大きい確率も小さいが, 極端に小さい確率も小さい. 前者は製品の品質管理に応用できる. たとえば卵の抜き取り検査で分散を普段から定期的に測っておいて, あるとき中サイズの卵パック製品の平均が変わらなくてもばらつきが大きくなったら大きさ別に振り分けてパックする工程の異常を検出できる.

後者は品質が揃うからありがたそうだが，計測器の故障や人為的な操作を疑うべき場合がある．19世紀にメンデルはエンドウ豆の交配実験を行って遺伝子の概念を提唱した．この結果が1900年に再発見されて遺伝学発展の時代が始まった．本章で紹介している正規母集団の統計的推測を完成させたフィッシャーは，その時代背景のもとでメンデルの論文を再検討する過程で χ^2 検定を行い，メンデルの論文の一部のデータは散らばりが少なくメンデルの法則に合いすぎていて，実験によって得られたとおりの数値とは考えがたいことを発見し，論文 (R.A.Fisher, Annals of Science 1 (1936) 115-137) で発表した．

ここまで不偏分散の話であったが，標本分散

$$s_n^2 = \frac{1}{n}\sum_{k=1}^{n}(X_k-\mu)^2 \tag{7.2}$$

を簡単に紹介する．(分母が n であることに注意．) 正規母集団 $N(\mu,v)$ から無作為抽出で得た大きさ n のデータ $X_1,\ldots,X_n$ に対して第5章§2.にまとめた性質から $(X_k-\mu)/\sqrt{v}$ は標準正規分布 $N(0,1)$ に従うので，$\chi^2 = \dfrac{1}{v}\sum_{k=1}^{n}(X_k-\mu)^2$ は自由度 n の χ^2 分布に従う．このことから，母平均 μ が既知のとき，標本分散 $s_n^2 = v\chi^2/n$ を不偏分散 V_n に対する検定と同じ手順で χ^2 検定できる．

§4. t 分布．

Z が $N(0,1)$ に従い，Y が自由度 n の χ^2 分布に従う確率変数で，Z と Y が独立のとき，$T = \dfrac{Z}{\sqrt{\dfrac{Y}{n}}}$ が従う分布を自由度 n の t 分布と言い，T_n と書く．

Z が $N(0,1)$ に従うならば，Z^2 は§2.で定義した自由度1の χ^2 分布に従うので，T が T_n に従うならば，T^2 は第8章で紹介する F 分布 F_n^1 に従う ((8.3) 参照)．そこで第8章の結果を先取りして利用する．

補題 16 Z の分布の密度関数 ρ_Z が対称 $(\mathrm{P}[\,Z>z\,]=\mathrm{P}[\,Z<-z\,])$ で，$X=Z^2$ の分布の密度を ρ_X とするとき，$\rho_Z(t) = |t|\rho_X(t^2),\ t\in\mathbb{R}$. ◇

$n \backslash \alpha$	0.10	0.05	0.02	0.01
1	6.314	12.706	31.821	63.657
2	2.920	4.303	6.965	9.925
3	2.353	3.182	4.541	5.841
4	2.132	2.776	3.747	4.604
5	2.015	2.571	3.365	4.032
6	1.943	2.447	3.143	3.707
7	1.895	2.365	2.998	3.499
8	1.860	2.306	2.896	3.355
9	1.833	2.262	2.821	3.250
10	1.812	2.228	2.764	3.169
12	1.782	2.179	2.681	3.055
13	1.771	2.160	2.650	3.012
14	1.761	2.145	2.624	2.977
16	1.746	2.120	2.583	2.921
18	1.734	2.101	2.552	2.878
19	1.729	2.093	2.5395	2.861
20	1.725	2.086	2.528	2.845
30	1.697	2.042	2.457	2.750
∞	1.6448	1.9600	2.326	2.5758

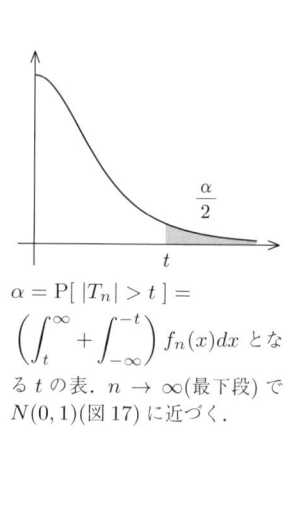

$\alpha = \mathrm{P}[\,|T_n| > t\,] = \left(\int_t^\infty + \int_{-\infty}^{-t} \right) f_n(x) dx$ となる t の表. $n \to \infty$(最下段) で $N(0,1)$(図17)に近づく.

証明. 対称性の仮定より $t \geqq 0$ の場合のみ証明すれば良い.

$$\mathrm{P}[\,0 \leqq Z \leqq z\,] = \frac{1}{2}\mathrm{P}[\,-z \leqq Z \leqq z\,] = \frac{1}{2}\mathrm{P}[\,X \leqq z^2\,]$$
$$= \frac{1}{2}\int_0^{z^2} \rho_X(x)\,dx = \int_0^z \rho_X(t^2) t\, dt.$$

最後の変形で変数変換 $x = t^2$ を行った. □

補題 16 と第 8 章の (8.1) から T_n の密度 f_n は

$$f_n(t) = \frac{1}{\sqrt{n}B(\frac{1}{2}, \frac{n}{2})} \left(\frac{t^2}{n} + 1 \right)^{-(1+n)/2} \tag{7.3}$$

と求まる. ここで B はベータ関数と呼ばれる 2 変数関数で

$$B(a,b) = \int_0^1 x^{a-1}(1-x)^{b-1} dx = \frac{\Gamma(a)\Gamma(b)}{\Gamma(a+b)} \tag{7.4}$$

を満たす. t 分布の平均は 0, 分散は (7.3) から $\dfrac{n}{n-2}$ である.

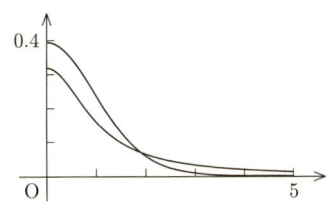

図 26　自由度 $n=1, 20$ の t 分布の密度関数の正の側．（y 軸に関して対称なので半分だけ図示した．）n が大きいほど $t=0$ の値が高く，$n=20$ は $N(0,1)$ のグラフと似る．

§5. 平均値の推定・検定．

命題 17　正規分布に従う独立同分布確率変数列 $X_1, \ldots, X_n$ について，標本平均 $\overline{X}_n$ と不偏分散 V_n は独立な確率変数である．　◇

命題 17 の証明は章末の補足に回す．

定理 18　正規母集団 $N(\mu, v)$ から大きさ n のデータを選び，その標本平均 (4.4) を $\overline{X}_n$，不偏分散 (4.5) を V_n，とすると，

$$T = \sqrt{\frac{n}{V_n}}(\overline{X}_n - \mu) \tag{7.5}$$

は自由度 $n-1$ の t 分布 T_{n-1} に従う．　◇

証明． 第 5 章 §2. にまとめた性質から $\frac{\sqrt{n}}{\sqrt{v}}(\overline{X}_n - \mu)$ は $N(0,1)$ に従い，定理 15 から $\frac{(n-1)V_n}{v}$ は自由度 $n-1$ の χ^2 分布に従う．さらに命題 17 から V_n と $\overline{X}_n$ は独立である．よって，T_n の定義から主張が従う．　□

定理 18 の T は母分散 v を含まないので，母分散を知らなくても母平均 μ の統計的推測ができる．本章の冒頭の卵の例をふたたび取り上げて，今度は正規母集団の仮定のもとで母平均 μ を信頼係数 95％ で推定しよう．§3. で計算したとおり，データの大きさ $n=10$，標本平均 $\overline{X}_n(\omega_0) = 63.7$，不偏分散 $V_n(\omega_0) = 78.1/9$ である．危険率は $\alpha = 0.05$．定理 18 から $T = \sqrt{\frac{n}{V_n}}(\overline{X}_n - \mu)$ は $T_{n-1} = T_9$ に従う．t 分布の表より，$0.05 = \mathrm{P}[\,|T| > 2.262\,]$ だから信頼係数 95％ の信頼区間は $\sqrt{\frac{90}{78.1}}|63.7 - \mu| \leqq 2.262$，すなわち，$\mu = 63.7 \pm 2.1$ (95％ CL)

(CL は信頼水準，confidence level の略)．§ 3.で計算した標準偏差の推定 $2.15 < \sigma < 4.84$ (90% CL) と合わせて正規母集団の区間推定が完成した．

§ 補足：いくつかの定理の証明のあらすじ．

定理 14 の証明．

定義から X_i たちが $N(0,1)$ に従うことを用いると $m = \mathrm{E}[\sum_{i=1}^n X_i^2] = \sum_{i=1}^n \mathrm{E}[X_i^2] = n\mathrm{V}[X_1] = n$．さらに X_i たちが独立なことも使うと

$$v = \mathrm{V}[\sum_{i=1}^n X_i^2] = \sum_{i=1}^n \mathrm{V}[X_i^2] = n\mathrm{V}[X_1^2] = n(\mathrm{E}[X_1^4] - \mathrm{E}[X_1^2]^2) = 2n.$$

ここで $\mathrm{E}[X_1^4] = 3$ の証明は，たとえば，次のように行う．ガウス積分 (2.5) で $x = y\sqrt{a}$ と変数変換すると $\int_{-\infty}^{\infty} e^{-ay^2/2}\,dy = \sqrt{\dfrac{2\pi}{a}}$．$a$ で 2 回微分して $a = 1$ と置くと $\dfrac{1}{4}\int_{-\infty}^{\infty} y^4 e^{-y^2/2}\,dy = \dfrac{3}{4}\sqrt{2\pi}$．右辺は $\dfrac{1}{4}\mathrm{E}[X_1^4] \times \sqrt{2\pi}$ に等しい．

密度関数 f_n を求める．2 乗の和は負にならないから $z < 0$ では $f_n(z) = 0$ なので $z \geqq 0$ の場合だけ考えれば良い．$N(0,1)$ の密度関数は (2.4) から $\dfrac{1}{\sqrt{2\pi}} e^{-x^2/2}$ であり，命題 5 から独立確率変数列の結合分布の密度関数は個々の確率変数の分布の密度関数の（変数を別々にした）積だから，χ^2 分布の定義から，

$$\int_0^a f_n(z)\,dz = \mathrm{P}[\sum_{i=1}^n X_i^2 \leqq a] = \int_{\sum_{i=1}^n x_i^2 \leqq a} e^{-\frac{1}{2}\sum_{i=1}^n x_i^2} \frac{d^n x}{\sqrt{2\pi}^n}.$$

$F_n(z) = \displaystyle\int_{0 \leqq \sum_{i=1}^n x_i^2 \leqq z} \dfrac{d^n x}{\sqrt{2\pi}^n}$ と置くと，部分積分と積分順序の変更によって，

$$\int_0^a e^{-z/2} F_n'(z)\,dz = e^{-a/2} F_n(a) + \frac{1}{2}\int_0^a e^{-z/2} F_n(z)\,dz$$
$$= \int_{\sum_{i=1}^n x_i^2 \leqq a} e^{-\frac{1}{2}\sum_{i=1}^n x_i^2} \frac{d^n x}{\sqrt{2\pi}^n} = \int_0^a f_n(z)\,dz.$$

これが任意の $a \geqq 0$ に対して成り立つから $f_n(z) = e^{-z/2} F_n'(z)$, $z \geqq 0$．変数変換 $x_i = \sqrt{z} x_i'$, $i = 1, \ldots, n$, を考えると $F_n(z) = z^{n/2} F_n(1)$ を得るから，$f_n(z) = C_n e^{-z/2} z^{n/2-1}$, $z \geqq 0$．ここで $C_n = \dfrac{n}{2} F_n(1)$ は z によらない．C_n を $F_n(1)$ を直接計算して求めても良いが，f_n は確率の密度なので $z \geqq 0$ 全範囲で積分すると 1 になることを使ったほうが速い．変数変換 $z = 2x$ によって

$$1 = \int_0^\infty f_n(z)\,dz = C_n \int_0^\infty e^{-z/2} z^{n/2-1}\,dz = 2^{n/2} C_n \Gamma(n/2). \qquad \square$$

定理 15 の証明.

$W_j = \dfrac{X_j - \mu}{\sqrt{v}}$ および $\overline{W}_n = \dfrac{1}{n}\sum_{j=1}^{n} W_j$ と置くと, W_j の分布は $N(0,1)$ で $j = 1,\ldots,n$ は独立. n 次元行ベクトル w に対して $w^T S w = \sum_{j=1}^{n}(w_j - \overline{w}_n)^2$ と書くと,

$$\mathrm{P}[\,\tfrac{n-1}{v}V_n \geqq a\,] = \mathrm{P}[\,\sum_{j=1}^{n}(W_j - \overline{W}_n)^2 \geqq a\,]$$
$$= \int_{w^T S w \geqq a} \exp\left(-\tfrac{1}{2}\sum_{j=1}^{n} w_j^2\right) \dfrac{d^n w}{\sqrt{2\pi}^n} = \int_{v^T D v \geqq a} \exp\left(-\tfrac{1}{2}v^T v\right) \dfrac{d^n v}{\sqrt{2\pi}^n}.$$

ここで, $S_{ij} = S_{ji} = \delta_{i,j} - 1/n$ で定まる $n \times n$ 行列 S を対角化する直交行列を O: $OSO^T = D$ および $OO^T = 1$, とし, 対角化された結果を D, および, $v = Ow$ と置いた. 右肩添字 T は転置を表す. S の固有値は $\sum_j S_{ij}O_{kj} = d_k O_{ki}$ を解くと, $d_k = 1, \sum_j O_{kj} = 0, k = 1,\ldots,n-1$, および $d_n = 0, O_{n1} = \cdots = O_{nn}$, すなわち, $D = \mathrm{diag}(1,1,\ldots,1,0)$. 積分変数のうち v_n についてはガウス積分 (2.5) になり,

$$\mathrm{P}[\,\tfrac{n-1}{v}V_n \geqq a\,] = \int_{\sum_{i=1}^{n-1} v_i^2 \geqq a} \exp\left(-\tfrac{1}{2}\sum_{i=1}^{n-1} v_i^2\right) \dfrac{d^{n-1}v}{\sqrt{2\pi}^{n-1}}.$$

よって, $\dfrac{n-1}{v}V_n$ の従う分布は自由度 $n-1$ の χ^2 分布. □

命題 17 の証明.

(3.2), (4.4), (4.5) を用いて証明できる. $X_1,\ldots,X_n$ の結合分布は

$$\mathrm{P}[\,(X_1,\ldots,X_n) \in A\,] = \int_A \exp\left(-\sum_{i=1}^{n} \dfrac{(x_i - \mu)^2}{2v}\right) \dfrac{d^n x}{\sqrt{2\pi v}^n}.$$

事象として $\{V_n \leqq b, \overline{X}_n \leqq c\}$ を選び, $\overline{x} = \dfrac{1}{n}\sum_{j=1}^{n} x_j$ と $\eta_j = x_j - x_{j+1}, j = 1,2,\ldots,n-1$, で変数変換 $x \mapsto (\overline{x},\eta)$ を定義すると, $d^n x = \dfrac{2}{n}d\overline{x}\,d^{n-1}\eta$ なので, $n(\overline{x} - \mu)^2 + \sum_{i=1}^{n}(x_i - \overline{x})^2 = \sum_{i=1}^{n}(x_i - \mu)^2$ に注意すると,

$$\mathrm{P}[\,V_n \leqq b, \overline{X}_n \leqq c\,]$$
$$= \dfrac{2}{n\sqrt{2\pi v}^n}\int_{\overline{x} \leqq c}\exp\left(-\dfrac{n(\overline{x}-\mu)^2}{2v}\right)d\overline{x} \times \int_{\phi(\eta)\leqq b}\exp\left(-(n-1)\dfrac{\phi(\eta)}{2v}\right)d^{n-1}\eta$$
$$= \mathrm{P}[\,V_n \leqq b\,]\mathrm{P}[\,\overline{X}_n \leqq c\,].$$

ここで、$\phi(\eta) = \dfrac{1}{n-1}\sum_{i=1}^{n}(x_i - \overline{x})^2$ を $\overline{x}$ と η で書くと、$\overline{x}$ によらない、η だけの関数になることを用いて結合分布を2個の積分の積に書いた． □

練習問題 7

1. 母平均と母分散の両方とも未知の正規母集団から大きさ51の標本を無作為抽出し不偏分散 $V(\omega_0)$ を計算した．帰無仮説 H_0: 母分散が v、を有意水準5％で検定するときの棄却域を v で表せ．

2. 本章本文の卵パックの卵の重さの問題について、つまり、10個の卵の重さが61, 62, 64, 64, 68, 58, 63, 64, 66, 67, のとき卵の重さの母分散を信頼水準を98％で区間推定せよ．

3. 平成14年人口動態調査によると、1年間に日本で生まれた女児100に対する男児の数（性比）は2002年までの20年間次の表のようになっていた．毎年のばらつきが独立で分散未知の正規母集団の標本であると仮定して出生性比の平均を区間推定せよ．

西暦	性比
1983	105.7
1984	105.4
1985	105.6
1986	105.9
1987	105.8
1988	105.6
1989	105.6

西暦	性比
1990	105.4
1991	105.7
1992	106.0
1993	105.6
1994	105.6
1995	105.2
1996	105.6

西暦	性比
1997	105.2
1998	105.4
1999	105.6
2000	105.8
2001	105.5
2002	105.7

4. 正規母集団の分散の片側検定において、真の分散が帰無仮説において仮定された分散の3倍のときに帰無仮説が確率95％以上で棄却できるためにはデータの大きさはいくつ以上あれば良いか？　ただし、平均は未知とし、有意水準は $\alpha = 0.05$ とする．
（平成16年日本アクチュアリー会資格試験）

8 仙台は名古屋より涼しいか?

F 分 布

　正規母集団から無作為抽出したデータの不偏分散は母平均によらず母分散だけで決まるので，母数が1個の統計的推測の手続きが有効である．2個の正規母集団の母数の比較については，不偏分散の比の分布は母分散の比だけで決まるので同様の手続きができる．さらにその原理とそこで用いる F 分布を応用した分散分析によって，ある要因の結果への影響や効果を，偶然のばらつきや他の要因による差の中から拾い出す検定ができる．

§1. F 分布.

　X と Y が自由度 m と n の χ^2 分布に従う独立確率変数のとき $F = \dfrac{\frac{X}{m}}{\frac{Y}{n}}$ が従う分布を自由度対 (m,n) の F 分布と言い，F_n^m と書く．

　F_n^m の密度 g_n^m を求めておこう．

補題 19　X と Y が独立で，分布の密度がそれぞれ p, q のとき，$Z = \dfrac{aX}{bY}$ の分布の密度 r は $r(z) = \displaystyle\int_{-\infty}^{\infty} p\left(\dfrac{b}{a}zy\right) q(y) \dfrac{b}{a} |y|\, dy$ で与えられる．　◇

証明. 変数変換 $x = \dfrac{b}{a} ty$ を行うことで，

$$\int_{t \leqq z} r(t)\, dt = \mathrm{P}[\,Z \leqq z\,] = \mathrm{P}\left[\dfrac{aX}{bY} \leqq z\right] = \int_{\frac{ax}{by} \leqq z} p(x)\, q(y)\, dx\, dy$$

$$= \int_{t \leqq z} \left(\int_{-\infty}^{\infty} p\left(\dfrac{b}{a} ty\right) q(y) \dfrac{b}{a} |y|\, dy \right) dt. \qquad \square$$

> **定理 20** F_n^m は非負実数 $[0, \infty)$ 上の確率測度で，その密度 g_n^m は
> $$g_n^m(z) = \frac{m^{m/2} n^{n/2}}{B(m/2, n/2)} \frac{z^{m/2-1}}{(mz+n)^{(m+n)/2}} \tag{8.1}$$
> である．ここで $B(m/2, n/2)$ は (7.4) のベータ関数． ◇

証明． 補題 19 において，$a = 1/m$, $b = 1/n$, また，p, q に (7.1) を代入．整理して，(3.20) と (7.4) を用いると (8.1) を得る． □

(8.1) から，とくに

$$F_n^m((0, a]) = F_m^n([1/a, \infty)), \tag{8.2}$$

$$T_n([-a, a]) = F_n^1([0, a^2]), \tag{8.3}$$

が成り立つ．後者は T が T_n に従うとき T^2 が F_n^1 に従うことを (8.3) は意味する．なお，本章では F_n^m や T^n を分布の記号として用いる．

(8.3) から，$m = 1$ （表の第 1 列）は自由度 n の t 分布 T_n に従う確率変数 T の 2 乗 T^2 の分布，$m = 1$, $n = \infty$（表の左下角）は自由度 1 の χ^2 分布である（T_n, χ^2 の表と比較してみよ）．さらに (8.1) においてベータ関数の公式 (7.4) とスターリングの公式 (1.16) を用いて $n \to \infty$ の極限をとると，$n = \infty$（表の最下行）の分布の密度は

$$g_\infty^m(z) = \frac{m}{2} \frac{1}{\Gamma(m/2)} \left(\frac{mz}{2}\right)^{m/2-1} e^{-mz/2} \tag{8.4}$$

となる．χ^2 分布の密度 (7.1) と比べると，F が F_∞^m に従うとき mF が自由度 m のカイ平方分布に従うこともわかる．このように，正規母集団の統計的推測で用いる分布として第 7 章で紹介した χ^2 分布と t 分布はすべて「親玉」の F 分布から特別な場合や極限として得られる．

§2. 等分散の検定．

毎章しつこいが，母集団から無作為抽出したデータの標本平均 (4.4) は $\overline{X}_n = \frac{1}{n} \sum_{j=1}^n X_j$, 不偏分散 (4.5) は $V_n = \frac{1}{n-1} \sum_{j=1}^n (X_j - \overline{X}_n)^2$ であった．

2. 等分散の検定. 89

| α = 0.05 ||||||||
$n \setminus m$	1	2	3	4	5	6	7
1	$n=1$ は数値が大き過ぎて実用にならないので略							
2	18.5	19.0	19.2	19.2	19.3	19.3	19.4
3	10.1	9.55	9.28	9.12	9.01	8.94	8.89
4	7.71	6.94	6.59	6.39	6.26	6.16	6.09
5	6.61	5.79	5.41	5.19	5.05	4.95	4.88
6	5.99	5.14	4.76	4.53	4.39	4.28	4.21
7	5.59	4.74	4.35	4.12	3.97	3.87	3.79
8	5.32	4.46	4.07	3.84	3.69	3.58	3.50
9	5.12	4.26	3.86	3.63	3.48	3.37	3.29
10	4.96	4.10	3.71	3.48	3.33	3.22	3.14
∞	3.84	3.00	2.60	2.37	2.21	2.10	2.01

| α = 0.01 ||||||||
$n \setminus m$	1	2	3	4	5	6	7
4	21.2	18.0	16.7	16.0	15.5	15.2	15.0
5	16.3	13.3	12.1	11.4	11.0	10.7	10.5
6	13.7	10.9	9.78	9.15	8.75	8.47	8.26
7	12.2	9.55	8.45	7.85	7.46	7.19	6.99
8	11.3	8.65	7.59	7.01	6.63	6.37	6.18
9	10.6	8.02	6.99	6.42	6.06	5.80	5.61
10	10.0	7.56	6.55	5.99	5.64	5.39	5.20
∞	6.63	4.61	3.78	3.32	3.02	2.80	2.64

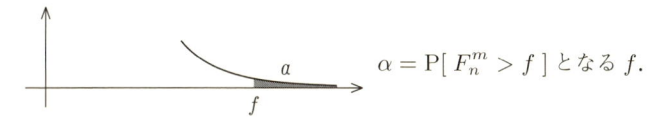

$\alpha = P[F_n^m > f]$ となる f.

1桁程度の f が有効, 自由度が多いと無駄, 少ないと棄却できない.

定理 21 正規母集団 $N(\mu, v)$ と $N(\mu', v')$ から得たデータの大きさと不偏分散を (m, V_m) と (n, V_n') とすると, $\dfrac{v'}{v} \dfrac{V_m}{V_n'}$ の分布は F_{n-1}^{m-1} である. ◇

証明. 定理15から, $\dfrac{m-1}{v} V_m, \dfrac{n-1}{v'} V_n'$ の従う分布はそれぞれ自由度 $m-1$ および $n-1$ の χ^2 分布である. よって, F 分布の定義から結論を得る. □

不偏分散の比を**分散比**, その検定を**分散比の検定**と呼ぶことがある. また, 定理21を原理とする検定を広く **F 検定**とも俗称する. (たとえば第9章で紹介する回帰分析の回帰係数の検定も同じ原理である. 第9章§4.参照.) とくに, 仮説 H:「2個の正規母集団の母分散が等しい」の検定を**等分散の検定**と言う. 等分散の検定では仮説 H と定理21によって $\dfrac{V_m}{V_n'}$ の分布は F_{n-1}^{m-1} だから, 2組

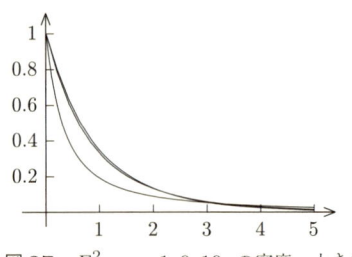

図 27　F_n^2, $n = 1, 9, 19$, の密度. 大きい n は右寄り. $n = 9, 19$ は重なっている.

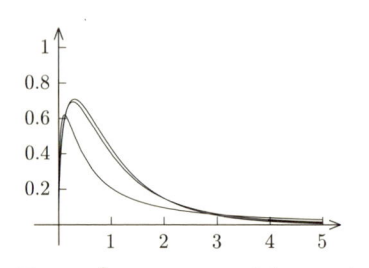

図 28　F_n^3, $n = 1, 9, 19$. 大きい n は右寄り.

4 個の母数について事前に何も知らなくて良い！

2 個の正規母集団の比較のうち母平均の差も標本平均の差の 2 乗の分布が χ^2 分布で表せるので，**母分散が等しければ**定理 21 の F 検定の原理が応用できる．実際は，(8.3) への注意から，2 乗しないで t 検定を使う．

定理 22　分散の等しい正規母集団 $N(\mu, v)$ と $N(\mu', v)$ から無作為抽出したデータの大きさ，標本平均，不偏分散をそれぞれ $(m, \overline{X}_m, V_m)$ と $(n, \overline{X}'_n, V'_n)$ とすると，

$$T = \frac{\overline{X}_m - \overline{X}'_n - \mu + \mu'}{\sqrt{(m-1)V_m + (n-1)V'_n}} \sqrt{\frac{mn(m+n-2)}{m+n}} \qquad (8.5)$$

は自由度 $m+n-2$ の t 分布 T_{m+n-2} に従う． ◇

証明． 第 5 章 §2. にまとめた性質から $\dfrac{\overline{X}_m - \overline{X}'_n - \mu + \mu'}{\sigma\sqrt{\frac{m+n}{mn}}}$ は $N(0,1)$ に従い，§2. から $\sigma^{-2}(m-1)V_m$ と $\sigma^{-2}(n-1)V'_n$ はそれぞれ χ^2_{m-1} と χ^2_{n-1} に従うので，和は χ^2_{m+n-2} に従う．命題 17 の証明と同様の変形により (8.5) の分母と分子の独立性も言える．よって，第 7 章 §4. の t 分布の定義から主張を得る． □

母平均の差がわかっていないのにより誤差を伴いやすい母分散が等しいことがわかっている，という状況は考えにくいので，定理 22 は定理のすぐ上に書いたように，F 検定（定理 21）の応用例題の側面が強いように見える．等分散とは限らないときには母平均の差にのみ依存する確率変数がないので，次善の策

として (8.5) の確率変数の中の係数や自由度を変えて t 分布の密度関数を使うウェルチ (Welch) の検定という処方があるが，本書では立ち入らない．

第 7 章 §4.の t 分布の表の最下段は $N(0,1)$ である．危険率を固定すると，十分大きいデータを用意すれば t 分布は $N(0,1)$ で近似できる．つまり t 分布を要するのは小さいデータの場合であり，たとえば第 9 章 §6.の例の自然科学の実験のような強い結果（小さい危険率での棄却や狭い信頼区間）は期待できない．そのこと自体は，社会や生物生態のような，現象の複雑さに比べて制御されたデータを安価に得にくい課題ではやむを得ない．その状況で「答えが出る客観性」として正規母集団の前提（小標本理論）をフィッシャーは見いだした．しかし，小さいデータではばらつきが正規母集団であるという前提の検証はできないので，正規母集団の枠内で矛盾のない統計学理論を究めても問題が解決したとは思えない．この議論は本書の範疇を越えるのでここまでとする．

§3. 仙台は名古屋より涼しい！

次の表は仙台，東京，名古屋の 2003 年と 2002 年の 7 月 26 日から 2 週間の毎日の最高気温である．この期間について，仙台は東京より涼しく，名古屋は東京より暑い，と言えるか，言えるならば気温差はいかほどか，を考える．ただし，本章の問題として扱えるよう技術的な仮定を置く．表の各年度各都市の 14 個の数値は正規母集団からの無作為抽出で得られたとし，異なる年・異なる都市の正規母集団は平均は異なるだろうが，分散は等しいとする．

問題の条件として母分散はどの都市でも等しいとしたが，等分散の検定の例題としてその仮定の可否を念のため先に見ておく．仙台，東京，名古屋をそれぞれ添字 X, Y, Z で表すことにすると，表の最下欄に計算しておいたように，不偏分散が $V_X(\omega_0) = 12.19, V_Y(\omega_0) = 7.10, V_Z(\omega_0) = 7.74$ だから，いちばん違いの大きい仙台 (X) と東京 (Y) を比べることにして，それぞれの母分布が $N(\mu_X, v_X), N(\mu_Y, v_Y)$ とすると，データ数がすべて 14 であることに注意して，定理 21 から $\dfrac{v_Y}{v_X}\dfrac{V_X}{V_Y}$ は F_{13}^{13} に従う．ここで帰無仮説 $H: v_X = v_Y$（等分散の仮説）を選び，危険率 α で両側検定することにする．F_{13}^{13} 分布の両側の裾野にそれぞれ確率 $\alpha/2$ となる範囲，つまり $F_{13}^{13}[[0, f]] = F_{13}^{13}[[\tilde{f}, \infty)] = \alpha/2$

第 8 章 仙台は名古屋より涼しいか？ — F 分布.

	2003 年			2002 年		
	仙台	東京	名古屋	仙台	東京	名古屋
7 月 26 日	17.8	26.7	29.8	32.3	33.9	33.8
7 月 27 日	22.4	27.3	29.5	30.6	34.5	34.9
7 月 28 日	19.3	25.7	26.4	26.4	29.6	33.5
7 月 29 日	22.4	26.4	27.5	26.9	31.0	32.9
7 月 30 日	23.9	27.1	27.0	32.7	33.2	35.5
7 月 31 日	26.0	30.9	31.8	32.1	34.8	36.8
8 月 1 日	24.3	28.4	31.8	36.1	35.6	37.1
8 月 2 日	26.6	31.4	32.9	31.7	35.2	35.0
8 月 3 日	29.4	32.0	32.2	23.5	32.3	36.1
8 月 4 日	29.7	33.4	34.6	26.1	31.4	35.9
8 月 5 日	28.6	33.3	35.0	30.3	34.1	36.4
8 月 6 日	25.2	31.0	34.1	35.2	35.7	38.2
8 月 7 日	24.9	31.3	32.5	32.6	34.3	37.6
8 月 8 日	26.3	31.0	32.0	33.6	35.7	35.7
データサイズ	14	14	14	14	14	14
標本平均	24.77	29.71	31.22	30.72	33.66	35.67
不偏分散	12.19	7.10	7.74	13.62	3.68	2.40

となる $f, \tilde{f}$ と, $\dfrac{V_X}{V_Y}(\omega_0) = \dfrac{12.19}{7.10} = 1.72$ を比べて, $f < 1.72$ または $\tilde{f} > 1.72$ ならば H を棄却（違いが大きすぎて等分散の分布から得られたデータとは思えないということ）, $\tilde{f} < 1.72 < f$ ならば採択（等分散と近似して明白な矛盾はないと判断）することになるが, (8.2) から, $\tilde{f} = 1/f$ なので, f または $\tilde{f}$ のいずれかに関する条件は無駄になる. いまの例では $1.72 > 1$ なので, 棄却か採択かを決めるのは分布の大きい側の裾野だから, $\tilde{f}$ に関する条件はいらない.

あいにく先ほど掲げた F 分布の表に $(m, n) = (13, 13)$ はないが, 次のように工夫する.（パソコンが手元にあれば (8.1) を数値積分することで f を直接数値的に求めても良いが, パソコンが手元にない場合の工夫例である.）$\alpha/2 = F_{13}^{13}[[f, \infty)] = F_\infty^{13}[[f', \infty)]$ となる f' を選ぶと α が小さいところ（図 28 などで右の裾野のほう）では n が大きいほど密度が小さいので $f > f'$ となる. 他方, (8.4) のところで注意したことから $F_\infty^{13}[[f', \infty)] = \chi_{13}^2[[13f', \infty)]$. 棄却しやすく大きめに $\alpha/2 = 0.05$ ととっても, 第 7 章の χ^2 分布の表から（$n = 12$

と $n = 14$ の平均で近似して）およそ $13f' = \frac{1}{2}(21.03 + 23.68) = 22.36$ だから $f > f' = 1.72$ となり，$f > 1.72$ だから仮説 H を棄却できない．つまり母分散は各都市のあいだで等しいとした最初の仮定は不合理ではない．

平均の差の区間推定に進む．仙台と名古屋の標本平均の差は $\overline{X}_n(\omega_0) - \overline{Z}_n(\omega_0) = -6.5$．$V_X(\omega_0) = 12.19$, $V_Z(\omega_0) = 7.74$, $m = n = 14$ とともに定理 22 を適用すると，$0.8381\,(\mu_Y - \mu_X - 6.5)$ が T_{26} に従う．第 7 章の T 分布の表で $n = 20$ と $n = 30$ の値を内挿することで概算すると $T_{26}[(-\infty, -2.06] \cup [2.06, \infty)] = 0.05$, $T_{26}[(-\infty, -2.79] \cup [2.79, \infty)] = 0.01$ を得るので，2003 年について（仙台－名古屋）の平均気温差の推定値は -6.5 ± 2.5（95％ CL），-6.5 ± 3.3（99％ CL），となる．同様に，（仙台－東京）は -4.9 ± 2.4（95％ CL），-4.9 ± 3.3（99％ CL），（東京－名古屋）は -1.5 ± 2.1（95％ CL），-1.5 ± 2.9（99％ CL），を得る．仙台は東京や名古屋より涼しいという結論は明確である．東京と名古屋には，若干名古屋のほうが暑いという数字が出ているものの，等温の帰無仮説を棄却できるほどの差がないことが読みとれる．

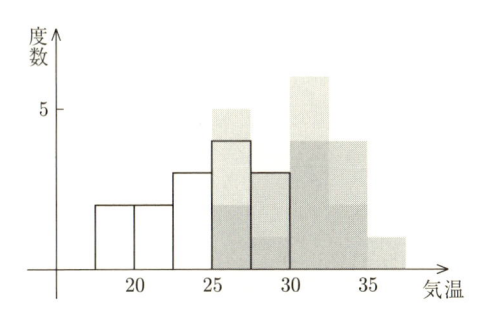

図 29 2003 年夏 2 週間の日最高気温分布．枠が仙台，影のうち薄いのが東京，やや濃いのが名古屋，いちばん濃いのは重なった部分．

どの欄も $\sqrt{V} \sim 3$ 程度のばらつき（標準偏差）のあるデータなので，その 2 倍の 6 より小さい 5 度という標本平均の差は一見ばらつきのうちと解釈できそうに見えるが，$n = 14$ 個の数値があってそれが正規分布に従って独立に分布するとしたので，差の精度は $1/\sqrt{14/2} \sim 1/2.4$ 程度良くなって，標準偏差が $3/2.4 = 1.3$ 程度，その 3 倍の 4 を超える 5 度の差は意味を持つ，というのが「細かい計算なしで得る理解」である．実際，1.3 の約 2 倍の階級幅 2.5 でヒス

トグラム（第 10 章参照）を作ると図 29 のようになり，仙台と他都市の平均値は互いにばらつきの外にある様子が見てとれる．

2002 年については，（仙台－名古屋）の平均気温差は -5.0 ± 2.2 (95 % CL)，-5.0 ± 3.0 (99 % CL)，（仙台－東京）は -2.9 ± 2.3 (95 % CL)，-2.9 ± 3.1 (99 % CL)，（東京－名古屋）は -2.0 ± 1.4 (95 % CL)，-2.0 ± 1.8 (99 % CL)．この年も仙台は名古屋より涼しい．他方，仙台と東京，東京と名古屋の差は気温差 0（等平均）が信頼水準 99 % の信頼区間の端近く，甘く見れば差があるが，異議申し立ての恐れがあるならばはっきり言いたくないかもしれない．

§ 補足：分散分析．

分散分析は F 検定の適用の一般化で，主に加法的な変動要因を取り除く方法論を指す．

§ 3.の仙台，名古屋，東京のある夏の日最高気温の例に戻ろう．§ 3.では，2 週間 14 個の数値の平均を都市間で比べた．平均をとったあとの数字だけを比べるということは，図 29 のように各々の数字が出た日付という情報を捨てて，ある都市についてある温度の日最高気温がどの程度現れたかだけに注目したことになる．しかし，本節冒頭の

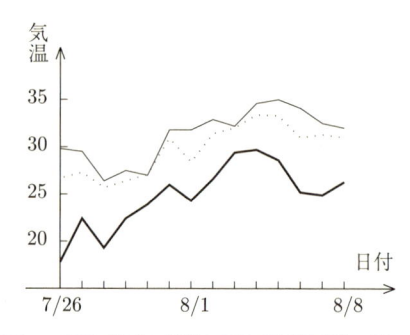

図 30　2003 年夏 2 週間の日最高気温変化．暑いほうから名古屋（細実線），東京（点線），仙台（太実線）．

表の数値を図 30 の気温対日付のグラフで見ると異なる都市間でも日ごとの気温の高低が揃う傾向があるのは一目瞭然である．図 29 はこの異なる日のあいだの都市共通の変動を共通でないばらつきといっしょにして分布としているので，差が見えるとはいえ図 30 の一目瞭然の差を日間変動に埋没させている．**分散分析**は，この異なる日のあいだの都市共通の変動部分を切り離して，都市による差を都市からも日の違いからも説明できない（制御不能な）ばらつきと比較する方法である．

n 個のデータを母集団の分布に従う独立な n 個の確率変数 X_i, $i = 1, 2, \ldots, n$, の列と書いてきたが，添字を 2 個にして X_{ij}, $i = 1, 2, \ldots, a$, $j = 1, 2, \ldots, b$, のように書く．ここで添字 i は気温差の例では日付，j は都市，をそれぞれ表し，X_{ij} を i 行 j 列

3. 仙台は名古屋より涼しい！

$A \backslash B$	注目 1 $\cdots$ 注目 j $\cdots$ 注目 b	平均
他要因 1	X_{11} $\cdots$ X_{1j} $\cdots$ X_{1b}	$\overline{X}_1^A$
$\cdots$	$\cdots$ $\cdots$ $\cdots$ $\cdots$ $\cdots$	$\cdots$
他要因 i	X_{i1} $\cdots$ X_{ij} $\cdots$ X_{ib}	$\overline{X}_i^A$
$\cdots$	$\cdots$ $\cdots$ $\cdots$ $\cdots$ $\cdots$	$\cdots$
他要因 a	X_{a1} $\cdots$ X_{aj} $\cdots$ X_{ab}	$\overline{X}_a^A$
平均	$\overline{X}_1^B$ $\cdots$ $\overline{X}_j^B$ $\cdots$ $\overline{X}_b^B$	$\overline{X}$

目の値とする表（行列）で表す．一般化すると，最初の添字 i（行）が除去したい変動要因 A で，あとの添字 j（列）が注目する要因 B である．気温差の例では冒頭の表そのものになる．（3 個以上の添字（要因）を考えても良い．）i についての X_{ij} の平均を $\overline{X}_j^B$, j についての X_{ij} の平均を $\overline{X}_i^A$, すべての X_{ij} の平均を $\overline{X}$ と書く：

$$\overline{X}_j^B = \frac{1}{a}\sum_{i=1}^a X_{ij}, \quad \overline{X}_i^A = \frac{1}{b}\sum_{j=1}^b X_{ij}, \quad \overline{X} = \frac{1}{ab}\sum_{i=1}^a\sum_{j=1}^b X_{ij}. \tag{8.6}$$

先に結論をまとめておく．以下を仮定する：（データの基本原理どおり）ab 個の X_{ij} たちは異なる添字のあいだで独立確率変数とし，異なるかもしれない母平均 $\mu_{ij} = \mathrm{E}[\,X_{ij}\,]$ を持つ正規分布に従うとする．ただし（§ 3. と同様に）分散 v は i, j によらず共通とする．最後に分散分析特有の仮定を置く：

$$\mu_{ij} = \mu + \alpha_i + \beta_j, \quad i = 1, \ldots, a, \; j = 1, \ldots, b, \tag{8.7}$$

および

$$\sum_{i=1}^a \alpha_i = \sum_{j=1}^b \beta_j = 0 \tag{8.8}$$

となる定数 $\mu, \alpha_i, i = 1, \ldots, a, \beta_j, j = 1, \ldots, b,$ が存在することを仮定する．

定理 23 (分散分析) 以上の仮定と，注目する要因 B の母平均 β_j に関する帰無仮説 $H: \beta_1 = \cdots = \beta_b = 0$ のもとで

$$F = \frac{(a-1)a\sum_{j=1}^b(\overline{X}_j^B - \overline{X})^2}{\sum_{i=1}^a\sum_{j=1}^b(X_{ij} - \overline{X}_i^A - \overline{X}_j^B + \overline{X})^2} \tag{8.9}$$

は $F_{(a-1)(b-1)}^{b-1}$ に従う． $\diamond$

証明． 概略だけにとどめる．$\dfrac{1}{v/a}\sum_{j=1}^b(\overline{X}_j^B - \overline{X})^2$ が自由度 $b-1$ の χ^2 分布に従い，

$\frac{1}{v}\sum_{i=1}^{a}\sum_{j=1}^{b}(X_{ij}-\overline{X}_{i}^{A}-\overline{X}_{j}^{B}+\overline{X})^2$ が自由度 $(a-1)(b-1)$ の χ^2 分布に従い,両者が独立なことが言えれば,§1.の F 分布の定義から,F は自由度対 $(b-1,(a-1)(b-1))$ の F 分布 $F_{(a-1)(b-1)}^{b-1}$ に従う.正規分布に従う独立確率変数とその標本平均の差の平方の和を母分散で割った量が χ^2 分布に従うことと 2 個の確率変数の独立性の証明は,第 7 章の補足のそれぞれ定理 15 と命題 17 に同様である.(なお,$\frac{1}{v/a}\sum_{j=1}^{b}(\overline{X}_{j}^{B}-\overline{X})^2$ の v/a は,中の量が a について平均されているため分散が $1/a$ 倍されたと覚えることができ,自由度は b 個の変数から平均の 1 だけ自由度が減ったと覚えれば良い.) □

(8.9) の分母分子の平方和の由来は $H_{ij}=X_{ij}-\overline{X}_{i}^{A}-\overline{X}_{j}^{B}+\overline{X}$, $I_{ij}=\overline{X}_{i}^{A}-\overline{X}$, $J_{ij}=\overline{X}_{j}^{B}-\overline{X}$ と置くとき,次の等式による:

$$\sum_{i=1}^{a}\sum_{j=1}^{b}(X_{ij}-\overline{X})^2 = \sum_{i,j}(H_{ij}+I_{ij}+J_{ij})^2 = \sum_{i,j}H_{ij}^2 + \sum_{i,j}I_{ij}^2 + \sum_{i,j}J_{ij}^2. \quad (8.10)$$

左辺は不偏分散,すなわち,得られたデータの全ばらつきの目安,右辺第 1 項が F の分母,第 3 項が分子である.第 2 項の i の違いによる差からのばらつきへの寄与を落とせば j の違いの寄与がはっきりする,というのが分散分析である.なお (8.10) の証明は中央の表現を展開して $\sum H_{ij}I_{ij} = \sum I_{ij}J_{ij} = \sum J_{ij}H_{ij} = 0$ を用いて得られる.この式の証明は (8.6) から,たとえば,

$$\sum_{i=1}^{a}\sum_{j=1}^{b}H_{ij}I_{ij} = \sum_{i=1}^{a}\left(\sum_{j=1}^{b}(X_{ij}-\overline{X}_{i}^{A})+\sum_{j=1}^{b}(-\overline{X}_{j}^{B}+\overline{X})\right)(\overline{X}_{i}^{A}-\overline{X}) = 0.$$

仮定についての注意だが,**(8.7) を満たす定数があれば (8.8) も満たすようにできる**.実際 $\mu_{ij}=\mu'+\alpha'_i+\beta'_j$ がすべての i,j に対して成り立てば

$$\mu = \mu' + \frac{1}{a}\sum_{i=1}^{a}\alpha'_i + \frac{1}{b}\sum_{j=1}^{b}\beta'_j, \quad \alpha_i = \alpha'_i - \frac{1}{a}\sum_{i=1}^{a}\alpha'_i, \quad \beta_i = \beta'_j - \frac{1}{b}\sum_{j=1}^{b}\beta'_j, \quad (8.11)$$

と置くと,(8.7), (8.8) 両方とも成り立つ.仮定 (8.7) は,X_{ij} たちの母平均 $\mu_{ij}=\mathrm{E}[X_{ij}]$ への注目する要因と影響を除外したい**要因の影響が加法的なこと**を意味する.言い換えると,観測(または調査,実験)結果 X が制御可能な要因 A,B と制御不能なばらつきによって値が決まり,そして,制御不能なばらつきがもしなければ,A,B がそれぞれ i,j という状態のとき $X=X(i,j)=f(i)+g(j)$ と,A,B への依存が和の形に分離できる,ということ,相乗効果,たとえば,ij のような項,の影響は無視できることを意味する.(仮定 (8.7) では $\alpha_i=f(i), \beta_j=\mu+g(j)$ と置いた.)等分散正規母集団という仮定だけでは(分散以外には)μ_{ij} の ab 個のパラメータが残っていた.それを $a+b+1$ 個に減らす強い仮定である.なお,$\mu_{ij}=\mathrm{E}[X_{ij}]$,および,(8.6), (8.7), (8.8) を見比べると,$\overline{X}, \overline{X}_{i}^{A}-\overline{X}, \overline{X}_{j}^{B}-\overline{X}$ がそれぞれ μ, α_i, β_j の不偏推定量になる:

$$\mathrm{E}[\overline{X}_{j}^{B}-\overline{X}] = \beta_j, \quad \mathrm{E}[\overline{X}_{i}^{A}-\overline{X}] = \alpha_i, \quad \mathrm{E}[\overline{X}] = \mu. \quad (8.12)$$

3. 仙台は名古屋より涼しい！

前節では気温差の例について $\overline{X}_j^B(\omega_0)$ たちを異なる j（都市）のあいだで比べた。日付 (i) の違いの影響をばらつきから取り除くことで，都市のあいだの系統的な差を検出しやすくするのが定理23である。定理の応用範囲は広い。たとえば，工場で新しい方法を導入した場合に製品生産量と製造工程の種類の関係を調べるのに，作業員の個人差の影響を取り除く，という場合に工程の種類を j，作業員を i で表せば良い。

気温差の例では2都市間ごとの比較を行ったので $b = 2$（2列）に相当する。($b \geq 3$ で念頭にあるのは2系統間の比較ではデータの大きさが小さすぎるときにすべてのデータを有効利用したい状況である。) $b = 2$ の場合の特殊事情として，等平均 $H: \beta_1 = \beta_2 = 0$ の検定だけではなく平均の差の推定も可能である。$\beta_j = 0$ とは限らない場合は X_{ij} を $X'_{ij} = X_{ij} - \beta_j$ に置き換えれば (8.6), (8.12), (8.8) から $E[\overline{X}'^B_j - \overline{X}'] = 0$ を得るので $\beta_j = 0$ の場合に帰着するからである：

命題 24 $b = 2$ のとき仮説 H を除く定理23の同じ仮定と記号のもとで，$\beta = \beta_1 = -\beta_2$ と置くとき，$F = \dfrac{\dfrac{(a-1)a}{2}(\overline{X}_1^B - \overline{X}_2^B - 2\beta)^2}{2\sum\limits_{i=1}^{a}(X_{i1} - \overline{X}_i^A - \overline{X}_1^B + \overline{X})^2}$ は F_{a-1}^1 に従う。◇

証明．分子は $b = 2$ の場合に $\beta = \beta_1 = -\beta_2$ などを使って (8.9) を計算し，分母は $\sum\limits_{i=1}^{a}\sum\limits_{j=1}^{2}(X_{ij} - \overline{X}_i^A - \overline{X}_j^B + \overline{X})^2 = 2\sum\limits_{i=1}^{a}(X_{i1} - \overline{X}_i^A - \overline{X}_1^B + \overline{X})^2$ を用いる． □

区間推定の原理（第6章）から，$b = 2$ のとき母平均の差の推定の手順は次のようになる．仮説 H を除く定理23と同じ仮定と記号のもとで $\beta = \beta_1 = -\beta_2$ および $x^2 = 2\sum\limits_{i=1}^{a}(X_{i1} - \overline{X}_i^A - \overline{X}_1^B + \overline{X})(\omega_0)^2$ と置く．危険率 α を定め，F 分布の表から $F_{a-1}^1[[f, \infty)] = \alpha$ となる f を求めると，$j = 1, 2$ の母平均の差 2β の分散分析に基づく信頼区間は次のようになる：

$$[\,\overline{X}_1^B(\omega_0) - \overline{X}_2^B(\omega_0) - \sqrt{\frac{2fx^2}{a(a-1)}},\ \overline{X}_1^B(\omega_0) - \overline{X}_2^B(\omega_0) + \sqrt{\frac{2fx^2}{a(a-1)}}\,]. \quad (8.13)$$

§3.で調べた2003年夏の2週間の各都市間の日最高気温の差を (8.13) によって推定する．まず $a = 14$ なので，$\alpha = 0.05, 0.01$ について（自由度 $a - 1 = 13$ は F 分布の表からはみ出ているが T 分布の表で $n = 12, 14$ の値の線形内挿をとって）$f = 4.67, 9.10$ となる．§3.冒頭の表から，仙台と名古屋について計算すると $\overline{X}_{仙台}^B(\omega_0) - \overline{X}_{名古屋}^B(\omega_0) = -6.5,\ x^2 = 2 \times 17.46 \times 34.93,$ を得るので信頼区間は -6.5 ± 1.3 (95% CL), -6.5 ± 1.9 (99% CL), となって，§3.よりも範囲が左右1度以上狭い強い主張である．同様に，（仙台－東京）は -4.9 ± 0.9 (95% CL), -4.9 ± 1.3 (99% CL),（東京－名古屋）は -1.5 ± 0.6 (95% CL), -1.5 ± 0.9 (99% CL).

2003 年	仙台	名古屋	$\overline{X}_i^A$
7月26日	17.8	29.8	23.8
7月27日	22.4	29.5	26.0
7月28日	19.3	26.4	22.9
7月29日	22.4	27.5	25.0
7月30日	23.9	27.0	25.5
7月31日	26.0	31.8	28.9
8月1日	24.3	31.8	28.1
8月2日	26.6	32.9	29.8
8月3日	29.4	32.2	30.8
8月4日	29.7	34.6	32.2
8月5日	28.6	35.0	31.8
8月6日	25.2	34.1	29.7
8月7日	24.9	32.5	28.7
8月8日	26.3	32.0	29.2
$\overline{X}_j^B$	24.8	31.2	$\overline{X} = 28.0$

　さて，§3.と本節で同じ有意水準でも信頼区間に違いが出た．どちらの信頼区間を信頼すれば良いだろうか？　実は，**両者はモデル（気温差をどう理解するか）が異なる**ので，どちらかがより精密という関係ではない．§3.は日付による温度の違いも込めてばらつきが正規母集団からの標本の分布（都市間で独立なばらつきと見る）というモデルであり，本節では日付による違いは日ごとの各都市共通の，しかし，都市間の差との相乗効果のない加法的な，影響があるというモデルである．どちらも単純すぎて真実ではないだろうが，どちらがより真実に近い理解であるかを判断するには追加の情報が必要である．この問題では日のあいだの変動に都市間で共通の傾向があることは図 30 から明らかで，絶対値に比べて差が小さいときは加法性の仮定は最初の近似としては通常悪くないので，本節のモデルのほうが適切と著者は判断する．

　分散分析は品質管理などで，不良品の発生や，逆に品質向上の，主要因を統計的に抜き出す手段としても利用されてきた．統計学を品質向上計画に利用する場合，ばらつきを抑えるほど良いという考えは不適切である．大きな組織で無理をすれば，社会にとってはもちろん組織にとっても高く付く結果を引き起こすことは，現在では社会常識だと思う．人間が絡む現象はどれほど制御しても，たとえば，自然法則などと比べて，はるかに大きなばらつきを伴う．除去可能な変動要因を抽出しつつ残余のばらつきを前提として達成可能な目標を設定すること，というのが統計学の教えるところである．

練習問題 8

1. 近接する 2 軒の店 A, B の 1 日あたりの利用者数を調べた．店 A は 8 日間で 1 日あたりの標本平均 955 人，標本分散 93^2 人^2，店 B は 10 日間で 1 日あたりの標本平均 677 人，標本分散 111^2 人^2，であった．利用者数はそれぞれ正規分布 $N(\mu_A, \sigma_A^2)$ と $N(\mu_B, \sigma_B^2)$ に従うものとする．
   (1) $\sigma_A^2 = 100^2$, $\sigma_B^2 = 105^2$ のとき，店 A, B の 1 日あたりの利用者数の母平均の差 $\mu_A - \mu_B$ を信頼係数 95 % で区間推定せよ．
   (2) σ_A^2 も σ_B^2 も未知のとき，店 A, B の 1 日あたりの利用者数の母平均の差 $\mu_A - \mu_B$ を信頼係数 95 % で区間推定せよ．必要ならば $F_7^9([3.977, \infty)) = 0.05$ を用いて良い．
   (3) (2) の場合で $\mu_A > \mu_B$ と言えるか，有意水準 5 % で検定せよ．
   (平成 14 年日本アクチュアリー会資格試験)　(補足 1 参照．)

2. A 工場においてある製品をつくるために要する時間を計ったところ，標本 10 個について平均 32 時間，標本標準偏差は 2 時間であった．同じ製品をつくるためにかかる時間を B 工場で計ったところ，標本 5 個について平均 x 時間，標本標準偏差は 1 時間であった．この製品をつくるために要する時間は A 工場，B 工場ともに，同じ標準偏差の正規分布に従うものとし，その平均時間が A 工場と B 工場で違いがあるかどうかを有意水準 5 % で検定する．B 工場における平均時間がどういう範囲にあるときに平均時間は A 工場と B 工場で違うと言えるか？(平成 15 年日本アクチュアリー会資格試験)　(補足 1 参照．)

補足 1．　母分散の推定量として不偏分散 (4.5) を扱ってきたが，実用上は標本分散 (7.2) (母平均が未知の場合はさらに μ に標本平均を代入した

$$s_n^2 = \frac{1}{n}\sum_{k=1}^n \left(X_k - \frac{1}{n}\sum_{i=1}^n X_i\right)^2 \tag{8.14}$$

を標本分散と呼ぶ）や，その平方根の標本標準偏差 s_n を用いることも多い．s_n^2 と V_n は $(n-1)V_n = ns_n^2$ の関係がある．たとえば，分散未知の正規母集団の平均の差を検定・推定するのに用いられる自由度 $m+n-2$ の t 分布 T_{m+n-2} に従う推定量 (8.5) は不偏分散 V_m, V_n' の代わりに標本標準偏差 s_m, s_n' が与えられているときは，

$$T = \frac{\overline{X}_m - \overline{X}_n' - \mu + \mu'}{\sqrt{ms_m^2 + ns_n'^2}}\sqrt{\frac{mn(m+n-2)}{m+n}} \tag{8.15}$$

となる．定理 21 の等分散の検定でも同じ注意を要する．

9 健康診断結果の使い方

回 帰 分 析

　観測時間や実験装置の目盛りのように計測または制御できる変数がある観測や実験では，その変数と出力の関係を法則として見つけることが問題になる．回帰分析はこの複雑な問題を本書前半の枠組みに収める代表的方法である．

§1. 最小2乗法．

　データを信号とノイズに分けて信号を定量的に説明する法則を導くことを目指すとき，もっとも単純な法則は定数である．真空中の光の速さ約 $3 \times 10^8 [\text{m/s}]$ は実験結果から統計的処理を経て得た定数である．実験条件を制御できて数値 x で与えられる場合，実験結果が数値 y で与えられるとすると，大きさ n の標本は，$i = 1, 2, \ldots, n$ に対して $x = x_i$ と $y = y_i$ の組 (x_i, y_i) として記録される．2変数 x, y のあいだの関数関係をデータから統計的に推測するとき，定数の次に単純な法則は直線関係（1次式）$y = a + bx$ である．y の x の上への**回帰式**（回帰方程式）とも言う．回帰式によって従属変数 y を独立変数 x で説明することを「**被説明変数** y を**説明変数** x に回帰する」とも言う．法則を定める定数 $a = a^*$ と $b = b^*$ を統計的に推測することが**回帰分析**である．あと戻りを意味する回帰 (regression) は奇異な用語だが，身長の高い親からも低い親からも平均に近い子供の生まれることが多く，世代と共に平均に戻る（回帰する），と命名者ガルトンは考えたらしい．

　回帰式の係数 a, b は統計的に推測すべきパラメータなので本書前半でいう母数だが，回帰分析ではこれを**母集団回帰係数**と呼ぶ．真の法則が説明変数 x の

1次式でなくても，母集団回帰係数について1次式であれば扱いは同じである．たとえば x の2次式 $y = bx^2$ に回帰したい場合は，$x' = x^2$ で変数変換して，標本を $(x'_i, y_i) = (x_i^2, y_i)$ たちとして $y = bx'$ に回帰すれば良い．さらに，母数が複雑な形で法則に入る場合も，f が滑らかで説明変数の変化が大きくなければ1次式 $y = f'(x_0)x + f(x_0) - x_0 f'(x_0)$ で近似できるので，定数項と1次の係数をあらためて母集団回帰係数にとり直した回帰（近似法則）も考えられる．本書は母数について1次式の場合の回帰のみを考える．

最小2乗法による母集団回帰係数の推定量 $a = \hat{a}(y_1, \ldots, y_n)$ と $b = \hat{b}(y_1, \ldots, y_n)$ を**標本回帰係数**（回帰係数）と呼び，

$$\chi^2(a,b) = \sum_{i=1}^n (y_i - (a + b\,x_i))^2 \tag{9.1}$$

を最小にする a, b として定義する．標本と法則の偏差の2乗の和を最小にするようにパラメータを決める（点推定する）ことから**最小2乗法**と呼ばれる．

式を短くするために標本平均を

$$\overline{x}_n = \frac{1}{n} \sum_{i=1}^n x_i, \quad \overline{y}_n = \overline{y}_n(y_1, \ldots, y_n) = \frac{1}{n} \sum_{i=1}^n y_i \tag{9.2}$$

と置く．また，$x_1, \ldots, x_n$ は固定して，関数の変数として書くのを略す．

定理 25 標本回帰係数は

$$C = \sum_{i=1}^n (x_i - \overline{x}_n) y_i, \quad D = \sum_{i=1}^n (x_i - \overline{x}_n)^2, \tag{9.3}$$

と置くとき，$D \neq 0$ ならば，

$$\begin{aligned}\hat{a} = \hat{a}(y_1, \ldots, y_n) &= \overline{y}_n - \frac{C}{D} \overline{x}_n, \\ \hat{b} = \hat{b}(y_1, \ldots, y_n) &= \frac{C}{D},\end{aligned} \tag{9.4}$$

である． ◇

証明． $\dfrac{\partial \chi^2}{\partial a} = 0$ を解くと $\overline{y}_n = \hat{a} + \hat{b}\overline{x}_n$ を得る．これに x_i をかけて i について足したものを $\dfrac{\partial \chi^2}{\partial b} = 0$ から引いて少し整理すると，(9.4) を得る． □

第9章 健康診断結果の使い方 — 回帰分析.

x_i たちの中に値の違うものがあれば $D > 0$ なので，x を変えたときの y の変化を知るための標本ならば定理の仮定 $D \neq 0$ は満たされるはずである．

標本回帰係数を係数とする直線 $y = \hat{a} + \hat{b}x$ を**標本回帰直線**（回帰直線）と言い，説明変数 x を与えたときの回帰直線の値を**予測値**（回帰値）と言う．たとえば，標本回帰係数を求めるために用いた値については

$$\hat{y}_i = \hat{a} + \hat{b}x_i \tag{9.5}$$

などとなり，(9.5) と (9.2) と合わせると，

$$\frac{1}{n}\sum_{i=1}^{n}\hat{y}_i = \overline{y}_n \tag{9.6}$$

となる．例題として，著者の過去の健康診断結果から体重と血糖値の対と回帰直線を表とグラフにした（図 31）．ただし，プライバシー保護の観点から，日

i	体重 x_i	血糖値 y_i	予測値 $\hat{y}_i$
1	55.5	111	109
2	51.1	102	102
3	52.7	109	104
4	52.6	94	104
5	48.8	91	98
6	48.9	89	98
7	51.1	99	102
8	52.6	97	104
9	54.2	113	107
10	52.3	110	104
11	50.7	100	101
12	46.5	95	94
13	46.2	88	94
14	46.2	100	94
15	45.8	93	93
16	48.0	100	97
17	48.4	104	97
18	48.5	104	97
平均	50.0	100	
偏差	2.9	8	

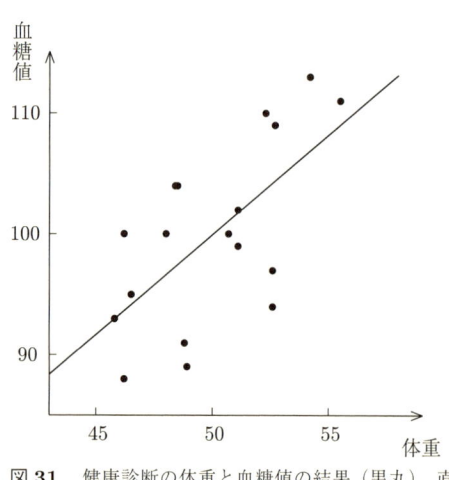

図 31 健康診断の体重と血糖値の結果（黒丸）．直線は回帰直線．数値の単位は標準のものではない．

付は省き，測定値は定数倍して架空の単位系に選び直した．（§3.で紹介する決定係数の値やその検定結果は単位系の選び方によらない．）表の値を (9.4) に当てはめると，$C = 243, D = 147, \hat{a} = 1.65, \hat{b} = 17.3$ を得る．

体重や血糖値は生活習慣病の危険の手軽な目安として健康診断で測る．基準値は医療を取り巻く社会的状況の影響で変化するが，たとえば血糖値は，21世紀初頭の日本では，成人男子で 70–110[mg/dl] の範囲から外れると，再検査の呼び出しを受ける．家庭に血糖値の測定器が無くても体重計があれば，図31を用いて体重に目配りすることで，呼び出しの可能性を減らせる．

図31は個人的な回帰分析だが，標準の値は多数の人たちの結果に基づいて得られる．たとえば体重 y（キログラム）の身長 x（メートル）の上への回帰曲線としていわゆる標準体重 $y = 22x^2$ がある．個人ごとに BMI 指数 (body mass index) y/x^2 を計算すると，ほとんどの人は 22 からずれる．BMI 指数の場合は 25 以上を肥満として，生活習慣病の危険の目安とするようである．歴史的には 1 次式の回帰式 $y = 90(x-1)$（ブローカの桂変法）などが用いられた．回帰式の選び方は，とくに得られた法則を**外挿**するときに注意を要する．外挿とは法則を決めるのに用いた変数 x の値の範囲の外側の x の値について，法則に基づいて**予測**することを言う．標本回帰直線 $y = \hat{a} + \hat{b}x$ は説明変数 x の任意の値に対して予測の点推定値を与える．§4.に後述する検定と同様の原理で予測値の区間推定もできる（第 A 章 §4. も参照）．

§2. 最小2乗法の根拠.

本書前半で紹介した考え方に基づいて，最小2乗法の根拠を簡単に説明する．説明変数 x_i は誤差のない数値で，被説明変数 $y_i = Y_i(\omega_0)$ は x_i から回帰式で説明できる値（信号）と統計的なばらつき（ノイズ）$Z_i(\omega_0)$ の和

$$Y_i = a^* + b^* x_i + Z_i, \quad i = 1, \ldots, n, \tag{9.7}$$

とする．簡単のためいまはノイズは説明変数によらないとして，無作為抽出のときと同様に Z_i たちは独立同分布確率変数列とし，

$$\mathrm{E}[\,Z_i\,] = 0, \quad i = 1, \ldots, n, \tag{9.8}$$

および，分散が存在する（有限な）こと $E[\,Z_i^2\,] < \infty$ を仮定する．仮定 (9.8) は**偏り**（バイアス，bias）がないことを意味する．偏りがあるとは，たとえば，高温下で延びたまま戻らなくなった質の悪いものさしで計ると数値が小さめに出る状況である．ものさしなら質の良いものに買い換えるが高価な機械はそうそう買いかえられないから，通常は**較正** (calibration)，すなわち正しい値を得るように機械を調整するか，機械が較正に対応していなければ得られた数値を偏りのない数値に換算すること，を行って (9.8) が実現するよう準備する．

定義 (9.1) と (9.7) から

$$\frac{1}{n}\chi^2(a,b) = \frac{1}{n}\sum_{i=1}^{n}(Y_i(\omega_0) - (a+bx_i))^2$$
$$= \frac{1}{n}\sum_{i=1}^{n}((a^*-a) + (b^*-b)\,x_i^*)^2$$
$$+ \frac{2}{n}\sum_{i=1}^{n}((a^*-a)+(b^*-b)\,x_i^*)\,Z_i(\omega_0) + \frac{1}{n}\sum_{i=1}^{n}Z_i(\omega_0)^2.$$

右辺第 2 項は，たとえば $\{x_i\}$ が有界ならば，大数の強法則定理 8 と (9.8) によって $n \to \infty$ で 0 に（確率 1 の ω_0 で）収束し，第 3 項も（定理 8 で $X_i = Z_i^2$ とすると）定数 $E[\,Z_1^2\,]$ に収束する．したがって，データの大きさ n が十分大きければ，$\chi^2(a,b)$ の最小値を与える $(\hat{a},\hat{b})$ は正しい法則 (a^*,b^*) に近い．これが最小 2 乗法による推定の根拠である．

最小 2 乗法は回帰式からの偏差の 2 乗の和 (9.1) を最小にするようパラメータを決める．ここで見たように，その根拠には誤差 Z_i が同分布であることを用いるので，誤差が説明変数 x によって異なっていて，その分散の大きさが見積もれるときは，偏差の 2 乗を誤差の分散で割った量の和を最小にするほうが合理的である．たとえばポワッソン分布（放射線の発生や事故発生件数など）のように平均と分散が等しい場合は $\chi^2(a,b) = \sum_{i=1}^{n} \dfrac{1}{y_i}(y_i - (a+bx_i))^2$ を最小にする．（第 10 章の定理 29 も参照．）

§3. 決定係数と相関係数.

回帰残差, すなわち標本 y_i と予測値 (9.5) の差, の 2 乗和

$$S_e(y_1,\ldots,y_n) = \sum_{i=1}^n (y_i - \hat{y}_i(y_1,\ldots,y_n))^2 \tag{9.9}$$

を**残差変動**, 予測値と標本平均 (9.2) の差の 2 乗和

$$S_r(y_1,\ldots,y_n) = \sum_{i=1}^n (\hat{y}_i(y_1,\ldots,y_n) - \overline{y}_n(y_1,\ldots,y_n))^2 \tag{9.10}$$

を**回帰変動**, と呼ぶ. 回帰変動と残差変動の和が**全変動**, すなわち, 標本と標本平均の差の 2 乗和, になること

$$S_{\text{tot}} := \sum_{i=1}^n (y_i - \overline{y}_n(y_1,\ldots,y_n))^2 = S_r + S_e \tag{9.11}$$

が具体的に計算するとわかる.

標本 y_i のばらつきを, (9.7) のように説明変数 x の変化で説明できる部分とできない部分の和に表して, 前者を回帰式と呼ぶと考える. すると, (9.11) から, 回帰式の当てはまりの良さの目安として, 回帰変動と全変動の比

$$R^2 = \frac{S_r}{S_{\text{tot}}} \tag{9.12}$$

が自然である. R^2 を**決定係数**あるいは寄与率と呼ぶ.

標本平均を (9.2) の $\overline{x}_n$ と $\overline{y}_n$ と書くとき, 標本相関係数

$$\tilde{R} = \frac{\sum_{i=1}^n (x_i - \overline{x}_n)(y_i - \overline{y}_n)}{\sqrt{\sum_{i=1}^n (x_i - \overline{x}_n)^2 \sum_{i=1}^n (y_i - \overline{y}_n)^2}} \tag{9.13}$$

は決定係数の平方根 R に等しい: $R = \tilde{R}$. (証明は章末問題とする.) 2 個の確率変数が独立 ($r = 0$) か本質的に同じか ($r = \pm 1$) どちらの状況に近いかを相関係数 (3.13) が判定する目安になり得ると第 3 章に書いた. 相関係数は母分布の (神のみぞ知る) 値, 標本相関係数 (9.13) はその推定量である. 図 31 の例では, $S_t = 973, S_r = 402, S_e = 571, R^2 = 0.41, \tilde{R} = R = 0.64$, となる.

§4. 回帰係数の検定.

最小2乗法による点推定 (9.4) は，§2.のとおり，残差（ノイズ，誤差）Z_i の母分布が偏りがなく分散有界ならば成り立つが，さらに，母分布がわかれば本書前半の基本原理に基づく検定や区間推定ができる．母分布が正規分布だが分散が未知ならば，第7章と第8章の F 分布や t 分布に基づく検定や推定になる．

Y_i たちについて (9.7) 以下の設定に戻り，Z_i の分布を v を未知定数として正規分布 $N(0, v)$ とする．母平均を0とするのは (9.8) による．

定理 26 a^* と b^* を母集団回帰係数，$\hat{a}, \hat{b}, D, S_e$ は定理25と (9.9) のとおりとする．このとき，$\dfrac{(\hat{a}(Y_1,\ldots,Y_n) - a^*)\sqrt{(n-2)D}}{\sqrt{S_e(Y_1,\ldots,Y_n)\frac{1}{n}\sum_{i=1}^{n}x_i^2}}$ と

$\dfrac{(\hat{b}(Y_1,\ldots,Y_n) - b^*)\sqrt{(n-2)D}}{\sqrt{S_e(Y_1,\ldots,Y_n)}}$ は自由度 $n-2$ の t 分布 T_{n-2} に従う． ◇

標本 y_i の関数 $\hat{a}, \hat{b}, S_e$ に確率変数 Y_i を代入して確率変数としたことが前節までとの違いである．$\sqrt{S_e}$ で割る理由は，ノイズの大きさ v が不明なので分布が v によらない量にするためである．定理の証明は章末の補足に回す．

系 27 帰無仮説 $H : b^* = 0$ のもとで，$F = \dfrac{(n-2)S_r}{S_e}(Y_1,\ldots,Y_n)$ は自由度対 $(1, n-2)$ の F 分布 F_{n-2}^1 に従う． ◇

証明． (9.5) と (9.6) から，$\hat{y}_i - \overline{y}_n = \hat{b}(x_i - \overline{x}_n)$ を得て，補題16直前の注意と定理26と (9.10) と $b^* = 0$ から結論を得る． □

系27の帰無仮説 H は，y が x と無関係に決まる，言い換えると相関がないという主張である．これを統計的に棄却することは，説明変数と被説明変数に相関があると（データに基づいて）判断することである．この意味で，系27と第5章の基本原理に基づく検定を相関の検定と呼ぶことができる．

たとえば，図31の例で定理26の b^* の結果を，すでに求めた $D = 147$, $\hat{b} = 1.65$, $S_e = 571$ を代入して計算すると，$T(\omega_0) = 2.03 \, (1.65 - b^*)$ が

自由度 16 の t 分布からとった標本となる．第 7 章 §4.の表から，たとえば P[$[-1.746, 1.746]$] $= 0.9$，したがって，90% 信頼区間は $b^* \in [0.79, 2.51]$ となる．図 31 の印象どおり，回帰直線の傾きを精度良く定めるのは難しく，体重だけでは血糖値を完全にコントロールできないという教訓も常識的である．相関の検定（系 27）については，$F(\omega_0) = 11.3$ が自由度対 $(1, 16)$ の F 分布 F_{16}^1 からとった標本となる．第 8 章 §1.の F 分布の表に F_{16}^1 は無いが，(8.3) と第 7 章 §4.の t 分布の表から $F_{16}^1([0, 8.53]) = T_{16}([-2.921, 2.921]) = 99\%$ なので，危険率 1% $F(\omega_0) = 11.3 > 8.53$ は棄却され，相関があると結論する．（2 つの推測の関係は，後者が b^* の信頼水準 99% 信頼区間に 0 が含まれないことと同値ということである．）体重や BMI 指数が健康の目安になることも常識に反しない．

§5. 重回帰分析．

2 以上の整数 p に対して p 個の母集団回帰係数による回帰，すなわち $y = b_0 + b_1 x_1 + \cdots b_p x_p$ に大きさ n の標本 $(x_{1,i}, \ldots, x_{p,i}, y_i)$, $i = 1, \ldots, n$, を当てはめる分析を重回帰分析と言う．最小 2 乗法は 1 変数の場合と同様に，

$$\chi^2 = \sum_{i=1}^n (y_i - (b_0 + b_1 x_{1,i} + \cdots + b_p x_{p,i}))^2 \tag{9.14}$$

を最小にする $b_j = \hat{b}_j(y_1, \ldots, y_n)$, $j = 1, 2, \ldots, p$, を推定量（回帰係数）とする．具体形は定理 25 と同様に，

$$\begin{aligned} \hat{b}_j &= \hat{b}_j(y_1, \ldots, y_n) = \sum_{k=1}^p (D^{-1})_{j,k} C_k, \ j = 1, \ldots, p, \\ \hat{b}_0 &= \hat{b}_0(y_1, \ldots, y_n) = \overline{y}_n - \sum_{j=1}^p \hat{b}_j \overline{x}_{j,n} \end{aligned} \tag{9.15}$$

で与えられる．ここで $\overline{y}_n = \dfrac{1}{n}\sum_{i=1}^n y_i$, $\overline{x}_{j,n} = \dfrac{1}{n}\sum_{i=1}^n x_{j,i}$, $C_k = \sum_{i=1}^n (x_{k,i} - \overline{x}_{k,n}) y_i$, と置き，$(D^{-1})_{j,k}$ は $D_{j,k} = \sum_{i=1}^n (x_{j,i} - \overline{x}_{j,n})(x_{k,i} - \overline{x}_{k,n})$ で (j, k) 成分が与えられる $p \times p$ 行列 D の逆行列の (j, k) 成分を表す．$p = 1$ の場合と同

様に，$x_{j,i}$ たちは D^{-1} が存在するように選ぶとする．

$p=1$ の (9.5) と同様に，回帰値 $\hat{y}_i = \hat{b}_0 + \sum_{j=1}^{p} \hat{b}_j x_{j,i}$ は y_i の値のうち x_{ji} たちによって説明できる部分，回帰残差 $y_i - \hat{y}_i$ は制御できない擾乱 Z_i たちによるばらつきと解釈する．対応して，(9.10), (9.9) と同様に，回帰変動と残差変動

$$S_r(y_1,\ldots,y_n) = \sum_{i=1}^{n}(\hat{y}_i(y_1,\ldots,y_n) - \overline{y}_n(y_1,\ldots,y_n))^2$$
$$S_e(y_1,\ldots,y_n) = \sum_{i=1}^{n}(y_i - \hat{y}_i(y_1,\ldots,y_n))^2$$

を定義すると $p=1$ の場合と同様に (9.11)，すなわち両者の和は全変動になる：

$$S_{\text{tot}}(y_1,\ldots,y_n) = \sum_{i=1}^{n}(y_i - \overline{y}_n(y_1,\ldots,y_n))^2 = S_r + S_e.$$

S_r と S_{tot} の比 (9.12) を決定係数（寄与率）と呼ぶのも $p=1$ と同様である．

回帰係数 $\hat{b}_j$ の検定や区間推定は §4. の $p=1$ の場合と同様に可能である．たとえば，母集団回帰係数（真の法則）を $b_j = b_j^*$ と置くとき，帰無仮説 $H: b_1^* = \cdots = b_p^* = 0$ を F 検定する．正規分布 $N(0, v)$ に従う独立確率変数 Z_i を擾乱として (9.7) と同様の設定と仮説 H のもとで，データは $Y_i = b_0^* + Z_i$, $i=1,\ldots,n$, となる．このとき系 27 と同様に $F = \dfrac{(n-p-1)\,S_r}{p\,S_e}(Y_1,\ldots,Y_n)$ は自由度対 $(p, n-p-1)$ の F 分布 F_{n-p-1}^p に従う．

説明変数は母集団回帰係数にかかる項を指すので，章の冒頭で注意したように背後の法則の変数の関数でも差し支えない．（p は背後の法則の変数の個数とは無関係である．）重回帰分析との関連では，元の変数のいくつかの関数の和で書かれた法則を考えて，各項の比例係数をデータから求めることになる．図 32 は，気象庁のウェブページにある気象統計情報の中の，西暦 2000 年前後の鳥島での i 月 ($i = 1, 2, \ldots, n$, $n = 12$) の平均二酸化炭素 (CO_2) 濃度 y_i (ppm) の値である．ただし，紙面の節約のため，気象庁のデータを加工した．まず，数値の月別の変化に注目するために，平均濃度を引いて表の数値の平均を 0 に選び，また，この時期の CO_2 が年とともに高くなる傾向が知られているので，平均上昇率に相当する値を差し引いた．濃度上昇のトレンドを差

5. 重回帰分析. 109

月 i	1	2	3	4	5	6	7	8	9	10	11	12	重回帰
濃度 y_i	1.5	2.4	2.8	2.9	2.9	1.5	-0.7	-2.9	-4.5	-3.7	-2.1	-0.1	係数 b_j
$x_{1,i}$	$\frac{1}{2}$	$\frac{\sqrt{3}}{2}$	1	$\frac{\sqrt{3}}{2}$	$\frac{1}{2}$	0	$-\frac{1}{2}$	$-\frac{\sqrt{3}}{2}$	-1	$-\frac{\sqrt{3}}{2}$	$-\frac{1}{2}$	0	3.53
$x_{2,i}$	$\frac{\sqrt{3}}{2}$	$\frac{1}{2}$	0	$-\frac{1}{2}$	$-\frac{\sqrt{3}}{2}$	-1	$-\frac{\sqrt{3}}{2}$	$-\frac{1}{2}$	0	$\frac{1}{2}$	$\frac{\sqrt{3}}{2}$	1	-0.78
$x_{3,i}$	$\frac{\sqrt{3}}{2}$	$\frac{\sqrt{3}}{2}$	0	$-\frac{\sqrt{3}}{2}$	$-\frac{\sqrt{3}}{2}$	0	$\frac{\sqrt{3}}{2}$	$\frac{\sqrt{3}}{2}$	0	$-\frac{\sqrt{3}}{2}$	$-\frac{\sqrt{3}}{2}$	0	0.04
$x_{4,i}$	$\frac{1}{2}$	$-\frac{1}{2}$	-1	$-\frac{1}{2}$	$\frac{1}{2}$	1	$\frac{1}{2}$	$-\frac{1}{2}$	-1	$-\frac{1}{2}$	$\frac{1}{2}$	1	0.76

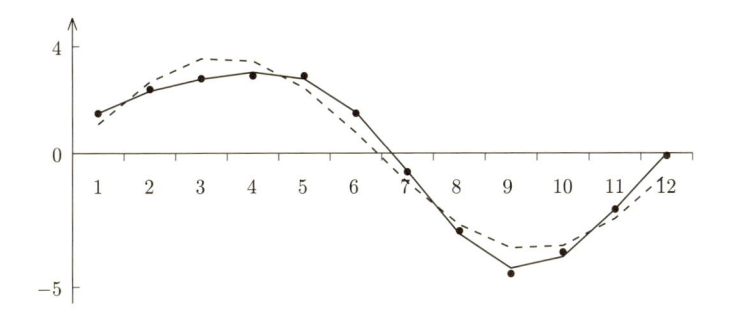

図 32 月平均二酸化炭素濃度 (黒丸). 単位は百万分率 ppm. 数値は南鳥島の 1995–2005 年の平均値から, この期間の平均濃度上昇 (年 1.9) と平均濃度 (369.8) を引いた値. 点線は $x_{1,i} = \sin\frac{2\pi i}{12}$ と $x_{2,i} = \cos\frac{2\pi i}{12}$ による回帰 ($p=2$), 実線は $x_{3,i} = \sin\frac{4\pi i}{12}$ と $x_{4,i} = \cos\frac{4\pi i}{12}$ も加えた回帰 ($p=4$).

し引いたので表のデータは季節変化に対応する 12 カ月の周期関数と考えられる. そこで, 月の数 i について 12 を周期とする周期関数で回帰するのが自然である. 基本的な周期関数として三角関数を選び, $q = 1, 2, 3, 4, 5$ に対して, $x_{2q-1,i} = \sin\frac{2q\pi i}{12}$, $x_{2q,i} = \cos\frac{2q\pi i}{12}$, および前者で $q = 6$ とした $x_{11,i}$ の 11 個の説明変数をとる. これに (9.14) の b_0 に対応する $x_{0,i} = 1$ を加えた 12 個の $x_{k,i}$ たちの線形結合で, 任意の標本, すなわち任意の $\{y_i\}_{i=1}^{12}$ を (連立 1 次方程式を解くことで) 表せる. とくに, 平均を 0 にとったので $b_0 = 0$ である. 誤差無しで表せるのは本書の立場からは「説明のしすぎ」なので, 説明変数を減らして $p=2$ ($q=1$) と $p=4$ ($q=1,2$) の重回帰分析 (9.14) を試みる.

結果は図32のように，基本周期 $q=1$ のみでは残差が大きく，$q=2$ まで入れると変化をよく説明するように見える．CO_2 の濃度は主に陸と海の分布や植生の緯度に対する分布と地球の太陽に対する傾きの関係で決まると想像すると，三角関数の2乗は半角公式によって周期が半分の三角関数と定数で表せるので，地球の傾きの線形な直接の影響だけでなく，2乗という非線形な効果が大きいことを回帰の結果は示唆する．

ところで，ここで選んだ三角関数の系 $\{x_{k,\cdot}\}_{k=0}^{p}$ は完全性，すなわち (p を増やせば) すべての周期変化を表せる性質，を持つだけでなく，直交性という著しい性質がある．実際 (9.15) の下で定義した $D_{j,k}$ に上記の $x_{k,i}$ と i についての平均 $\bar{x}_{j,n}=0$ ($n=12$) を代入すると，(三角関数の性質または図32の表を参照することで，) $D_{j,k}=\sum_{i=1}^{n}x_{j,i}x_{k,i}=6\delta_{j,k}$ を満たす．すなわち，D は対角行列である（直交性）．とくに逆行列が $(D^{-1})_{j,k}=\frac{1}{6}\delta_{j,k}$ となるので，平均 $\bar{y}_n=0$ と合わせると，(9.15) から $\hat{b}_j=\frac{1}{6}C_j=\frac{1}{6}\sum_{i=1}^{n}y_i x_{j,i}$，$j=1,\ldots,p$，を得る．一般の重回帰分析では p 個の説明変数の組み合わせを選んでから D^{-1} を計算しなければならないが，説明変数のあいだに直交性があれば回帰係数 $\hat{b}_j$ は対応する説明変数 $x_{j,i}$ とデータ y_i だけで決まり，他の説明変数の選び方にも個数 p にもよらない．とくに，当てはまり具合を見ながら，どこまで説明変数を増やすかを決めることが容易である．

§6. 決定係数の高い法則と低い法則.

ニュートンの運動方程式を始め，多くの自然法則が知られている．その実験的検証は，統計学的な視点からは，実験するのに適切かつ法則にとって本質的な量について，自然法則を回帰式として実験データを回帰することである．（その結果自然法則の中のパラメータが自然定数として定まる．）とくにニュートンの運動方程式を含めて，第一原理とも呼ばれることがあるいくつかの自然法則については，適切に設定された実験条件のもとでは，標本相関係数，言い換えると決定係数，がきわめて1に近い，という特徴を持つ．もう少し詳しく言う

と，その法則による残差が小さくなるための実験条件が明確でかつ現実に達成可能である．回帰式としての自然法則とデータのずれが小さいことは，予言能力が高いことを意味する．宇宙の大きさから見れば小さな点でしかない月に，無に等しいほど小さいロケットがわずかな燃料で到達できるのは，自然法則の

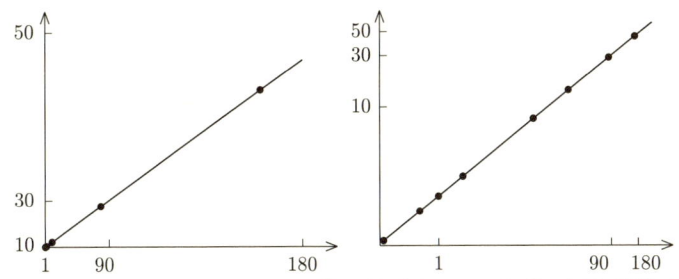

図33 太陽系の惑星の公転周期 T の 2 乗 T^2 と公転半径 a の 3 乗 a^3 の相関．数値は横軸が T（単位：年），縦軸が a（単位：億 km）．右図は両対数グラフによる表示．実線は線形回帰式．

当てはまりの良さと，当てはまるための条件が実現できる典型例である．高校の教科書にあるような例で恐縮だが，太陽系の惑星 8 個[1]の公転周期 T の 2 乗 T^2 を横軸に，公転半径 a の 3 乗を縦軸にとったのが図 33 である．きわめて精密に直線に並ぶ様子が見てとれる．標本相関係数 (9.13) は $\hat{R} = R = 1.000$（有効数字の範囲で正確に 1）である．つまり T^2 と a^3 は正確に比例する．これをケプラーの法則と言う．

ところで，図 33 の左図で，太陽に近い 5 個（水金地火木）の点が重なって読み取れない．遠いほうの天体の数値が極端に大きいからである．回帰分析に限らないが，大多数の数値から大きく離れた数値が少数あるとき，離れた少数の点が推定値の算出に大きな影響を及ぼす場合がある．それが適切かどうかは状況ごとに基礎に戻って考えるほうが良い．（逆に，極端な数値に注目すべきなのに多数の平凡な数値に紛れる場合は，ケーススタディも有効だろう．）自然科学における観測装置や実験装置は多くの場合，誤差が測定値の大きさにほぼ比例するが，本章の回帰分析ではすべてのデータの誤差が同程度（同分布）であることを仮定した．よって，太陽系の例では，対数をとって $\log T^2$ と $\log a^3$を比べるほうが適切だろう．図 33 の右図は縦軸横軸とも対数をとった．標本

---

[1] 2006 年に国際天文学連合が採択した惑星の定義により，それまで 9 個目の惑星とされてきた冥王星は惑星と呼ばれないことになった．

相関係数 $\hat{R} = R$ はやはり 1.000 である．自然法則（とくに第一原理）の精度が良い，と言うとき，（日ごろ自然科学になじみの少ない人には）文字どおり常識を越える良さである．その背後には先人たちからの営々たる工夫と結果の蓄積があり，その成果は結果として社会のあらゆる場面で利益をもたらす．社会現象や，自然現象に分類される場合でも，図 31 のように生物など複雑な要因が大きく関与する対象では，標本相関係数は通常 1 よりはっきり小さい．データの大きさがやや大きい例として，この項を第 2 版に向けて改訂していた日に偶然新聞に載った，都道府県警別捜査費の 2000 年度 (x) と 2004 年度 (y) の比較の表をデータとして回帰分析を試みた結果が図 34 である．定理 25 を用いて得られた線形回帰式は $y = 0.3065x - 10.96$（万円），標本相関係数は $\hat{R} = R = 0.958$ となった．なお，この回帰式の導出では，飛び抜けて巨額の東京都（警視庁）を除いた．図 34 の左図で警視庁の値は図の外にある．対数をとれば離れ方が小さくなる．右図のいちばん大きい値の点が警視庁である．実験装置による測定では誤差が測定値にほぼ比例すると考えることに無理が少ないことを指摘したが，図 34 の場合に対数をとって考えるのが適切かどうかは著者にはわからなかったので，元の数値で回帰した．

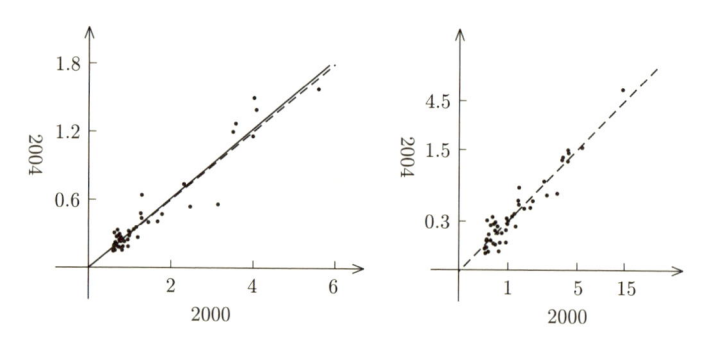

図 34 都道府県警別捜査費．横軸は 2000 年度，縦軸は 2004 年度．数字の単位は億円．左図は警視庁を除く 46 道府県，右図は両対数グラフ（警視庁を含む）．左図の実線は線形回帰式，点線は両図とも $y = 0.3x$．

$R = 1$ と思って良いケプラーの法則と対照的に，R は 1 より真に小さい．ただ，たまたま選んだこの例は，社会現象にしては直線への当てはまりが良すぎる．捜査費は最小でも 1400 万円を超えるので，回帰式の定数項の約 10 万円は

ほぼ0に等しいから，回帰分析の結果は，たいがいの県で2004年度の捜査費が2000年度のほぼちょうど3割に激減したことを意味する．新聞記事によれば，情報公開法が施行されたので問題を指摘されないよう捜査費の使用を自粛したためと考えられている．しかし，県ごとの規模や事情によって可能な減少率は大きく異なりそうなのに，高い相関は不思議だ．記事に言及がないので専門外の著者にはわからないが，内部通達や各都道府県警の情報交換などの調整なしに $R = 0.958$ となったとすると，社会法則としてはきわめて予言能力の高い法則が隠れていることになり，社会科学的な研究に値するかもしれない．

§補足：定理の証明のあらすじ．

定理26を証明する．Z_i たちが独立同分布で正規分布 $N(0, v)$ に従うから，$\hat{b}(Y_1, \ldots, Y_n) - b^*$ が $N(0, \dfrac{v}{D})$ に従うこと，$\dfrac{1}{v} S_e(Y_1, \ldots, Y_n)$ が自由度 $n-2$ の χ^2 分布に従うこと，そして両者が独立であることを言えば第7章の t 分布の定義から $\hat{b}$ についての証明が終わる．

以下，n 成分列ベクトルを $\vec{p}$，その第 i 成分を p_i のように書く．とくに，全成分が $n^{-1/2}$ のベクトルを $\vec{p}^{(1)}$，第 i 成分が $(x_i - \overline{x}_n) D^{-1/2}$ のベクトルを $\vec{p}^{(2)}$ と置く．ベクトル $\vec{p}$ と $\vec{q}$ の内積を $\vec{p} \cdot \vec{q}$ と書くと，$\vec{p}^{(1)} \cdot \vec{p}^{(1)} = \vec{p}^{(2)} \cdot \vec{p}^{(2)} = 1$，$\vec{p}^{(1)} \cdot \vec{p}^{(2)} = 0$，すなわち，$\vec{p}^{(1)}$ と $\vec{p}^{(2)}$ は直交する単位ベクトルである．シュミットの直交化法により，第1,2列がそれぞれ $\vec{p}^{(1)}$ と $\vec{p}^{(2)}$ の実直交行列 O がある．O の転置行列を O^T，n 次単位行列を I_n と書くと，$O^T O = O O^T = I_n$ である．O の第 i 列からなるベクトルを $\vec{p}^{(i)}$ と置く．$O^T O = I_n$ から $\vec{p}^{(i)} \cdot \vec{p}^{(j)} = \delta_{i,j}$ である．$\vec{Z}$ を第 i 成分が Z_i の列ベクトルとすると，$(O^T \vec{Z})_i = \vec{p}^{(i)} \cdot \vec{Z}$ と書ける．

$\hat{b}$ について，(9.2), (9.4), (9.7) から，少し整理すると

$$\hat{b} - b^* = \hat{b}(Y_1, \ldots, Y_n) - b^* = \frac{1}{D} \sum_{i=1}^{n} (x_i - \overline{x}_n) Z_i = \frac{1}{\sqrt{D}} \vec{p}^{(2)} \cdot \vec{Z} \qquad (9.16)$$

となる．これは正規分布 $N(0, v)$ に従う独立確率変数 Z_i たちの1次式だから第5章§2.に要約したことから正規分布に従う．その期待値は0，分散は (2.17) と (3.6) から

$$V[\hat{b}(Y_1, \ldots, Y_n)] = \frac{v}{D^2} \sum_{i=1}^{n} (x_i - \overline{x}_n)^2 = \frac{v}{D}. \qquad (9.17)$$

S_e も $\hat{b}$ と同様に計算すると

$$S_e = S_e(Y_1, \ldots, Y_n) = \vec{Z} \cdot \vec{Z} - (\vec{p}^{(1)} \cdot \vec{Z})^2 - (\vec{p}^{(2)} \cdot \vec{Z})^2 \qquad (9.18)$$

と書ける．$O O^T = I_n$ と $(O^T \vec{Z})_i = \vec{p}^{(i)} \cdot \vec{Z}$ から，$\vec{Z} \cdot \vec{Z} = \sum_{i=1}^{n} (\vec{p}^{(i)} \cdot \vec{Z})^2$ なの

で, $S_e = \sum_{i=3}^{n} (\overrightarrow{p}^{(i)} \cdot \overrightarrow{Z})^2$ である. $i = 1, 2$ の項が消えることに注意.
$\overrightarrow{p}^{(i)} \cdot \overrightarrow{p}^{(j)} = \delta_{i,j}$ なので, 命題 13 から, $\overrightarrow{p}^{(k)} \cdot \overrightarrow{Z}$, $k = 1, 2, \ldots, n$, は独立同分布確率変数列で, その分布は $N(0, v)$ である. 確率変数たちが独立ならばその関数たちも独立なので, $\hat{b} - b^*$ と S_e は独立で, また, $\frac{1}{v} S_e$ は標準正規分布に従う $n - 2$ 個の独立確率変数の 2 乗の和となるから, 自由度 $n - 2$ の χ^2 分布に従う.
$\hat{a} = \hat{a}(Y_1, \ldots, Y_n)$ についても $\hat{b}$ と同様の計算によって

$$\hat{a} - a^* = \sum_{i=1}^{n} \left(\frac{1}{n} - \frac{\overline{x}_n}{D}(x_i - \overline{x}_n) \right) Z_i = \left(\frac{\overrightarrow{p}^{(1)}}{\sqrt{n}} - \frac{\overline{x}_n \overrightarrow{p}^{(2)}}{\sqrt{D}} \right) \cdot \overrightarrow{Z} \quad (9.19)$$

を得るので, 平均は a^*, 分散は

$$\mathrm{V}[\hat{a}(x_1, \ldots, x_n, Y_1, \ldots, Y_n)] = v \sum_{i=1}^{n} \left(\frac{1}{n} - \frac{\overline{x}_n}{D}(x_i - \overline{x}_n) \right)^2 = \frac{v}{nD} \sum_{i=1}^{n} x_i^2 \quad (9.20)$$

となることに注意すると, 同様に証明できる. □

練習問題 9

1. 決定係数の平方根が標本相関係数に等しいこと (9.13) を証明せよ.
2. 第 8 章 §3. の 2002 年 7 月下旬 2 週間の名古屋 (x) と東京 (y) の日最高気温の日ごとの比較を回帰分析せよ. また, 帰無仮説 $H_0: b^* = 1$ を検定せよ.
3. ある計算アルゴリズムでは変数の個数 x と計算時間 y のあいだに以下の関係があることがわかった.

個数 x	1	10	100	1,000	10,000
計算時間 y	7.4	8.0	9.1	11.5	14.1

線形回帰では当てはまらないと考えて説明変数 x を変数変換して得られる新しい説明変数 x' と被説明変数 y の回帰式を最小 2 乗法により推定する. 変数変換として $x' = \log_{10} x$ と $x' = \sqrt{x}$ を考え, いずれが優れているかを決定係数を用いて判定し, 優れている方の回帰式 $y = a + bx'$ の a, b, および決定係数を求めよ. (平成 17 年日本アクチュアリー会資格試験)

10 理論の香りを少し

尤　度

　正規母集団の母数は母平均と母分散で，その推定量として標本平均と不偏分散が役に立つことを本書前半で見た．一般の母集団の統計的推測のためには，問題に応じて推定量の選び方を定める一般論が必要になる．最尤法はそのような一般論の代表である．さらに，推定量の選択基準の一般論を与える代表的な概念に情報量がある．

§1. 最尤法.

　データ X_i, $i = 1, 2, \ldots, n$, は独立同分布確率変数列である（第3章§1.）．第7章と第8章の正規母集団の統計学は，X_1 の分布を正規分布 $N(\mu, v)$ としたが，第4章の逆ガウス分布のように他の分布も考える．母分布の候補の族のパラメータを母数と呼んだ（第3章§1.）．基礎教科書で尤度を紹介する際は母数を θ と置くことが多い．正規分布（の族）の母数は平均と分散の組 $\theta = (\mu, v)$ である．母数の動く範囲を Θ と置く．パラメータが d 個の分布の族を考えるときは $\Theta = \mathbb{R}^d$ を念頭におく．母分布を $Q_\theta = P_\theta \circ X_1^{-1}$ と置く．

　真の母分布を与える母数の値 $\theta = \theta^*$ を知りたい．（もしくは，考察の対象とした分布の族の中で真の母分布にもっとも近い分布の母数 θ^* を知りたい．）母数が未知数で，標本 $x_i = X_i(\omega_0)$ が既知（第3章§1.）だから，θ によらない，x_i たちだけの関数 $\hat{\theta}_n(x_1, x_2, \ldots, x_n)$ であって，実際の標本値を代入したときの値が θ^* に近いものを選ぶべきである．この目的で選ばれる関数の列 $\hat{\theta}_n$, $n = 1, 2, \ldots$, を**推定量**と呼ぶ．母数が平均や分散ならば，推定量として標本平

均 (4.4) や不偏分散 (4.5) を考えるのは自然だが，**最尤法は一般の母数の推定量を与える標準的な理論的指針である**．

母分布 Q_θ が密度 $f(x,\theta)$ を持つ実数上の分布，つまり $a<b$ に対して

$$Q_\theta([a,b]) = \int_a^b f(x,\theta)\,dx \tag{10.1}$$

とする．（事件数のように離散値のときは，f の代わりに各離散値をとる確率の組を考えて，積分を和に置き換えれば以下の議論は成り立つ．§3.や離散分布の場合についての章末補足の節を参照．）

大きさ n のデータ $(X_1,\ldots,X_n)$ の結合分布は，独立同分布の仮定から，

$$L_n(\theta) = L_n(x_1,\ldots,x_n,\theta) = f(x_1,\theta)\cdots f(x_n,\theta) = \prod_{i=1}^n f(x_i,\theta) \tag{10.2}$$

を密度とする $\mathbb{R}^n$ 上の分布である．L_n は $(x_1,\ldots,x_n)$ の関数としては分布の密度関数だから，$\int_{\mathbb{R}^n} L_n dx_1\ldots dx_n = 1$，一般に n 変数関数 F に対して

$$\begin{aligned}&\mathrm{E}_\theta[\,F(X_1,\ldots,X_n)\,]\\&= \int_{\mathbb{R}^n} F(x_1,\ldots,x_n) L_n(x_1,\ldots,x_n,\theta)\,dx_1\ldots dx_n\end{aligned} \tag{10.3}$$

である．添え字 θ は，X_1 の分布を Q_θ として期待値をとることを表す．（$\theta \neq \theta^*$ の場合は仮想的な世界の理論値である．）

L_n を母数 θ の関数と見るとき**尤度関数**と呼び，その自然対数

$$\ell_n(\theta) = \ell_n(x_1,\ldots,x_n,\theta) = \log L_n(x_1,\ldots,x_n,\theta) = \sum_{i=1}^n \log f(x_i,\theta) \tag{10.4}$$

を**対数尤度関数**と呼ぶ．尤度関数は母数の分布の密度ではない，すなわち，L_n を $\theta \in \Theta$ で積分しても 1 にならない．しかし，$L_n(\theta)$ の大きさは θ のもっともらしさを表すと**期待する**．最尤法は，尤度 L_n の最大値，あるいは同値なことだが，対数尤度 ℓ_n の最大値，を与える $\theta = \hat\theta_n$ を推定量（**最尤推定量**）とする：

$$\ell_n(x_1,\ldots,x_n,\hat\theta_n(x_1,\ldots,x_n)) = \sup_{\theta\in\Theta} \ell_n(x_1,\ldots,x_n,\theta). \tag{10.5}$$

母数が d 個のとき，最尤推定量 $\hat\theta_n = (\hat\theta_{n,1},\ldots,\hat\theta_{n,d})$ は（f が θ の関数として

通常の微積分学が教える適切な滑らかさを持てば) 次の**尤度方程式**の解である：

$$\frac{\partial \ell_n}{\partial \theta_j} = 0, \quad j = 1, \ldots, d. \tag{10.6}$$

例として，第 4 章冒頭の宮城県沖地震の発生間隔の表の値を標本とし，(4.2) を密度関数に持つ分布の族の母数 μ, v を推定しよう．いきなり数字を書くと見にくいので，第 4 章の表の $n = 5$ 個の数値を順に $x_1, \ldots, x_n$ と置く．ℓ_n の定義 (10.4) の f に (4.2) の $\rho(x) = \frac{1}{\sqrt{2\pi v x^3/\mu^3}} e^{-\frac{(x-\mu)^2}{2vx/\mu}}$ を代入すると

$$\ell_n(\mu, v) = -\frac{\mu}{2v} \sum_{i=1}^n \frac{(x_i - \mu)^2}{x_i} - \frac{3}{2} \sum_{i=1}^n \log \frac{x_i}{\mu} - \frac{n}{2} \log 2\pi v. \tag{10.7}$$

(第 4 章では時間の意味で記号 t を用いたが，ここでは一般論に合わせて x と書き直した．) 尤度方程式 (10.6) を母数 $(\theta_1, \theta_2) = (\mu, v)$ について解くと，最尤推定量 $(\mu, v) = (\hat{\mu}, \hat{v})$ を得る．標本平均を $\overline{x}_n = \frac{1}{n} \sum_{i=1}^n x_i$ と置くと，

$$\hat{\mu}(x_1, \ldots, x_n) = \overline{x}_n, \quad \hat{v}(x_1, \ldots, x_n) = \overline{x}_n^3 \frac{1}{n} \sum_{i=1}^n \frac{1}{x_i} - \overline{x}_n^2. \tag{10.8}$$

第 4 章の表の値を x_i たちに代入すると，最尤法による点推定として $\hat{\mu} = 37.06$ および $\hat{v} = 43.24$ を得る．不偏分散 (4.5) と (10.8) の $\hat{v}$ は異なる関数であり，推定値も (4.6) と異なる．母数を決めると母分布が決まり，標本の分布は多くの場合母分布に近い．そのとき標本の関数として母数に近い値を与えるのが推定量だが，そのような関数は複数あり得るので，具体的な手続き・手法によって異なる場合がある．

§2. 尤度比と χ^2 検定.

検定の帰無仮説 H においていくつかの母数を固定するので，H のもとでは母数の集合 $\Theta_1 \subset \Theta$ は Θ より小さい．すべての母数を固定すれば Θ_1 は 1 点になる．たとえば，正規母集団 $N(\mu, v)$ の族の場合は $\Theta = \mathbb{R}^2$，$\Theta_1 = \{(\mu, v)\}$ である．(第 5 章では帰無仮説で固定した母数の値は添え字 0 を付けていたが，煩わしいので，ここでは 0 を省略する．) Θ と Θ_1 での尤度比を考えるが，あとの都合のため小細工して log をとって 2 倍したものを $\kappa_n = \kappa_n(x_1, \ldots, x_n)$ と

置いて**対数尤度比**と呼ぶ：

$$\kappa_n(x_1,\ldots,x_n) = 2\log \frac{L_n(x_1,\ldots,x_n,\hat{\theta}_n(x_1,\ldots,x_n))}{L_n(x_1,\ldots,x_n,\theta)}. \tag{10.9}$$

κ_n が大きいと，Θ（暗黙の対立仮説）の中でもっともよく標本を説明する母数 $\hat{\theta}$ での尤度に比べて帰無仮説 H での尤度が小さいので H を棄却する，という検定を**尤度比検定**と呼ぶ．第5章の検定の原理に従って危険率 α を設定し，(10.9) の κ_n を用いて $\mathrm{P}_\theta[\,\kappa_n(X_1,\ldots,X_n) \geqq c\,] = \alpha$ となる c を求める．この確率計算の際の母数 θ は，(10.9) の分母と同様に H で仮定した θ を用いる．こうして定まる a を用いて，実際に得た標本値 x_i たちに対する対数尤度比 $\kappa_n(x_1,\ldots,x_n)$ が c 以上のとき帰無仮説 H を棄却，c 未満ならば採択する．

尤度比検定は $\kappa_n(X_1,\ldots,X_n)$ の分布が一般には複雑という困難があるが，母分布の性質が良くてデータが大きいときはカイ平方分布に近い．

> **定理 28** L_n がある程度良い性質（証明参照，とりあえず心配しなくて良い）を持つとし，帰無仮説 H で ν 個の母数を固定するとき，(10.9) の対数尤度比について H のもとでの $\kappa_n(X_1,\ldots,X_n)$ の分布は，$n \to \infty$ で自由度 ν のカイ平方分布 χ_ν^2 に弱収束する． ◇

（H が一部の母数のみ固定する場合は，(10.9) の分母の θ を $\hat{\theta}$ にならって

$$L_n(x_1,\ldots,x_n,\check{\theta}_n(x_1,\ldots,x_n)) = \sup_{\theta \in \Theta_1} L_n(x_1,\ldots,x_n,\theta)$$

で決まる $\check{\theta}$ に置き換えれば定理は成り立つ．）定理28は本書の水準を超えるが，証明方針を章末の補足に示す．定理28から，n が大きいとき，尤度比検定を第7章のカイ平方分布を用いて近似できる．これを χ^2 **検定**とも言う．

> χ^2 **検定**：危険率 α を決める．帰無仮説 H が ν 個の母数を固定するとき，自由度 ν のカイ平方分布を用いて $\chi_\nu^2([c,\infty)) = \alpha$ となる c を求め，実測で得た値 x_i を用いて (10.9) の κ_n を計算し，$\kappa_n \geqq c$ のとき H を棄却，$\kappa_n < c$ ならば H を採択する．

尤度比検定（χ^2 検定）は対数尤度比 κ_n の片側検定だが，母数について $\kappa_n \geqq c$ を解けば，母数の棄却域が決まる．したがって第5章章末補足で論じた両側検

2. 尤度比と χ^2 検定. 119

定か片側検定かの問題を「対数尤度比の大きい順」で決めたことになる．尤度比検定は（少なくとも第 5 章章末補足で紹介した 2 仮説検定の場合に）検定力が最大という意味で合理的な棄却域を与える（第 11 章の定理 35 参照）．

実測で得た x_i に基づく κ_n に対して，$p = \chi^2_\nu([\kappa_n, \infty))$ を p 値と呼ぶ．仮説 H のもとで，実際の測定結果と同程度またはより起こりにくいデータを得る確率である．危険率 α に対して，H の棄却は $p \leq \alpha$ と同値である．p 値は実験結果だけで決まるので，研究者は論文で p 値を報告し，実用化や他の研究に利用する者が各自の基準 α に応じて判断する，という分業のイメージであろう．

第 6 章の区間推定も χ^2 検定と同様に一般化できる．信頼水準 $(1-\alpha) \times 100\%$ を決め，母数が d 個のとき $\chi^2_d([c, \infty)) = \alpha$ で c を定めると，標本値 x_i たちが与える信頼区間は (10.9) を満たす θ の範囲である．

$d > 1$ では κ_n を θ の関数として等高線を図示するとわかりやすい．例題として，(10.7) と (10.8) の例の尤度と最尤推定量に基づいて χ^2 推定をしてみよう．母数が (μ, v) なので自由度は $\nu = 2$，尤度比 κ_n は (10.7) から，標本平均を $\bar{x} = \frac{1}{5}\sum_{i=1}^{5} x_i$，調和平均を（一時的に）$\frac{1}{\hat{x}} = \frac{1}{5}\sum_{i=1}^{5}\frac{1}{x_i}$ と置くと

$$\kappa_5(x_1, \ldots, x_5) = 2\log\frac{L_n(\hat{\mu}, \hat{v})}{L_n(\mu, v)} = \frac{\mu}{v}\sum_{i=1}^{5}\frac{(x_i - \mu)^2}{x_i} + 5\log\frac{e\mu^3}{v}\left(\frac{1}{\hat{x}} - \frac{1}{\bar{x}}\right).$$

$n = 5$ が十分大きいと思えるならば，定理 28 から $\kappa_5(X_1, \ldots, X_5)$ は自由度

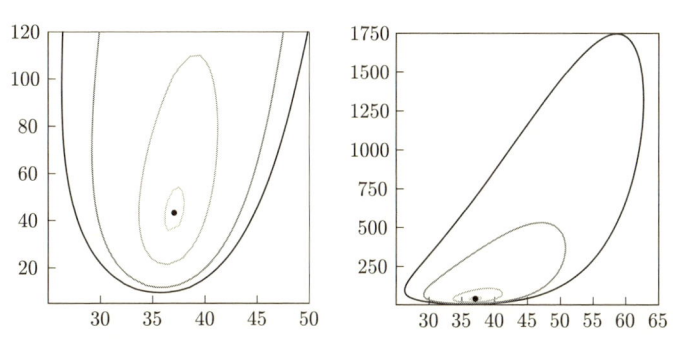

図 35 尤度比 κ_n の等高線図．左図と右図は縮尺の違い．x_i たちは第 4 章の宮城県沖地震の発生間隔の表の数値，母分布は (4.2)．横軸は μ，縦軸は v，点 (37.06, 43.24) は最尤推定値．等高線は，外側から危険率の χ^2 近似が 0.01, 0.05, 0.5, 0.95, に対応する κ_n の領域の境界．

2 のカイ平方分布 χ_2^2 にほぼ従う．図 35 は Mathematica という数式処理ソフトを用いて母数 (μ, v) の平面に描いた $\kappa_5(x_1, \ldots, x_5)$ の等高線で，いちばん外側の等高線で囲まれた領域が信頼水準 99％ の信頼区間（危険率 $\alpha = 0.01$ の棄却域）である．これが第 4 章の区間推定（第 5 章の検定）に対応する．分散 v の範囲が大きいが，偏差 $\sqrt{v}$ は 40 程度だから異常ではない．異常ではないが，領域が広いこととその形が楕円からずれていることは，99％ 信頼水準で判断するにはデータの大きさ 5 が小さすぎることを意味する．（χ^2 近似は，章末補足の証明概略に見るように中心極限定理の結果なので，楕円から大きくずれていることは近似が悪いことを示唆する．）

§3. 分布の適合度．

母数について統計的推測をするのは母分布を知るためだが，理論的に妥当な分布の族がないときはどうするか？母集団が離散的な分布ならば根元事象ごとの母分布の確率があるから，これらを母数とし，データの度数を数えて得られる**経験分布**を分布に値をとる確率変数と見る統計的推測ができる．

たとえば，第 1 章§1.の $n = 4$ の硬貨投げの空間の上の確率測度 Q_π は，表の枚数 k の確率 p_k の組 $\pi = (p_0, p_1, p_2, p_3, p_4)$ で表される．この組 π が母数となる．たとえば $p = 0.5$ のとき母分布 Q_{π^*} の母数は $\pi^* = \left(\dfrac{1}{16}, \dfrac{4}{16}, \dfrac{6}{16}, \dfrac{4}{16}, \dfrac{1}{16}\right)$ である．硬貨を投げてすべて裏だったときの経験分布は $\pi_0 = (1, 0, 0, 0, 0)$ を母数とする Q_{π_0} となるが，この分布が起きる確率は（4 回とも裏だから）$\dfrac{1}{16}$，すなわち 6.25％ あるので，すべて裏でも危険率 5％ で仮説 $p = 0.5$ は棄却されない．実際の検定はこの 4 回の硬貨投げを 1 試行としてデータの大きさを増やして度数分布すなわち π の上の確率測度を更新する．いろいろな分布が起こり得るので，可能なすべての分布を Θ と置くことになる．

母集団が密度を持つ連続分布のときは，**度数分布**，すなわち，データの値域を有限個の区間（**階級，bin**）に分けて，各階級に，そこに入るデータの度数を対応させれば，離散的な分布と同様の扱いができる．通常，両端の階級以外は等間隔とし，分点は各階級に入るデータの個数が両端の無限区間も含めて 1 に比べて十分大きく（たとえば，5 程度以上に）なるように選ぶ．第 8 章の図

3. 分布の適合度. 121

29 のように度数分布を階級幅の柱を立てたグラフを**ヒストグラム**と呼ぶ.

階級数 A の度数分布の尤度比を求めよう. 帰無仮説 H として母分布を与えれば, 各階級 $a = 1, \ldots, A$ にデータが入る確率 p_a が決まる. (母分布が密度 f の連続分布の場合は, 階級 a が区間 $[r, s)$ とすると $p_a = \int_r^s f(x)\, dx$ である.)

$$p_1 + \cdots + p_a + \cdots + p_A = 1 \tag{10.10}$$

なので, 独立な母数は $A - 1$ 個だから, たとえば $\theta = (p_1, \ldots, p_{A-1})$ と置く.

$a = 1, \ldots, A$ に対して階級 a に n_a 個のデータが入る確率は, 2 項分布 (1.5) を拡張した**多項分布**に従う. すなわち, A 個のかごがあって (または, $A - 1$ 個のかごがあって, どのかごにも入らないことを「かご A に入る」と表現して), a 番目のかごには確率 p_a でボールが入るとき, n 個のボールを投げ込んだ結果が $(n_1, \ldots, n_a)$ となる確率, $L_n = \dfrac{n!}{n_1! \cdots n_A!} p_1^{n_1} \cdots p_A^{n_A}$ に等しい. これを (10.2) の L_n と置くことになる.

$$n = n_1 + \cdots + n_a + \cdots + n_A \tag{10.11}$$

はデータの大きさである. 尤度方程式 (10.6) を (10.11) を用いて解くと $\hat{p}_a = \dfrac{n_a}{n}$ を得るので, 対数尤度比 (10.9) は

$$\kappa_n = 2 \log \frac{(n_1/n)^{n_1} \cdots (n_A/n)^{n_A}}{p_1^{n_1} \cdots p_A^{n_A}} = 2 \sum_{a=1}^A n_a \log \frac{n_a}{n p_a} \tag{10.12}$$

となる. 定理 28 から**適合度** (母分布と標本分布の整合性) の χ^2 検定を得る.

定理 29 データの値域を A 個の階級に分けてあり, 帰無仮説 H として階級 a に入る確率 $p_a > 0$ $(a = 1, \ldots, A)$ が与えられているとき, 大きさ n のデータについて階級 a に入る個数を与える確率変数を N_a と置くと, $\sum_{a=1}^A \dfrac{(N_a - n p_a)^2}{n p_a}$ の分布は $n \to \infty$ で自由度 $A - 1$ のカイ平方分布 χ_{A-1}^2 に弱収束する. ◇

証明. (10.12) の右辺を $n_a - n p_a$ について展開して 2 次までとると (1 次の項は (10.10) と (10.11) から消えるので) $\kappa_n = \sum_{a=1}^A \dfrac{(n_a - n p_a)^2}{n p_a} + o$ を得る. ここでデータの大きさ n が大きい極限で結論にひびかない小さい項を o とまとめ

て書いた．n_A は (10.11) から他の n_a で決まるので自由度 $\nu = d = A - 1$ であることに注意すると，定理28から主張を得る． □

> **適合度の χ^2 検定**：階級の数を A とする．大きさ n のデータから階級 a に，理論分布からは np_a 件入ると期待するところ，実際の標本では n_a 件入ったとする．危険率 α を定め $\chi^2_{A-1}([c, \infty)) = \alpha$ で c を求めておく．
> $$\chi^2 = \sum_{a=1}^{A} \frac{(n_a - np_a)^2}{np_a} \geqq c$$
> ならば理論分布を棄却する．

応用上のヒントとして，データは実数値でなくても値域を離散化（階級分け）できれば良く，母分布は正規分布でなくても良い．分布の特徴が出るように A はある程度大きくするべきである．また，母数をデータから点推定した場合は，定理28の ν にならって自由度が減る．たとえば，正規分布で平均と分散を推定値とした場合は $\nu = A - 3$ となる．最後に，χ^2 が a に比べて小さすぎたら階級の選び方もいちおう確認する．

2次元度数分布を考えれば適合度の検定はデータ X, Y の **独立性の検定** に応用できる．第8章章末補足の分散分析のように，X の分割を行に，Y の分割を列に置き，交点に度数 n_{ab} を置く．独立性の帰無仮説からは X が階級 a に入る確率 p_a^X と Y が階級 b に入る確率 p_b^Y によって $np_a^X p_b^Y$ となるが，それぞれの分布を知らないときは p_a^X を n_a^X/n，p_b^Y を n_b^Y/n に置き換える．ここで $n_a^X = \sum_b n_{ab}$ は行 a に沿っての和，$n_b^Y = \sum_a n_{ab}$ は列 b に沿っての和．以上を適合度の検定に当てはめると，N_{ab} を標本値 n_{ab} に対応する確率変数，N_a^X なども同様とするとき，$\chi^2 = \sum_{a=1}^{A} \sum_{b=1}^{B} \frac{(N_{ab} - N_a^X N_b^Y/n)^2}{N_a^X N_b^Y/n}$ は N_{ab} たちが，定理29と同様の意味で大きいデータに対して，自由度 $(AB-1)-(A-1)-(B-1) = (A-1)(B-1)$ のカイ平方分布に従う．

§4. 推定量の不偏性．

第4章の補足で標本平均や不偏分散を母平均や母分散の推定量として考える根拠として不偏性，一致性，有効性（最良性）を紹介した．この節では最尤推

定量の不偏性を見る. θ の推定量 $\hat{\theta}_n = \hat{\theta}_n(x_1,\ldots,x_n)$ が**不偏推定量**であるとは任意の $\theta \in \Theta$ に対して, P_θ に従う大きさ n のデータ $X_1,\ldots,X_n$ について

$$\mathrm{E}_\theta[\hat{\theta}_n(X_1,\ldots,X_n)] = \theta, \quad \theta \in \Theta, \tag{10.13}$$

が成り立つことを言う. 第4章で母平均と母分散の点推定量として標本平均と不偏分散を天下り的に紹介し, それらが不偏推定量であることを (4.11) で指摘した. §1.の最後で注意したように最尤推定量は標準の推定量とは限らない.

例1. 母分散 v は既知で母平均が未知, すなわち, 平均を母数とする正規分布の族 $\{N(\theta, v) \mid \theta \in \mathbb{R}\}$ の最尤法による推定量は, 分布の密度が $f(x,\theta) = \dfrac{1}{\sqrt{2\pi v}} e^{-(x-\theta)^2/(2v)}$ なので, (10.4) の対数尤度関数は $\ell_n(\mu, v) = -\dfrac{n}{2}\log(2\pi v) - \dfrac{1}{2v}\sum_{i=1}^n (x_i - \theta)^2$ となるから (10.6) を解くと最尤推定量は

$$\hat{\theta}_n(x_1,\ldots,x_n) = \frac{1}{n}\sum_{i=1}^n x_i, \tag{10.14}$$

すなわち標本平均に等しい. 不偏性 (10.13) は明らかに成り立つ.

例2. 母平均 μ は既知で母分散が未知の正規母集団の場合は $\{N(\mu, \theta) \mid \theta \in \mathbb{R}\}$ について θ の推定量を求める. 例1と同様にやると $\hat{\theta}_n(x_1,\ldots,x_n) = \dfrac{1}{n}\sum_{i=1}^n (x_i - \mu)^2$. この場合も不偏性が成り立つ.

例3. 母平均 μ, 母分散 v ともに未知の正規母集団の場合は, $\{N(\theta_1, \theta_2) \mid \theta = (\theta_1, \theta_2) \in \mathbb{R}^2\}$ について最尤推定量を求める. 結果は母平均の推定量 $\hat{\theta}_{n,1}$ は例1と同じ標本平均であり, 母分散の推定量は $\hat{\theta}_{n,2}(x_1,\ldots,x_n) = \dfrac{1}{n}\sum_{i=1}^n (x_i - \dfrac{1}{n}\sum_{j=1}^n x_j)^2$, すなわち, 標本分散 (8.14) の標本値である. ◇

最後の例で $\mathrm{E}_\theta[\hat{\theta}_{n,2}(X_1,\ldots,X_n)] = \dfrac{n-1}{n}v$ となるから不偏性が成り立たない. ただし, 最尤推定量は, $n \to \infty$ で 0 になる項を加えることで, 後述の一致性と有効性を保ったまま不偏性を持つように定義し直せる場合が多い. いまの例ではその処方で不偏分散 (4.5) を得る. 処方を行わずに標本分散 (8.14) やその平方根である標本標準偏差 s_n を使うこともある.

§5. エントロピーと推定量の最良性.

母数 θ の推定量 $\hat{\theta}_n(x_1,\ldots,x_n)$ のうち,分散 $V_\theta[\,\hat{\theta}_n(X_1,\ldots,X_n)\,]$ がどの $\theta \in \Theta$ に対しても最小なものを**有効推定量**または**最良推定量**と呼ぶ.本書では**不偏推定量 (10.13)** の中での最良性を扱う.この節も母分布 P_θ は (10.1) の密度 f を持つとするが,離散分布の場合も章末補足のように翻訳可能である.

さらなる記述の簡単のため,$\Theta = \mathbb{R}$,すなわち母数が 1 個で,f は常に正(どこでも 0 ではない)とする.不偏推定量の最良性を論じる上で情報量(エントロピー)の概念が基本になる.

$$I(\theta) = E_\theta\left[\left(\frac{\partial \log f}{\partial \theta}(X_1,\theta)\right)^2\right] = \int_\mathbb{R} \frac{\partial \log f}{\partial \theta}(x,\theta)\frac{\partial f}{\partial \theta}(x,\theta)\,dx \quad (10.15)$$

を P_θ の**フィッシャー (Fisher) 情報量**と言う.$\int_\mathbb{R} f(x,\theta)dx = 1$ が θ についての恒等式だから θ で微分して,x 積分と θ 微分を交換すると,

$$E_\theta\left[\frac{\partial \log f}{\partial \theta}(X_1,\theta)\right] = \int_\mathbb{R} \frac{\partial \log f}{\partial \theta}(x,\theta)\,f(x,\theta)dx = 0 \quad (10.16)$$

を得るので $I(\theta) = V_\theta\left[\dfrac{\partial \log f}{\partial \theta}(X_1,\theta)\right]$ とも書ける.(10.15) の部分積分で

$$I(\theta) = -\int_\mathbb{R} \frac{\partial^2 \log f}{\partial \theta^2}(x,\theta)\,f(x,\theta)dx = -E_\theta\left[\frac{\partial^2 \log f}{\partial \theta^2}(X_1,\theta)\right] \quad (10.17)$$

も(この変形が許される程度に θ について滑らかな密度の場合に)得る.以下,この節ではこの括弧内などの解析性の条件を「すなお」と略し,具体的なことは証明で簡単に言及するにとどめる.(とりあえず気にしなくて良い.)

定理 30 (Cramér–Rao) f がすなおならば,θ の不偏推定量 $\hat{\theta}_n$(最尤推定量でなくて良い)の分散と (10.15) のフィッシャー情報量 I は

$$V_\theta[\,\hat{\theta}_n(X_1,\ldots,X_n)\,] \geqq \frac{1}{n\,I(\theta)}, \quad \theta \in \Theta, \quad (10.18)$$

を満たす.さらに,対数尤度関数 ℓ_n について,すべての $x_1,\ldots,x_n$ に対して

$$\frac{\partial \ell_n}{\partial \theta}(x_1,\ldots,x_n,\theta) = n\,(\hat{\theta}_n(x_1,\ldots,x_n) - \theta)\,I(\theta), \quad (10.19)$$

を θ が満たすとき,そのときに限り (10.18) の等号が成り立つ. $\diamond$

定理 30 の証明で θ について微分するので,推定量の定義のとおり $\hat{\theta}_n$ は θ によ

らないことと，不偏性が (10.13) のとおり，最良の θ だけでなく他の θ でも成り立つ必要がある．いずれも標本平均や不偏分散などで成り立つ．この定理の証明は難しくないが，やや長いので章末の補足に回す．

2 個の分布 P, Q が密度関数 f_P, f_Q を持つとき

$$I(Q \mid P) = \int_{\mathbb{R}} \frac{f_Q(x)}{f_P(x)} \left(\log \frac{f_Q(x)}{f_P(x)} \right) f_P(x) \, dx \qquad (10.20)$$

を Q の P に対する**カルバック (Kullback) の情報量**（相対エントロピー）と言う．(10.20) は P を基準にして Q が異なる度合いを測る尺度になる．フィッシャー情報量は，母数 θ を少し変えたときの分布の「変形度」をカルバック情報量の変化によって測ったものであることを定理32で示す．

定理 31 (Gibbs の情報不等式) $I(Q \mid P) \geqq 0$ ◇

証明．増減表を書けば $y < 1$ のとき $-\log(1-y) \geqq y$ を得る．(10.20) の $f_P, f_Q \geqq 0$ を用いて $y = 1 - f_P(x)/f_Q(x) \leqq 1$ を代入し，$f_Q(x)$ をかけて積分すると $I(Q \mid P) \geqq \int f_Q(x) \, dx - \int f_P(x) \, dx = 1 - 1 = 0$． □

節冒頭の分布の族 $\{P_\theta \mid \theta \in \mathbb{R}\}$ に戻って $I(\theta_1 \mid \theta_0) = I(P_{\theta_1} \mid P_{\theta_0})$ と書く．

定理 32 f がすなおなとき，$\displaystyle\lim_{h \to 0} \frac{1}{h^2} I(\theta + h \mid \theta) = \frac{1}{2} I(\theta)$．ここで右辺の $I(\theta)$ はフィッシャー情報量 (10.15)． ◇

証明．$f(x, \theta)$ の θ に関する 2 階までの微分があって x_i たちに関する積分と順序交換可能で，以下のいくつかの量の絶対値が注目する θ の近くで θ によらない積分可能関数以下になる程度に f がすなお（たとえば，正規分布族）として概要を示す．h に関するテイラーの定理から，θ に関する微分を $\dot{f}$ と表すと，

$$I(\theta + h \mid \theta) = h \int_{\mathbb{R}} \dot{f}(x, \theta) \, dx + \frac{1}{2} h^2 \int_{\mathbb{R}} \left(\ddot{f}(x, \theta) + \frac{\dot{f}(x, \theta)^2}{f(x, \theta)} \right) dx + o(h^2).$$

ここで h が 0 に近いとき，h^2 に比べて早く 0 に近づく量を $o(h^2)$ と略記した．(10.16) の導出と同様の微分と積分の交換で右辺 $\dot{f}$ と $\ddot{f}$ の積分は 0 となり，$\dot{f}^2$ を含む項は (10.15) から $\frac{1}{2} h^2 I(\theta)$ なので，両辺を h^2 で割って $h \to 0$ とすれば（f がすなおな場合に）右辺の $o(h^2)$ の寄与が消えて主張を得る． □

たとえば，母分散 v が既知の正規母集団の場合，分布族 $\{P_\theta \mid \theta \in \mathbb{R}\}$ の母数は母平均 $\theta = \mu$，分布密度は $f(x,\theta) = \dfrac{1}{\sqrt{2\pi v}} e^{-(x-\theta)^2/(2v)}$ だから，

$$I(\theta_1 \mid \theta_0) = I(P_{\theta_1} \mid P_{\theta_0}) = \frac{1}{2v}(\theta_1 - \theta_0)^2, \quad I(\theta) = \frac{1}{v}. \qquad (10.21)$$

とくに，§4.の例 1 から (10.19) が成り立つことが計算すればわかるので，定理 30 から，分散既知の正規母集団に対して標本平均は最良推定量である．

定理 30 は (10.18) の等号，言い換えると (10.19)，を満たす不偏推定量があるかどうかは言っていない．しかし，もしすべての $\theta \in \Theta$ に対して (10.18) の等号が成り立つ不偏推定量 $\hat{\theta}_n$ があれば，定理 30 からそれは最良推定量である．しかも，最尤推定量によって与えられることもわかる．

定理 33 f が定理 30 が成り立つ程度にすなおで，ℓ_n が最大値をとる θ がただ一つあるとする．このとき，すべての $\theta \in \Theta$ に対して (10.18) の等号を満たす不偏な推定量 $\hat{\theta}_n$ があればそれは最尤推定量である．　　◇

証明． $\hat{\theta}_n$ は最良推定量だから，任意の θ に対して (10.19) が成り立つ．とくに $\theta = \hat{\theta}_n$ を代入すると右辺が 0 になるから，左辺から $\hat{\theta}_n$ は尤度方程式 (10.6) を満たすので，$\hat{\theta}_n$ は最尤推定量になる．　　□

最良とは限らない推定量 $\hat{\theta}_n$ に対して $(n\, I(\theta)\, \mathrm{V}_\theta[\,\hat{\theta}_n(X_1,\ldots,X_n)\,])^{-1} \times 100\,\%$ を $\hat{\theta}_n$ の効率と呼ぶことがある．

§6. 最尤推定量の強一致性．

最尤推定量はたいがい一致性を持つ．ただし，確率変数の収束の種類に応じて推定量の一致性が種々考えられる．概収束に基づく一致性を強一致性と呼ぶ．すなわち，推定量の列 $\hat{\theta}_n$, $n = 1, 2, \ldots$, がすべての $\theta \in \Theta$ に対して，P_θ に従う大きさ n のデータ $X_1, \ldots, X_n$ に対して $\lim\limits_{n \to \infty} \hat{\theta}_n(X_1, \ldots, X_n) = \theta$, a.s., ならば，つまり実現し得るどんな標本列でも母数 θ に収束するならば，$\hat{\theta}_n$ は**強一致性を持つ**と言う．標本平均は大数の法則（定理 8）から強一致性を持つ．それゆえさらに，不偏分散も標本分散も強一致性を持つ．

> **定理 34 (Wald (1949))** $\theta \in \Theta$ とする．ギブスの情報不等式（定理 31）において θ から離れた点とのあいだで一様に不等号が（等号でなく）成り立つとする．具体的には，任意の $\varepsilon > 0$ に対して $\eta(\theta, \varepsilon) = \inf\{I(P_\theta \mid P_{\theta'}) \mid |\theta' - \theta| \geqq \varepsilon\} > 0$ とする．このとき，最尤推定量は強一致性を持つ．
>
> ◇

証明． $\log \dfrac{f(X_i, \theta')}{f(X_i, \theta)}$ たちは独立同分布確率変数だから大数の法則から

$$\lim_{n \to \infty} \frac{1}{n} \sum_{i=1}^n \log \frac{f(X_i, \theta')}{f(X_i, \theta)} = \mathrm{E}_\theta[\log \frac{f(X_1, \theta')}{f(X_1, \theta)}] = \int f(x, \theta) \log \frac{f(x, \theta')}{f(x, \theta)} dx.$$

左辺は $\lim_{n \to \infty} \dfrac{1}{n} \log \dfrac{L_n(X_1, \ldots, X_n, \theta')}{L_n(X_1, \ldots, X_n, \theta)}$ に等しく，右辺は $-I(P_\theta \mid P_{\theta'})$ に等しい．仮定から $|\theta' - \theta| \geqq \varepsilon$ のとき $-\eta(\theta, \varepsilon) < 0$ 以下だから，（確率 1 の標本に対して）n が十分大きければ $\dfrac{L_n(X_1, \ldots, X_n, \theta')}{L_n(X_1, \ldots, X_n, \theta)} \leqq e^{-n\eta(\theta, \varepsilon)} < 1$ となる．他方で最尤推定量 $\hat{\theta}$ は定義 (10.5) から $\dfrac{L_n(X_1, \ldots, X_n, \hat{\theta}_n(X_1, \ldots, X_n))}{L_n(X_1, \ldots, X_n, \theta)} \geqq 1$ がすべての θ に対して成り立つので，上記の θ' の範囲の値はとらない．つまり，$|\hat{\theta}_n(X_1, \ldots, X_n) - \theta| \leqq \varepsilon$ が大きな n では成り立つ．ε は任意だったので，$\hat{\theta}_n$ は θ に確率 1 で収束する．□

ワルド (Wald) の定理が大数の法則に対応するように，中心極限定理に対応するクラメール (Cramér) の定理がある．それによると，適当な仮定のもとで $\sqrt{nI(\theta)}\,(\hat{\theta}_n(X_1, \ldots, X_n) - \theta)$ の分布はパラメータ数が d のとき d 次元標準正規分布 $N_d(0, I)$ に弱収束する（漸近正規性と呼ばれる）．

§補足：最尤法としての回帰分析．

第 9 章では教科書の回帰分析の項の習慣に従って標本を (x_i, y_i) と置いたが，本章のここまでの節の記号との対応を考えて，(t_i, x_i) と置き換える．（時系列のように説明変数が時刻の場合にはこの記号が自然である．）第 9 章の (9.7) と §4. と同様に $i = 1, \ldots, n$ に対して t_i は定数，X_i たちは確率変数で，

$$Z_i = X_i - (a + bt_i), \ i = 1, \ldots, n, \tag{10.22}$$

は分散 v が未知の正規分布 $N(0, v)$ に従う独立同分布確率変数列とする．話を簡単にするために母数は $(\theta_1, \theta_2) = (a, b)$ で，v は固定した興味のない定数とする．対数尤度

(10.4) は $\vec{x} = (x_1, \ldots, x_n)$ と置いて，

$$\ell_n(\vec{x}, a, b) = -\frac{1}{2v} \sum_{i=1}^{n} (x_i - (a + b\, t_i))^2 - \frac{n}{2} \log(2\pi v) \quad (10.23)$$

である．(9.1) と比べると $\ell_n(\vec{x}, a, b) = -\frac{1}{2v}\chi^2(a,b) - \frac{n}{2}\log(2\pi v)$ なので，定理25で与えられる最小2乗法による母数の推定量 $\hat{a}$ と $\hat{b}$ は (10.6) で与えられる最尤推定量である．詳しい考察は省略するが，定理34の議論から強一致性を持つ．さらに定理25と (10.22) から $\bar{t}_n = \frac{1}{n}\sum_{i=1}^{n} t_i$, $D = \sum_{i=1}^{n}(t_i - \bar{t}_n)^2$, $\bar{X}_n = \frac{1}{n}\sum_{i=1}^{n} X_i$ と置くと，

$$G_1 := \hat{a}(\vec{X}) - a = \bar{X}_n - \hat{b}(\vec{X})\bar{t}_n - a = \frac{1}{n}\sum_{i=1}^{n} Z_i - \frac{\bar{t}_n}{D}\sum_{i=1}^{n}(t_i - \bar{t}_n) Z_i,$$

$$G_2 := \hat{b}(\vec{X}) - b = \frac{1}{D}\sum_{i=1}^{n}(t_i - \bar{t}_n)(X_i - \bar{X}_n) - b = \frac{1}{D}\sum_{i=1}^{n}(t_i - \bar{t}_n) Z_i,$$

なので，不偏性 $\mathrm{E}_{a,b}[\, G_1\,] = \mathrm{E}_{a,b}[\, G_2\,] = 0$ を得る．

t_i が i によるので X_i の密度が i について一定ではない上に $\hat{a}$ と $\hat{b}$ が独立でないので，**最良性（有効性）を調べるのに定理30を直接使うことはできない**．n 成分列ベクトルを $\vec{p}$，その第 i 成分を p_i のように書く．第9章章末補足と同様に，全成分が $n^{-1/2}$ のベクトルを $\vec{p}^{(1)}$，第 i 成分が $(t_i - \bar{t}_n) D^{-1/2}$ のベクトルを $\vec{p}^{(2)}$ と置き，$k = 1, 2$ に対して $W_k = \sum_{i=1}^{n} p_i^{(k)} Z_i$ と置く．第9章章末補足と同様に，命題13から W_1 と W_2 は独立でどちらも $N(0, v)$ に従う．$C = \frac{1}{v}\begin{pmatrix} \sqrt{n} & 0 \\ \bar{t}_n\sqrt{n} & \sqrt{D} \end{pmatrix}$ も用いて書き直すと，

$$\begin{pmatrix} G_1 \\ G_2 \end{pmatrix} = \begin{pmatrix} n^{-1/2} W_1 - \bar{t}_n D^{-1/2} W_2 \\ D^{-1/2} W_2 \end{pmatrix} = \frac{1}{v} C^{-1\,T} \begin{pmatrix} W_1 \\ W_2 \end{pmatrix}.$$

右肩の T は転置を表す．とくに，$\mathrm{V}_{a,b}[\, G_i\,] = \frac{1}{v}(C^{-1\,T} C^{-1})_{ii}$, $i = 1, 2$.

かってな a, b の不偏推定量 $\hat{a}', \hat{b}'$ を持ってきて，$G_1' = \hat{a}'(\vec{X}) - a$ と $G_2' = \hat{b}'(\vec{X}) - b$ と置く．章末補足の定理30の証明の (10.36) と (10.37) の導出と同様に，$i, j = 1, 2$ に対して $\mathrm{E}_{a,b}[\,\frac{\partial \ell_n}{\partial \theta_i}(\vec{X}, \theta_1, \theta_2)\,] = 0$ と $\mathrm{E}_{a,b}[\, G_i' \frac{\partial \ell_n}{\partial \theta_j}(\vec{X}, \theta_1, \theta_2)\,] = \delta_{i,j}$ を得る．後者に $\frac{1}{v}(C^{-1\,T} C^{-1})_{ij}$ をかけて $j = 1, 2$ について和をとり，(10.23) から得られる $\frac{\partial \ell_n}{\partial \theta_i}(\vec{X}, \theta_1, \theta_2) = \sum_{j=1}^{2} C_{ij} W_j$ を用いると，

$$\mathrm{V}_{a,b}[\, G_i'\,] = \mathrm{E}_{a,b}[\, G_i' \frac{1}{v}\sum_{j=1}^{2}(C^{-1\,T} C^{-1})_{ij} \frac{\partial \ell_n}{\partial \theta_j}(\vec{X}, \theta_1, \theta_2)\,] = \mathrm{E}_{a,b}[\, G_i' \frac{1}{v}\sum_{j=1}^{2} C_{ji}^{-1} W_j\,].$$

相関係数は 1 以下（命題 6）なので，相関係数を 2 乗し分母を払うことで，

$$\mathrm{V}_{a,b}[\,G_i\,]^2 \leqq \mathrm{V}_{a,b}[\,G_i'\,]\mathrm{V}_{a,b}[\,\frac{1}{v}\sum_{j=1}^{2}C_{ji}^{-1}W_j\,] = \mathrm{V}_{a,b}[\,G_i'\,]\mathrm{V}_{a,b}[\,G_i\,].$$

よって $\mathrm{V}_{a,b}[\,G_i\,] \leqq \mathrm{V}_{a,b}[\,G_i'\,]$ だから，第 9 章の推定量は不偏推定量の中で最良である．

§補足：離散分布の尤度とエントロピー．

(10.1) では尤度を定義するにあたって密度を持つ連続分布とした．実は，この強い制限は不要である．離散分布の場合は，密度を 1 点（根元事象）の確率に置き換え，x についての積分を点についての和に置き換えれば良い．このことは §3. で先取りして用いた．§5. の情報量も同様で，たとえばフィッシャー情報量は，(10.15) と (10.16) の中の期待値による表式で $f(X,\theta)$ を $P_\theta(\{X\})$ に置き換えて

$$I(\theta) = \sum_k P_\theta(\{k\})\Bigl(\frac{\partial P_\theta(\{k\})}{\partial \theta}\Bigr)^2 = -\sum_k P_\theta(\{k\})\frac{\partial^2 P_\theta(\{k\})}{\partial \theta^2} \qquad (10.24)$$

となり，カルバックの情報量は (10.20) の代わりに次のようになる：

$$I(Q \mid P) = \sum_k Q(\{k\})\log\frac{Q(\{k\})}{P(\{k\})}. \qquad (10.25)$$

(10.15), (10.16), (10.24) や (10.20), (10.25) は測度の言葉で統一的に書ける．手短に結論を書くと，基準になる θ によらない（σ 有限な）測度 μ があって，P_θ が μ に対して**絶対連続**ならばこの章の議論が成り立つ．ここで，測度 ν が測度 μ に対して**絶対連続**とは，$\mu(A) = 0$ となるあらゆる可測集合 A に対して $\nu(A) = 0$ となることを言う．このとき，非負値（可測）関数 f が存在して，$\nu(A) = \int_A f(x)\,d\mu(x)$ があらゆる可測集合 A に対して成り立つことが知られている．この f を ν の μ に対する**ラドン・ニコディム (Radon–Nikodým) の密度関数**と言い，$f = \dfrac{d\nu}{d\mu}$ と書く．

μ が通常のルベーグ測度（つまり，積分が普通の積分）のときラドン・ニコディム密度は本書でこれまで密度と書いてきたものであり，離散分布，たとえば自然数上の分布 ν の場合には，各自然数に対して重み 1 を与える μ に対して，密度は根元事象の確率 $f(k) = \nu(\{k\})$ である．期待値 E_θ は，密度 $\dfrac{dP_\theta}{d\mu}$ をかけて，連続分布の場合は積分，離散分布の場合は和をとることである．

ラドン・ニコディム密度と期待値を用いると，カルバック情報量は

$$I(Q \mid P) = \mathrm{E}_P\bigl[\,\frac{dQ}{dP}(X_1)\log\frac{dQ}{dP}(X_1)\,\bigr], \qquad (10.26)$$

フィッシャー情報量は $I(\theta) = \mathrm{E}_\theta\Bigl[\,\Bigl(\dfrac{\partial}{\partial \theta}\log\dfrac{dP_\theta}{d\mu}(X_1)\Bigr)^2\,\Bigr] = -\mathrm{E}_\theta\bigl[\,\dfrac{\partial^2}{\partial \theta^2}\log\dfrac{dP_\theta}{d\mu}(X_1)\,\bigr]$
と，統一的に書ける．

§補足：統計力学と熱力学のエントロピー．

P を密度 $f(x)$ を持つ $\mathbb{R}$ 上の分布とするとき

$$H(P) = -\int_{\mathbb{R}} (\log f(x)) f(x) \, dx \tag{10.27}$$

を分布 P のエントロピーと呼ぶ．たとえば，正規分布 $N(m, v)$ のエントロピーは

$$H(m, v) = \frac{1}{2}(\log(2\pi v) + 1). \tag{10.28}$$

(10.27) と (10.20) では定義の符号が違うことに注意．($H(P)$ は P が広がっているほど大きく，$I(Q \mid P)$ は Q が P と異なるほど大きい．) 離散分布の場合は，

$$H(P) = -\sum_{k} P(\{k\}) \log P(\{k\}) \tag{10.29}$$

となる．(10.26) のように統一的に書くと $H(P) = -\mathrm{E}_P[\log \frac{dP}{d\mu}]$ である．情報理論のシャノンの情報量や統計力学のエントロピーは $H(P)$ である．形式的には $H(P) = -I(P \mid \mu)$ とも書けそうだが，基準にとった μ は積分や和をとると $+\infty$ になるので確率測度ではないから不適切で，したがって，確率測度のあいだで成り立つ定理31の非負値性が (10.28) で成り立たない場合があるのも矛盾ではない．

情報不等式はエントロピー $H(P)$ が最大になる分布 P を求めるのに役立つ．たとえば，実数上の分布で平均 m と分散 v を固定するとき，エントロピー最大の分布は正規分布 $P = N(m, v)$ である．実際 P と Q の平均と分散がそれぞれ等しいと，その密度 f と g について $\int x^n (g(x) - f(x)) \, dx = 0,\ n = 0, 1, 2,$ だから，

$$H(P) - H(Q) - I(Q \mid P) = -\frac{1}{2}\int_{\mathbb{R}} (g(x) - f(x))(\log 2\pi v + (x - m)^2) dx = 0$$

となり，情報不等式から $H(P) - H(Q) = I(Q \mid P) \geqq 0$ となる．離散分布の例では，$q_k = Q(\{k\})$ などと略記して，平均 $m = \sum_{k=1}^{\infty} k q_k$ を固定するとき，エントロピー最大の分布は幾何分布である．実際，まず (2.23) において $p = m^{-1}$ とすると，

$$H(P) = -\sum_{k=1}^{\infty} p_k \log p_k = m \log m - (m-1) \log(m-1).$$

$\sum_k q_k = \sum_k p_k = 1$ と $\sum_k k q_k = \sum_k k p_k = m$ に注意すると，情報不等式から

$$H(P) - H(Q) = I(Q \mid P) + \sum_k (q_k - p_k)(\log \frac{1}{m} + (k-1) \log \frac{m-1}{m}) = I(Q \mid P) \geqq 0.$$

統計力学では正準集合 (canonical ensemble) で温度 $T > 0$ の平衡系を表す．以下，T の代わりにボルツマン定数 κ で規格化した逆数 $\beta = (\kappa T)^{-1}$ を用いる．日常見る普通のものは無数の分子たちからなる．眼には変化してない（平衡状態）ように見えても

分子たちは無数の配置を動く．簡単のために離散分布で説明すべく，分子たちの状態を $k=1,2,\dots$ と番号付ける．各配置の形状から物理で言うエネルギー $\mathcal{E}(k) \geqq 0$ が定まる．平衡状態では（熱力学の第1法則であるエネルギー保存則に対応して）各状態 k を決まった割合 $p_k(\beta)$ でとるが，内部エネルギー $\overline{\mathcal{E}}(\beta) = \sum_k p_k(\beta)\mathcal{E}(k)$ が温度で決まる一定値の分布のうちで（熱力学の第2法則であるエントロピー増大の法則に対応して）エントロピー $H(\beta) = H(P(\beta))$ が最大のものが実現する．それを正準集合と言い，

$$p_k(\beta) = P_\beta(\{k\}) = \frac{1}{Z(\beta)} e^{-\beta \mathcal{E}(k)}, \quad Z(\beta) = \sum_k e^{-\beta \mathcal{E}(k)} \tag{10.30}$$

で与えられる．実際，幾何分布とまったく同様の計算によって

$$H(\beta) - H(Q) = I(Q \mid \beta) + \sum_k (p_k(\beta) - q_k)(\beta \mathcal{E}(k) + \log Z(\beta)) = I(Q \mid \beta) \geqq 0$$

となるから $H(\beta)$ が最大である．$\overline{\mathcal{E}}(\beta) = -(\log Z(\beta))'$（$'$ は β 微分）と $H(\beta) = \beta \overline{\mathcal{E}}(\beta) + \log Z(\beta)$ が上の計算からわかる．フィッシャー情報量 (10.24) は $I(\beta) = -\overline{\mathcal{E}}(\beta)'$ となるので比熱に対応する．情報不等式から得た $I(Q \mid \beta) = H(\beta) - H(Q)$ は内部エネルギーが等しい正準集合以外の分布 Q の相対エントロピー（乱雑さの少なさ）を表す．

§補足：いくつかの定理の証明のあらすじ．

定理 28 の証明．

以下の証明は，§5．のエントロピーの部分の内容を既知とする．とくに，母分布 Q_θ の密度 $f(x,\theta)$ について定理30や定理32の直前で注意したのと類似の微分可能性や可積分性，微分と積分の交換可能性を仮定する．

(10.15) を拡張した d パラメータのフィッシャー情報量 $I(\theta)$ を次のように定義する：$I(\theta)$ は d 次元実対称行列で，その (j,k) 成分 $I_{jk}(\theta)$ は Q_θ を分布とする確率変数 X を用いて

$$I_{jk}(\theta) = \mathrm{E}_\theta \Big[\frac{\partial \log f}{\partial \theta_j}(X,\theta) \frac{\partial \log f}{\partial \theta_k}(X,\theta) \Big] = \int_{\mathbb{R}} \frac{1}{f} \frac{\partial f}{\partial \theta_j} \frac{\partial f}{\partial \theta_k} dx. \tag{10.31}$$

$I(\theta)$ の固有値は注目する θ の値において正（0でもない）とする．

簡単のため，母分布族のパラメータ数 $d=1$ とし，仮説 $H: \theta = \theta_0$ でパラメータをすべて固定する ($\nu = d = 1$) 場合のみ証明する．(10.9) にならって

$$\kappa_n(x_1,\dots,x_n,\theta_0,h) = 2 \log \frac{L_n(x_1,\dots,x_n,\theta_0 + \frac{1}{\sqrt{n}}h)}{L_n(x_1,\dots,x_n,\theta_0)} \tag{10.32}$$

と置く．(10.9) では分子に最尤推定量を代入したが，$\kappa_n(X_1,\dots,X_n)$ の分布の具体形を極限であらわに求めるため，手前から始める．(10.32) と (10.4) から

$$\kappa_n = \kappa_n(x_1,\dots,x_n,\theta_0,h) = 2 \sum_{i=1}^n \left(\log f\left(x_i, \theta_0 + \frac{1}{\sqrt{n}}h\right) - \log f(x_i,\theta_0) \right).$$

テイラーの定理から

$$\kappa_n = 2h \frac{1}{\sqrt{n}} \sum_{i=1}^{n} \frac{\partial \log f}{\partial \theta}(x_i, \theta_0) + h^2 \frac{1}{n} \sum_{i=1}^{n} \frac{\partial^2 \log f}{\partial \theta^2}(x_i, \theta_0) + o(h^2). \quad (10.33)$$

h が小さくかつ第4章末の中心極限定理（定理9）の証明の概略の中と同様に n が大きいときに (10.33) の右辺にあらわに書いた項より小さい寄与を $o(h^2)$ と略記した．X_i, $i = 1, 2, \ldots$, を Q_{θ_0} に従う独立確率変数列（つまり，仮説 H が正しいときに得られるデータ列）とする．まず (10.33) の右辺第2項について大数の法則（定理8）と (10.17) から $n \to \infty$ のとき $\frac{1}{n} \sum_{i=1}^{n} \frac{\partial^2 \log f}{\partial \theta^2}(X_i, \theta_0) \to \mathrm{E}_{\theta_0}[\frac{\partial^2 \log f}{\partial \theta^2}(X_1, \theta_0)] = -I(\theta_0)$ となる．(10.33) の右辺第1項については

$$\mathrm{E}_{\theta_0}[\frac{\partial \log f}{\partial \theta}(X_i, \theta_0)] = 0, \quad \mathrm{V}_{\theta_0}[\frac{\partial \log f}{\partial \theta}(X_i, \theta_0)] = I(\theta_0),$$

だから，中心極限定理（定理9）から W を標準正規分布 $N(0, 1)$ に従う確率変数とするとき $n \to \infty$ で $I^{-1/2}(\theta_0) \frac{1}{\sqrt{n}} \sum_{i=1}^{n} \frac{\partial \log f}{\partial \theta}(X_i, \theta_0) \to W$, in law. ここで 'in law' とは法則収束，すなわち左辺の分布が右辺の分布に弱収束することを表す．詳しくは略すが概収束すれば法則収束するので，以上をまとめると，

$$\begin{aligned}\kappa_n(X_1, \ldots, X_n, \theta_0, h) &\to 2h I^{1/2}(\theta_0) W - h^2 I(\theta_0) \\ &= -(h - I^{-1/2}(\theta_0) W)^2 I(\theta_0) + W^2, \text{ in law.}\end{aligned} \quad (10.34)$$

h について最大値をとれば (10.5) を (10.32) の分子に当てはめることで $n \to \infty$ で

$$\kappa_n(X_1, \ldots, X_n) = \sup_h \kappa_n(X_1, \ldots, X_n, \theta_0, h) \to W^2, \text{ in law,}$$

すなわち $N(0, 1)$ に従う確率変数の2乗の分布（χ^2 分布）に近づく．（h について sup をとるとき n の極限との交換絡みで (10.33) の $o(h^2)$ が気になるが，(10.34) の右辺第1項が負なので h が大きいとき $\kappa_n(h)$ が大きい確率（大偏差）は小さい．大偏差事象を除いて以上の法則収束が成り立つ．大偏差の確率は $n \to \infty$ で 0 に近づく．）

ν パラメータのときは h は ν 成分列ベクトルになり，中心極限定理は ν 次元正規分布を用いる．(10.34) は $W = (W_1, \ldots, W_\nu)^T$ を ν 次元標準正規分布に従う列ベクトルとして $-(h - I^{-1/2}(\theta_0) W)^T I(\theta_0) (h - I^{-1/2}(\theta_0) W) + W^T W$ に弱収束する．I は (10.31) で $d = \nu$ としたもの．$\nu = 1$ のときと同じ議論で対数尤度比 (10.9) は $n \to \infty$ で $W^T W = W_1^2 + \cdots W_\nu^2$ に弱収束するので分布は χ_ν^2 に近づく． □

定理30の証明．

尤度関数 L_n が θ に関して偏微分可能で，この微分と x_i たちによる積分が交換可能とし，積 $\hat{\theta}_n L_n$ および $\hat{\theta}_n \frac{\partial L_n}{\partial \theta}$ が可積分，かつ，$\int \hat{\theta}_n \frac{\partial L_n}{\partial \theta} \prod_i dx_i = \frac{d}{d\theta} \int \hat{\theta}_n L_n \prod_i dx_i$ が成り立つ程度に f はすなおとする．

6. 最尤推定量の強一致性. 133

対数尤度関数 (10.4) の θ に関する微分 $\dot{\ell}_n(\theta) = \dot{\ell}_n(x_1, \ldots, x_n, \theta)$ を

$$\dot{\ell}_n(\theta) = \frac{\partial \ell_n}{\partial \theta}(x_1, \ldots, x_n, \theta) = \sum_{i=1}^n \frac{\partial \log f}{\partial \theta}(x_i, \theta), \qquad (10.35)$$

と置く. L_n は $(x_1, \ldots, x_n)$ に関する分布の密度だから $\int_{\mathbb{R}^n} L_n \prod_{i=1}^n dx_i = 1$.
(10.16) を得たときと同様の変形をして (10.4) と (10.3) を使うと

$$\mathrm{E}_\theta[\,\dot{\ell}_n(X_1, \ldots, X_n, \theta)\,] = \int_{\mathbb{R}^n} \dot{\ell}_n L_n \prod_{i=1}^n dx_i = 0. \qquad (10.36)$$

次に, (10.13) の両辺を θ で微分して同様に変形すると

$$\mathrm{E}_\theta[\,\hat{\theta}_n(X_1, \ldots, X_n)\,\dot{\ell}_n(X_1, \ldots, X_n, \theta)\,] = 1. \qquad (10.37)$$

とくに, $\dot{\ell}_n = \dot{\ell}_n(X_1, \ldots, X_n, \theta)$ と $\hat{\theta}_n = \hat{\theta}_n(X_1, \ldots, X_n)$ の共分散 $C(\dot{\ell}_n, \hat{\theta}_n) = \mathrm{E}_\theta[\,(\dot{\ell}_n - \mathrm{E}_\theta[\,\dot{\ell}_n\,])(\hat{\theta}_n - \mathrm{E}_\theta[\,\hat{\theta}_n\,])\,]$ は (10.36) と (10.37) から

$$C(\dot{\ell}_n, \hat{\theta}_n) = \mathrm{E}_\theta[\,\dot{\ell}_n \hat{\theta}_n\,] - \mathrm{E}_\theta[\,\dot{\ell}_n\,]\mathrm{E}_\theta[\,\hat{\theta}_n\,] = 1 \qquad (10.38)$$

となるので, 相関係数 ρ の定義 (3.13) と命題 6 から $1 = (\mathrm{V}_\theta[\,\dot{\ell}_n\,]\mathrm{V}_\theta[\,\hat{\theta}_n\,])^{1/2}\rho \leqq (\mathrm{V}_\theta[\,\dot{\ell}_n\,]\mathrm{V}_\theta[\,\hat{\theta}_n\,])^{1/2}$ だから

$$\mathrm{V}_\theta[\,\hat{\theta}_n\,]\mathrm{V}_\theta[\,\dot{\ell}_n\,] \geqq 1. \qquad (10.39)$$

他方, (10.36) と (10.4) から

$$\mathrm{V}_\theta[\,\dot{\ell}_n\,] = \mathrm{E}_\theta[\,(\dot{\ell}_n(X_1, \ldots, X_n, \theta))^2\,] = \mathrm{E}_\theta\Big[\,\Big(\sum_{i=1}^n \frac{\partial \log f}{\partial \theta}(X_i, \theta)\Big)^2\,\Big].$$

X_i たちの独立性と (10.16) から最右辺は $\sum_{i=1}^n \mathrm{E}_\theta\Big[\,\Big(\frac{\partial \log f}{\partial \theta}(X_i, \theta)\Big)^2\,\Big]$ に等しい. これと X_i の同分布性と (10.15) から

$$\mathrm{V}_\theta[\,\dot{\ell}_n\,] = \mathrm{E}_\theta[\,(\dot{\ell}_n(X_1, \ldots, X_n, \theta))^2\,] = n\,I(\theta). \qquad (10.40)$$

(10.39) と (10.40) から (10.18) を得る.

(10.18) の等号が成り立つのは $\rho = 1$ のとき, そのときに限る. すなわち,

$$\dot{\ell}_n(x_1, \ldots, x_n, \theta) = a + b\hat{\theta}_n(x_1, \ldots, x_n) \qquad (10.41)$$

が x_i たちの恒等式になるような，x_i たちによらない a, b があるとき．(10.41) に $x_i = X_i, i = 1, \ldots, n,$ を代入して期待値をとると (10.13) と (10.36) から $a = -b\theta$. これを (10.41) に代入して $\hat{\theta}_n$ について解いたものを (10.38) に代入し，(10.40) を使うと $b = nI(\theta)$. a, b を (10.41) に代入して (10.19) を得る．□

練習問題 10

1. 定理 28 の証明の概略にならって定理 29 の証明の概略を示せ．
2. 2 項母集団 $B(n, p)$ から 4 個の標本 x_1, x_2, x_3, x_4 を無作為に抽出した．母比率 p の最尤推定値を求めよ．（各 x_i たちはもちろん，$0 \leqq x_i \leqq n$ を満たす整数である．）（平成 15 年日本アクチュアリー会資格試験）
3. $f(x, \theta) = (1 + 5\theta)x^{5\theta}$ を分布密度関数に持つ $[0, 1]$ 上の分布の族 ($\theta > -1/5$) に属する母分布から無作為抽出して得る大きさ n の標本を $x_1, \ldots, x_n$ と置くとき，θ の最尤推定量 $\hat{\theta}_n(x_1, \ldots, x_n)$ を求めよ．（平成 14 年日本アクチュアリー会資格試験）
4. $1, 2, 4, 8, 16, 32$ を，不連続な区間 $[a, b] \cup [c, 32]$ 上の一様分布からの標本とするとき，母数 a, b, c の最尤推定値を求めよ．ただし a, b, c はいずれも整数で $a < b < c < 32$ とする．（平成 16 年日本アクチュアリー会資格試験）
5. 母平均 μ が未知の正規母集団 $N(\mu, \sigma^2)$ に対してその標準偏差 σ を推定するために，無作為抽出で得られる大きさ n のデータ（独立同分布確率変数列）$X_1, \ldots, X_n$ を元に推定量 $T = \dfrac{1}{n} \sum_{k=1}^{n} |X_k - \mu|$ を考える．このとき cT が σ の不偏推定量になるように定数 c を定めよ．（平成 15 年日本アクチュアリー会資格試験）
6. θ を母数とする母分布の族について，その密度関数は $0 < x < \theta$ で $f(x, \theta) = \dfrac{2x}{\theta^2}$, それ以外で $f(x, \theta) = 0$, とする．この母分布から無作為抽出で 5 個の観測値（標本）$0.7, 1.6, 0.9, 1.2, 1.5$ を得たとする．このとき，(a) θ と (b) θ^2 の，不偏推定値をそれぞれ求めよ．（平成 14 年日本アクチュアリー会資格試験）

11 火星に猫の住む確率

ベイズ統計学門前編

　有限個のデータは無数の真実の可能性を許す．棄却や採択の用語はその抽象的な内容をわかりやすく提示する処方箋の例である．わかりやすさは立場や理解によって異なるので，解は唯一ではない．ある場面で有効な処方箋を他の場面に一般化しようと試みるとき，異なる枠組みのあいだで論争が生じる歴史があるように見える．唯一の正解のない問題に数学が処方箋の優劣を付けることはないが，異なる方法の関係を与えることは数学の役割の一部だろう．

§1. ベイズの公式．

　話を始める前にベイズ (Bayes) の公式（ベイズの定理）を復習する．事象 A と B それぞれが成り立つか否かに注目する．条件付き確率の定義 (1.22) と $A \cap B = B \cap A$ から，A が起きたときに B の起きる条件付き確率は

$$\mathrm{P}[\,B\,|\,A\,] = \frac{\mathrm{P}[\,A \cap B\,]}{\mathrm{P}[\,A\,]} = \frac{\mathrm{P}[\,A\,|\,B\,]\mathrm{P}[\,B\,]}{\mathrm{P}[\,A\,]} \tag{11.1}$$

と書ける．$B \cap B^c = \emptyset$ と $B \cup B^c = \Omega$ も使えば右辺の分母はさらに

$$\mathrm{P}[\,A\,] = \mathrm{P}[\,A\,|\,B\,]\mathrm{P}[\,B\,] + \mathrm{P}[\,A\,|\,B^c\,]\mathrm{P}[\,B^c\,] \tag{11.2}$$

と書けるので，(11.1) の右辺は $\mathrm{P}[\,B\,]$ と $\mathrm{P}[\,B^c\,]$ および B または B^c を条件とする条件付き確率で計算できる．これをベイズの公式と言う．

　ベイズの公式は数学の定理だから常に正しい．問題は現実への当てはめである．統計的推測に関連する奥深い話はあと回しにして，この節は差し障りの少ない例から始める．

第 11 章 火星にネコの住む確率 — ベイズ統計学門前編.

衣類のメーカーは，人間のサイズの分布，平たく言うと L(大)M(中)S(小) 各サイズの衣類それぞれの生産量の割合を計画する必要がある．全体集合 Ω を人の集合，簡単のためサイズは L と S の 2 種類でそれぞれを着る人の集合を B と B^c と置く．Ω 上の確率 P を単純な人数比で定義する．人のサイズは国勢調査の項目にはないので，厳密に言えば Ω は神のみぞ知る母集団だが，この節は奥深い話に立ち入らないと宣言したから，本書の主題をいったん離れて，P を既知とする．実際，学校の健康診断などの統計を政府が公開しているので，既知としても無謀でもあるまい．調査や観測前に設定した母集団についての確率を**先験的確率**あるいは**事前確率**と言う．衣類メーカーが L と S 各サイズを事前確率，すなわち政府統計の $P[B]$ と $P[B^c]$ の割合，で生産するならば数学的に検討すべきことは皆無である．

ここで（たとえ話を良いことに）誰も知らない架空の理由でサイズによって購入行動に差があるとし，衣類メーカーが調査した結果，衣類を買った人の集合 A が判明した（追加情報）とする．購入者の割合を条件付き確率で書くと，L サイズの人のうち $P[A|B]$，S サイズの人のうち $P[A|B^c]$ である．生産量は全人口よりも購入量に合わせるべきなので，各サイズの生産計画の予測は (11.1) の**事後確率** $P[B|A]$ と $P[B^c|A]$ に精密化する．調査を基準に眺めると，調査で自然に得られる $P[A|B]$ と生産計画に必要な $P[B|A]$ は原因と結果が逆のように見えるので，事後確率を逆確率と呼ぶこともあるようだ．

あたりさわりないように架空の話を例にしたが，ここまでの話は硬貨投げや視聴率などベルヌーイ試行（イエスかノーか）に当てはまるすべての場合に利用できる．関心を呼びそうな例として，医学的な検査や治療効果の研究が考えられる．病気は早期発見が大切だが，検査のために健康な体に負担をかけることも避けたい．結果として検査は完全ではなく，隔靴掻痒という言葉のとおり，健康なのに間違って検査に引っかかて陽性となる場合（擬陽性）がやむを得ず生じる．（病気なのに検査で見逃す可能性も皆無にはできない．）B が病気に罹患している人の集合，A は検査で陽性が出たという事象，とすれば，検査で陽性の人のうちで本当に病気である割合を (11.1) が与える．

1. ベイズの公式.

(11.1) の右辺の分母を与える (11.2) がやや複雑なのを嫌って，

$$\frac{\mathrm{P}[B\mid A]}{\mathrm{P}[B^c\mid A]} = \frac{\mathrm{P}[A\mid B]}{\mathrm{P}[A\mid B^c]} \times \frac{\mathrm{P}[B]}{\mathrm{P}[B^c]} \tag{11.3}$$

と，B が起きるか否かの確率の比（**オッズ**）でベイズの公式を書いて「事前オッズに尤度比をかけると事後オッズを得る」と覚えることも多い．ここで**尤度比**と書いたが，(11.3) の右辺の条件付き確率の比が第 10 章の尤度比に対応することをあとで説明する．病気の検査の例で言えば，病気の人たちと健康な人たちの対照研究で，検査で陽性になった割合の比が陽性尤度比である．これを事前オッズ（全対象者の中での病気の有無の比）にかけると，事後オッズ（検査で陽性に出た中での病気の有無の比）を得る，という単純な計算式になる．事前オッズは大規模な健康診断などの調査で求め，陽性尤度比は疾患と正常の例を同数集めて比べる対照研究で求める，という分業は (11.3) になじむ．B と B^c について (11.1) の比をとって (11.3) を導いたが，その計算を見直すと，かってな事象 B と C について同様に変形できるので，

$$\frac{\mathrm{P}[B\mid A]}{\mathrm{P}[C\mid A]} = \frac{\mathrm{P}[A\mid B]}{\mathrm{P}[A\mid C]} \times \frac{\mathrm{P}[B]}{\mathrm{P}[C]} \tag{11.4}$$

が，任意の事象の組 A, B, C について成り立つこともわかる．

ここで，**まれな事実を見抜くにはきわめて正確な証拠を要する**という教訓に触れる．健康診断を例に選び，架空の話ながら事前確率，すなわち病気の人の割合，が正しくわかる状況を考えよう．会社は社員に健康診断を受けさせる義務がある．B を病気の社員の集合，A を検査で引っかかった人の集合とする．健康という言葉の定義によるが，社員の大多数は健康でないと困るので，$p = \mathrm{P}[B]$ はたいへん小さい．しかし上に書いた理由で擬陽性の確率 $q = \mathrm{P}[A\mid B^c]$ はある程度大きくてもやむを得ない（$p \ll q$）と決める．また，病気なのに見逃すのはきわめて困るので，ほぼ $\mathrm{P}[A\mid B] = 1$ が成り立つ（そういう検査のみを健康診断で採用する）．これらを (11.1) と (11.2) に代入すると，検査に引っかかった中での病気の割合は $\mathrm{P}[B\mid A] = \dfrac{p}{p + q - pq}$ となる．$p \ll q$ なので，分母において q 以外の項は小数点以下低い桁に影響するだけなので，$\mathrm{P}[B\mid A] \approx \dfrac{p}{q} \ll 1$，すなわち事後確率は小さい．言い換えると，検査に引っかかった人の大部分は健康である．たとえば社員の中の病気の割合が 1000 人に 1 人（$p = 0.001$）で，擬陽性の確率が 1%（$q = 0.01$）とすると，検査

に引っかかった人の9割が健康となる．検査は病気を調べるために行うのに，陽性の人の大部分が健康というのは，不思議に見えるが，病気のような珍しい現象に対しては，珍しさを上回る精度の検査でないと根拠にならない．

大地震の前には地震雲が現れる，動物が騒ぐ，といった**前兆**（特別な事態の前に頻繁に起こる現象）が報道される．だが，地震の前でなくても似たような雲が現れたり動物は騒ぐ．仮にその確率が地震の前に比べて低くても，大地震はとてもまれな現象だから，ほとんどの「前兆に見える現象」は大地震が起きないときに生じる．たとえば株価の動きなどを詳しく研究して儲ける機会の前兆を発見したといった主張も，同様の現象が儲からない状況でも僅かでも起これば，大半の時間は儲からない場面だから前兆でないほうが多い．普通の状況ではまったく起きないことを探し当てる地道な研究が役に立つ研究である．

§2. 火星にネコの住む確率．

前節では事前確率が測定可能とした．本書の主題に戻って，母集団，言い換えると，神のみぞ知る（誰も知らない）事前確率を以後考え，(11.1) や (11.4) の P[B] を「母数が $\theta = \theta_B$ である**先験的確率（事前確率）**」と置く．

事前確率の概念はベイズの公式とともに18世紀中頃からある．いっぽう，第6章の検定の危険率や推定の信頼係数や第10章 (10.4) の尤度は母数についての確率ではない，と注意してきた．特定の母数が実現する確率としての事前確率は，古典的な統計的推測の理論の枠組みの中にない．たとえば第10章の最尤法では，データだけで決まる尤度 L_n を最大にする $\theta = \hat{\theta}$ を点推定値（最尤推定量）とした．検定では，帰無仮説 $H : \theta = \theta_0$ を置いてそのもとでデータの出現確率を計算した．

20世紀初頭までの非ベイズ統計学は，危険率や信頼率の概念を導入し事前確率を排して統計的推測を定式化した．ガウス (C. F. Gauss) の正規分布，ピアソン (K. Pearson) の χ^2 分布，ゴセット (W. S. Gosset) の t 分布，フィッシャー (R. A. Fisher) の F 分布，そして第7章と第8章で紹介した正規母団の小標本理論はその金字塔である．ゴセットは勤務先のギネス社で問題にならないよう，学生を意味する Student の筆名で論文を発表した逸話がある．

2. 火星にネコの住む確率.

事前確率はそれが問題になる状況では誰も知らない確率なので，定式化に組み込むことの可否の周辺で論争が続いたようだ．事前確率を決める基準がないとき人は等確率を選ぶことがある．たとえば，分かれ道で右に行くか左に行くか二者択一のとき，硬貨を投げて表が出れば右，裏ならば左，というドラマやゲームのシーンを受け入れる．ゲームの続きでふたたび分かれ道が出ればふたたび硬貨を投げる．つまり独立に選ぶことも受け入れる．しかし，これらの簡明な原理はすぐ矛盾にいきあたる．火星に生物のいる確率は，火星に行ったことがないからわからないので，いるかいないか二者択一で確率 1/2 と考える．火星にネコの住む確率も同じく 1/2 とする．火星にイヌの住む確率はネコと違える理由がないから 1/2 とする．すると火星にネコもイヌもいない確率は，情報がないので独立と考えると $1/2 \times 1/2 = 1/4$ で，引き算すると少なくともどちらかがいる確率は 3/4 となるから，生物がいる確率より高くなって矛盾する．

事前確率の設定に伴う誤解や偏見の危険を，やや極端な例で見る．人口 10 万人の市で殺人事件が起こり X 氏が容疑者となった．犯人が残した血痕の血液型は 100 人に 1 人の割合である．X 氏は同じ血液型だった．氏が犯人の確率はいくらか？ B を X 氏が犯人である事象，A を X 氏の血液型が犯人のと一致する事象，$p = \mathrm{P}[\,B\,]$ は X 氏が犯人であることの事前確率とする．X 氏以外は等確率 $\dfrac{1-p}{10\,万 - 1}$ とする．$\mathrm{P}[\,A\mid B\,] = 1$, $q = \mathrm{P}[\,A \mid B^c\,] = \dfrac{10\,万 \times 0.01 - 1}{10\,万 - 1} \approx 0.01$ と置くと，前節の例と同じ計算を経て $\mathrm{P}[\,B\mid A\,] \approx \dfrac{p}{0.99p + 0.01}$ を得る．火星の生物のパラドックスと同様に事前確率は五分五分 ($p = 0.5$) とすると，血痕の証拠による事後確率は X 氏が 99% 犯人となる．これは妥当か？

冷静に考えると，事前確率は血痕に関する情報のない時点の確率だから，問題の設定では 10 万人を平等に容疑者と考え，$p = 10^{-5}$ とすべきと気づく．$\mathrm{P}[\,B\mid A\,] = \dfrac{10^{-5}}{0.99 \times 10^{-5} + 0.01} \approx 0.001$ なので X 氏が犯人の確率は血痕の一致を考慮しても 0.1% にも満たない．犯罪を裁く基準についての社会的約束である刑法には「疑わしきは罰せず」という原則がある．早く結論を出して安心したいという心理的な圧力が人間にはあると考え，国家権力が個人に及ぼす結果の絶対性を考えてのこと，と推察する．心理的・社会的な圧力があると先入観や偏見は容易に議論に紛れ込む．

§3. 尤度と事後確率.

前節の注意は踏まえつつも，本節以降で「母数の**先験的確率（事前確率）**」を積極的に扱うことを考え，本書前半の立場とどう整合するかを考える．

ベイズの定理 (11.4) に戻り，右辺最後の因子を母数の事前確率と読む．事象 A の表す情報によって，事前確率がより現実を反映する事後確率に更新される，という理解を，統計的推測と結びつけるために，調査や実験や観測結果を A と置く．データが離散値でその大きさを n として，$i = 1, 2, \ldots, n$ に対して $A_i = \{X_i = x_i\}$ と置き，(11.4) で $A = A_n \cap \ldots \cap A_1$ と置くと

$$\frac{\mathrm{P}[\,B \mid A_n \cap \cdots \cap A_1\,]}{\mathrm{P}[\,C \mid A_n \cap \cdots \cap A_1\,]} = \frac{\mathrm{P}[\,A_n \cap \cdots \cap A_1 \mid B\,]}{\mathrm{P}[\,A_n \cap \cdots \cap A_1 \mid C\,]} \times \frac{\mathrm{P}[\,B\,]}{\mathrm{P}[\,C\,]} \qquad (11.5)$$

を得る．無作為抽出とは，母数が与えられたという条件のもとでのデータの独立性と考えて，(3.3) を条件付き確率に置き換える．とくに，$X = B, C$ について

$$\mathrm{P}[\,A_n \cap A_{n-1} \cap \cdots \cap A_1 \mid X\,] = \mathrm{P}[\,A_n \mid X\,]\mathrm{P}[\,A_{n-1} \cap \cdots \cap A_1 \mid X\,],$$

を仮定する．このとき，(11.5) を $n-1$ の場合にも書いて見比べると，

$$\frac{\mathrm{P}[\,B \mid A_n \cap \cdots \cap A_1\,]}{\mathrm{P}[\,C \mid A_n \cap \cdots \cap A_1\,]} = \frac{\mathrm{P}[\,A_n \mid B\,]}{\mathrm{P}[\,A_n \mid C\,]} \times \frac{\mathrm{P}[\,B \mid A_{n-1} \cap \cdots \cap A_1\,]}{\mathrm{P}[\,C \mid A_{n-1} \cap \cdots \cap A_1\,]} \qquad (11.6)$$

を得る．データの追加による情報の逐次更新という解釈に直感的に合う．

データ X_i が連続値ならば特定の値 x_i をとる確率は 0 だから (11.6) の右辺の最初の比は，正規母集団の場合などと同様に密度の比に置き換えるべきである．B と C の条件付き確率の密度をそれぞれ $f(x, \theta)$ と $f(x, \theta')$ と置く．(11.6) が n について漸化式になっていることに注意して繰り返し使うと，

$$\frac{\mathrm{P}[\,B \mid A_n \cap \cdots \cap A_1\,]}{\mathrm{P}[\,C \mid A_n \cap \cdots \cap A_1\,]} = \frac{f(x_n, \theta)\,f(x_{n-1}, \theta) \cdots f(x_1, \theta)}{f(x_n, \theta')\,f(x_{n-1}, \theta') \cdots f(x_1, \theta')} \times \frac{\mathrm{P}[\,B\,]}{\mathrm{P}[\,C\,]} \qquad (11.7)$$

を得る．右辺の f の積は第 10 章の (10.2) の尤度 L_n であり，その比は (11.3) の下で予告したとおり尤度比である．同様に，正規母集団のように θ が実数値のパラメータならば，事前確率の比と事後確率の比をそれぞれ密度 u と密度 u' の比とする．データの実現値（標本）$\overrightarrow{x} = (x_1, \ldots, x_n)$ を固定すると，(11.7) は

$$\frac{\tilde{u}(\overrightarrow{x}, \theta)}{\tilde{u}(\overrightarrow{x}, \theta')} = \frac{L_n(\overrightarrow{x}, \theta)}{L_n(\overrightarrow{x}, \theta')} \times \frac{u(\theta)}{u(\theta')} \qquad (11.8)$$

3. 尤度と事後確率.

と書き換えられる．比ではなく，元のベイズの公式 (11.1) の形で書くと（$\tilde{u}$ は母数の集合 Θ の上の確率密度だから積分すると 1 になることを思い出せば）

$$\tilde{u}(\overrightarrow{x},\theta) = \frac{L_n(\overrightarrow{x},\theta)\,u(\theta)}{\int_\Theta L_n(\overrightarrow{x},\theta')\,u(\theta')\,d\theta'} \tag{11.9}$$

となる．$\tilde{u}$ はデータによって更新された母数に関する**事後確率**である．

このあと種々の推定方法が考えられる．たとえば，f を $\tilde{u}$ でならすことによって，母数を含まないデータの分布（予測分布）$\tilde{f}(y) = \int_\Theta f(y,\theta)\tilde{u}(\overrightarrow{x},\theta)\,d\theta$ を得る．直接的な母数の推定としては，データで更新された事後確率 $\tilde{u}$ を最大にする θ を母数の推定量（MAP 推定値，maximum a posteori，最大事後確率）とすることが考えられる．

事前確率を一様分布，つまり $u(\theta)$ を θ によらない定数にとれば，(11.9) を最大にする θ は (10.5) を最大にする θ に等しい．すなわち，事前確率が一様分布ならば，MAP 推定値は最尤推定値に一致する．u を一様分布にとることができない例として，$\Theta = \mathbb{R}$ とし，X_i は平均 θ を母数（分散 v は既知）とする正規母集団 $N(\theta,v)$ に従うとする．密度は $f(x,\theta) = \frac{1}{\sqrt{2\pi v}}e^{-(x-\theta)^2/(2v)}$ である．いつものように標本平均を $\overline{x}_n = \frac{1}{n}\sum_{i=1}^{n} x_i$ と置くと，尤度 (10.2) は（見やすく対数をとって展開すると）

$$\log L_n(\overrightarrow{x},\theta) = -\frac{n}{2v}\theta^2 + \frac{n\overline{x}_n}{v}\theta - \frac{1}{2v}\sum_{i=1}^{n} x_i^2 - \frac{n}{2}\log(2\pi v)$$

となる．最尤推定量は (10.14) すなわち標本平均 $\overline{x}_n$ である．（よく行われるように）事前確率を正規分布 $u(\theta) = \frac{1}{\sqrt{2\pi c}}e^{-(\theta-m)^2/(2c)}$ にとると，

$$\log \tilde{u}(\overrightarrow{x},\theta) = -\frac{1}{2}\left(\frac{n}{v} + \frac{1}{c}\right)\theta^2 + \left(\frac{n\overline{x}_n}{v} + \frac{m}{c}\right)\theta + \log\tilde{u}(\overrightarrow{x},0)$$

となるので，これを最大にする MAP 推定量は，平方完成して整理すると

$$\theta_{\text{MAP}}(\overrightarrow{x}) = \frac{nc}{nc+v}\overline{x}_n + \frac{v}{nc+v}m, \tag{11.10}$$

すなわち，先験的な平均値 m と標本平均 $\overline{x}_n$ の内分を得る．$m \neq 0$ でも，$c \to \infty$ （事前確率を「たいら」にする極限）では最尤推定量 $\overline{x}_n$ に一致する．

以上の意味で，ベイズ統計学はひとまず本書前半の古典的な統計的推測に事

前確率という自由度を加えた理論的拡張とみなせる．(§5.で，古典的な統計的推測に隠れていた自由度とみなせる場合を紹介してこの見解を修正する！)

§4. 統計的決定理論とゲームの理論．

理論の自由度が増えれば複雑な状況に整理した形で対応できる可能性がある．いっぽうで，本章前半で注意した先入観の紛れ込む危険を考えると，事前確率という自由度の扱いは注意を要する．結論を先に書くと，古典的な統計的推測と比較したとき，事前確率という自由度の導入は，データの解析と行動の選択が不可分な状況で意味を持ち得る．言い換えると，ベイズ統計学は意志決定（行動の選択，decision）を理論の枠組に組み込む拡張である（**統計的（意志）決定理論**）．これは，データに基づく意志決定支援情報と意志決定を厳格に分離した本書前半の古典的な統計的推測と立場を異にする．

この観点から20世紀前半にベイズ統計学の位置づけを行ったワルド (A. Wald) の著書 'Statistical decision functions' では，意志決定を理論に組み込むことが不可避な状況を鮮明にするために，データの出現状況に応じて追加実験（観測・測定）の有無を決める問題を定式化した．たとえば，公平な硬貨かどうかを確かめる場合に，まず6回投げてその結果を見てもう6回投げるか判断する，という実験計画を考える．表が4回で裏が2回の場合には追加実験を行い，6回とも表が出た場合は追加実験を行わずに偏った硬貨であると判断するほうが，追加実験の有無を逆にするよりも合理的であろう．この考え方を定式化するためには，データに基づく意志決定（追加実験をする／しない，という行動選択）を理論に組み込む必要がある．その際，単に信頼率の向上を目指すならば，結果の如何に関わらず実験を増やせば良いので，実験を打ち切るには理由が必要である．ワルドは，真実と異なる推定を行うことによる損失 (loss) と実験に伴う費用 (cost) の和をリスク (risk) と呼び，これを最小化するという考え方によって意志決定を理論に組み込んだ．工夫したワルドには申し訳ないが，以下説明の簡単のため実験は一律に大きさ n のデータとして意志決定は最終結論（推定や検定）のみとする．費用は共通だから0と置く．

簡単な例として，§1.でも取り上げたベルヌーイ試行を考える．古典的な統計

的推定と同様に母数 p の集合 $\Theta = [0,1]$ と大きさ n の標本の集合 $M = \{0,1\}^n$ (長さ n の 0, 1 列の集合) を用意する他に，行動 (意志) の選択肢の集合 D，意志決定の戦略の集合 Δ，事前確率の集合 B が必要になる．表の出る確率や視聴率の点推定を考えるならば，$D = [0,1]$，すなわち，p の推定値 $q \in [0,1]$ が選択肢である．Δ はワルドの理論の枠組みでは M で条件付けられた D 上の確率測度の集合だが，ここでは簡単のため，実験結果 (標本) $\vec{x}$ の関数としての推定値 $q: M \to D$ の集合を Δ とする．B は事前確率の集合で，その要素を確率密度 u で表す．推定が外れたときの損失 $W: \Theta \times D \to \mathbb{R}_+$ として，単純な形 $W(p,q) = (p-q)^2$ を採用すると，その期待値 $r^*(u,q)$ は，

$$r^*(u,q) = \int_\Theta \sum_{\vec{x} \in M} W(p,q(\vec{x})) L_n(\vec{x},p) u(p) \, dp, \quad u \in B, q \in \Delta, \quad (11.11)$$

となる．ここで L_n はベルヌーイ試行の尤度で，$k(\vec{x}) = x_1 + \ldots + x_n$ と置くと (1.2) から，$L_n(\vec{x},p) = p^{k(\vec{x})}(1-p)^{n-k(\vec{x})}$ である．損失の期待値 (リスク) r^* は事前確率 u の関数だが，$q(\vec{x})$ を

$$q^*(\vec{x}) = \frac{1}{1+\sqrt{n}^{-1}}\left(\bar{x}_n + \frac{1}{2\sqrt{n}}\right); \quad \bar{x}_n = \frac{1}{n}k(\vec{x}) = \frac{1}{n}\sum_{i=1}^n x_i \quad (11.12)$$

に選ぶと，事前確率 u に無関係な定数を得る (章末練習問題)：

$$r^*(u,q^*) = \frac{1}{4(\sqrt{n}+1)^2}. \quad (11.13)$$

ところで，ベータ関数 $B(a,b)$ を (7.4) で定義したが，(11.12) の $q^* \in \Delta$ は $u^*(p) = \frac{1}{B(\sqrt{n}/2,\sqrt{n}/2)}(p(1-p))^{\sqrt{n}/2-1}$ で定義される事前確率 $u^* \in B$ に対するリスク $r^*(u^*,q)$ を最小にする (章末練習問題)：

$$\min_{q \in \Delta} r^*(u^*,q) = r^*(u^*,q^*). \quad (11.14)$$

なお，このように，事前確率 $u^* \in B$ を与えたときにリスク r^* の最小を与える意志決定戦略 $q^* \in \Delta$ を事前確率 u^* に対する**ベイズ解**と呼ぶ．

(11.13) と (11.14) と，明らかな大小関係を用いると，

$$\begin{aligned}\min_{q \in \Delta} \max_{u \in B} r^*(u,q) &\geqq \min_{q \in \Delta} r^*(u^*,q) = r^*(u^*,q^*) \\ &= \frac{1}{4(\sqrt{n}+1)^2} = \max_{u \in B} r^*(u,q^*) \geqq \max_{u \in B} \min_{q \in \Delta} r^*(u,q).\end{aligned} \quad (11.15)$$

ワルドはこの例を含む緩やかな条件のもとで，最左辺と最右辺が等しいこと

$$\min_{q\in\Delta}\max_{u\in B} r^*(u,q) = \max_{u\in B}\min_{q\in\Delta} r^*(u,q) \tag{11.16}$$

を示した（ミニマックス (minimax) 定理，章末補足参照）．したがって，とくに，

$$\max_{u\in B} r^*(u,q^*) = \min_{q\in\Delta}\max_{u\in B} r^*(u,q), \tag{11.17}$$

が成り立つ．すなわち，(11.12) で天下り的に与えた $q^* = q^*(\vec{x})$ は，意志決定にとってもっとも「意地悪」な先験的確率において最善の選択肢であり，**ミニマックス解**と呼ばれる．ミニマックス解は最悪の先験的確率における損失を比較するので，先験的確率の選び方に由来する先入観や偏見を減らす．

§5. ベイズ解の合理性．

実用上ベイズ統計学は，ミニマックス解のような慎重な解よりも，事前確率という自由度の柔軟さが重視されるように見える．これに関して，合理的（許容的）な統計的推測はいずれかの事前確率のもとでの最善の統計的推測（ベイズ解）である，という内容のワルドの定理がある．

例として，第 5 章最後の補足で紹介した 2 仮説検定に関してネイマン (Neyman) と E.S.ピアソン (E. S. Pearson) の定理を紹介し，古典的な統計的推測における危険率の自由度がワルドの定理における事前確率の持つ自由度に対応することを示す．母数の選択肢は $\Theta = \{\theta_0, \theta_1\}$ の 2 個とし，大きさ n のデータの値 $\vec{x} \in M$ を得たとする．古典的な統計的検定なので，選択肢 $D = \{d_0, d_1\}$ は仮説 $H: \theta = \theta_0$ を採択する（対立仮説 $H': \theta = \theta_1$ を棄却する）選択肢 d_0 と，H を棄却し H' を採択する d_1 だけである．推定量と H の棄却域の組 $(\hat{\theta}, A)$ に対応する古典的な統計的検定「$\hat{\theta}(\vec{x}) \notin A$ ならば θ_0 を採択，$\hat{\theta}(\vec{x}) \in A$ ならば θ_0 を棄却（θ_1 を採択）」をそのまま式に写し取って，検定に対応する意志決定戦略をデータ M から選択肢 D への関数

$$q_{\hat{\theta},A}(\vec{x}) = \begin{cases} d_0, & \hat{\theta}(\vec{x}) \notin A, \\ d_1, & \hat{\theta}(\vec{x}) \in A, \end{cases} \tag{11.18}$$

とする．ワルドの理論では Δ は M で条件付けられた D 上の確率測度の集合

だが，簡単のためここでは Δ は (11.18) の形の関数を集めた集合とし，推定量と棄却域（片側か両側かその他かなど）の無数の組み合わせ（検定）を含む．くどいが，事前確率の集合 B と損失関数 W は古典的な検定にはない．

Δ の中に第 10 章 §2.の尤度比検定がある．母分布 Q_θ からとった大きさ n のデータの尤度を $L_n(\overrightarrow{x}, \theta)$，対立仮説 H' と帰無仮説 H における尤度の比を $\kappa(\overrightarrow{x}) = \dfrac{L_n(\overrightarrow{x}, \theta_1)}{L_n(\overrightarrow{x}, \theta_0)}$ と置く．尤度比検定 $q_{\kappa_0} \in \Delta$ は危険率（第 1 種の過誤の確率）から決まる $\kappa_0 > 0$ を用いて次の形に書ける：

$$q_{\kappa_0}(\overrightarrow{x}) = \begin{cases} d_0, & \kappa(\overrightarrow{x}) < \kappa_0, \\ d_1, & \kappa(\overrightarrow{x}) > \kappa_0. \end{cases} \tag{11.19}$$

定理 35 (Neyman–E. S. Pearson) 危険率が $\alpha > 0$ 以下の検定 $q_{\hat{\theta}, A} \in \Delta$ のうちで，α に対応する κ_0 の尤度比検定 (11.19)（および，それと等価な検定）は検定力が最大（第 2 種の過誤が最小）である． ◇

証明．$q_{\hat{\theta}^*, A^*} \in \Delta$ を危険率 α の，尤度比検定と等価な検定とする．すなわち，

$$\begin{aligned} \kappa(\overrightarrow{x}) > \kappa_0 &\Rightarrow \hat{\theta}_n^*(\overrightarrow{x}) \in A^*, \\ \kappa(\overrightarrow{x}) < \kappa_0 &\Rightarrow \hat{\theta}_n^*(\overrightarrow{x}) \notin A^*. \end{aligned} \tag{11.20}$$

$q_{\hat{\theta}, A} \in \Delta$ を危険率 α 以下の任意の検定とする．危険率の定義 (5.2) から，

$$\int_{\hat{\theta}^*(\overrightarrow{x}) \in A^*} L_n(\overrightarrow{x}, \theta_0) \prod_{i=1}^n dx_i = \mathrm{P}_{\theta_0}[\hat{\theta}^* \in A^*] = \alpha$$
$$\geq \mathrm{P}_{\theta_0}[\hat{\theta} \in A] = \int_{\hat{\theta}(\overrightarrow{x}) \in A} L_n(\overrightarrow{x}, \theta_0) \prod_{i=1}^n dx_i.$$

両辺から共通の積分範囲 $\{\overrightarrow{x} \in M \mid \hat{\theta}^*(\overrightarrow{x}) \in A^*, \hat{\theta}(\overrightarrow{x}) \in A\}$ の寄与を引き，(11.20) の対偶を用いると，

$$\int_{\substack{\hat{\theta}^*(\overrightarrow{x}) \in A^* \\ \hat{\theta}(\overrightarrow{x}) \notin A}} L_n(\overrightarrow{x}, \theta_1) \prod_{i=1}^n dx_i \geq \kappa_0 \int_{\substack{\hat{\theta}^*(\overrightarrow{x}) \in A^* \\ \hat{\theta}(\overrightarrow{x}) \notin A}} L_n(\overrightarrow{x}, \theta_0) \prod_{i=1}^n dx_i$$
$$\geq \kappa_0 \int_{\substack{\hat{\theta}^*(\overrightarrow{x}) \notin A^* \\ \hat{\theta}(\overrightarrow{x}) \in A}} L_n(\overrightarrow{x}, \theta_0) \prod_{i=1}^n dx_i \geq \int_{\substack{\hat{\theta}^*(\overrightarrow{x}) \notin A^* \\ \hat{\theta}(\overrightarrow{x}) \in A}} L_n(\overrightarrow{x}, \theta_1) \prod_{i=1}^n dx_i.$$

最左辺と最右辺に積分範囲 $\{\overrightarrow{x} \in M \mid \hat{\theta}^*(\overrightarrow{x}) \in A^*, \hat{\theta}(\overrightarrow{x}) \in A\}$ からの寄与を加えて

検定力 $1-\beta$ の定義 (5.3) を用いると，

$$1 - \beta^* = \mathrm{P}_{\theta_1}[\,\hat{\theta}^* \in A^*\,] = \int_{\hat{\theta}^*(\overrightarrow{x}) \in A^*} L_n(\overrightarrow{x}, \theta_1) \prod_{i=1}^{n} dx_i$$
$$\geq \int_{\hat{\theta}(\overrightarrow{x}) \in A} L_n(\overrightarrow{x}, \theta_1) \prod_{i=1}^{n} dx_i = \mathrm{P}_{\theta_1}[\,\hat{\theta} \in A\,] = 1 - \beta.$$

すなわち，尤度比検定は検定力が最大である． □

古典的な統計的推測は危険率の決め方は教えない．それは意思決定に任される．しかし，同じ危険率ならば検定力最大の推定量や危険域をとるのが合理的である．定理35によって尤度比検定はその意味で合理的である．

次に，ワルドの期待損失 (11.11) の立場から定理35を見直す．結論を先に書くと，尤度比検定はベイズ解である．尤度比検定 (11.19) は κ_0 を変えることで1パラメータの検定の集合を得る．ベイズ解 (11.14) も先験的確率を変えることで意志決定戦略の集合を得る．ここの例で計算すると両集合は一致する．いっぽう，2仮説検定を含む緩やかな条件のもとで，ベイズ解の集合は許容的解の集合と一致する（ワルドの定理，章末補足参照）．許容的解の集合とは，『より少ない損失の戦略があって不合理となる戦略』をすべて取り除いた，合理的判断の集合である．これらの事実を合わせると，損失という観点からの合理的な意志決定戦略は，古典的な統計的推測の合理的な検定と，集合として一致する．しかも，事前確率の選択は危険率の選択と等価である．事前確率という余分に見える自由度は，古典的な統計的推測の定式化の外にある危険率の選択という（実際の行動の際には不可避の）自由度と，合理的な意志決定の範囲内で一致する．

本節を終える前に，2仮説検定のベイズ解 (11.14) は尤度比検定 (11.19) であることを導く．(11.18) の上で，母数の選択肢 $\Theta = \{\theta_0, \theta_1\}$，データ M，行動の選択肢 $D = \{d_0, d_1\}$，および決定戦略（検定）Δ の各集合は用意した．事前確率は $u = (u_0, u_1) = (\mathrm{P}[\,\{\theta_0\}\,], \mathrm{P}[\,\{\theta_1\}\,])$ である．Θ のどの要素にも正の確率を与える事前確率の集合 $B = \{u = (u_0, 1-u_0) \mid 0 < u_0 < 1\}$ に対応するベイズ解の集合 $\{q^* \in \Delta \mid \exists u^* \in B;\ (11.14)$ が成立 $\}$ と尤度比検定の集合 $\{q_{\kappa_0} \in \Delta \mid \kappa_0 > 0\}$ が一致することを証明する．

検定が外れたときの損失 W は，$i = 0, 1$ に対して $w_i = W(\theta_i, d_{1-i})$ と置く．

いままでどおり，検定が当たれば損失無し ($W(\theta_i, d_i) = 0$) と基準をとる．損失の期待値 (11.11) は，$u = (u_0, u_1) \in B$ と $q \in \Delta$ に対して，

$$r^*(u, q) = \int_M \delta_{q(x), d_1} w_0 u_0 L_n(\overrightarrow{x}, \theta_0) d^n x + \int_M \delta_{q(x), d_0} w_1 u_1 L_n(\overrightarrow{x}, \theta_1) d^n x.$$

選択肢が d_0 と d_1 だけなので $\delta_{q(x), d_1} = 1 - \delta_{q(x), d_0}$．尤度がデータの分布密度だから $\int_M L_n(\overrightarrow{x}, \theta_0) d^n x = 1$ であることと合わせると，

$$r^*(u, q) = w_0 u_0 + \int_M \delta_{q(x), d_0} \Big(w_1 u_1 L_n(\overrightarrow{x}, \theta_1) - w_0 u_0 L_n(\overrightarrow{x}, \theta_0) \Big) d^n x.$$

明らかに，損失 r^* が最小になる戦略 q は尤度比 $\kappa(x) = \dfrac{L_n(\overrightarrow{x}, \theta_1)}{L_n(\overrightarrow{x}, \theta_0)}$ と正数 $\kappa_0 = \dfrac{w_0 u_0}{w_1 u_1}$ に対して，q が (11.19) の q_{κ_0} に等しいとき，そのときに限る．

§6. 曖昧さにいくら払うか？

　数式の定義に限るならば，事前確率を定式化に組み込むのがベイズ統計学，神のみぞ知る量を定式化から外すのが本書前半で紹介した古典的な統計的推測，と見える．少し中身に立ち入るならば，§4.で触れたとおり，意志決定 (decision) ないしは行動の選択を定式化に組み込むのがベイズ統計学，データの含意と意志決定を分離して後者を定式化から外すのが古典的な統計的推測，となる．そのように見ると古典的な非ベイズ統計学とベイズ統計学は対照的だが，§5.で紹介したように，ワルドはデータの分析と行動の選択が不可分な状況があることを指摘し，事前確率というベイズ統計学固有に見える自由度は，古典的な統計的推測が意志決定者に任せた危険率の選択という自由度と等価な場合があることを示した．

　(11.9)(11.11) などにおいてデータの大きさ n を大きくすれば，大数の法則から尤度比は正しい母数のときにきわめて大きくなり，事前確率の選択は漸近的に効かなくなる．ただし，母数ないしは母分布の族すべてに対して事前確率を正とする（台 (support) を Θ 全体とする）ことは必要である．この点は，§5.の最後に事前確率の集合 B を定義した際に明示した．事前確率の台が Θ 全体であることを守れば，(11.11) において u と W が積なので，事前確率の相対的な違いは損失関数の違いと定義し直せる．実際，ベルヌーイ試行において，期

待損失を最小化するベイズ解 (11.12) は古典的な標本平均と区間 $[0,1]$ の中点 0.5 の内分になっている点で事後確率を最大化する MAP 推定量 (11.10) と同形である．事前確率の選択を損失関数の選択と再解釈することによって，事前確率を見かけ上消せる．

前節までワルドに従って損失 W の期待値の最小化を考えたが，符号を変えて $-W$ を考えれば，期待利得（期待効用）の最大化と考えられる．そこで少し話を変えて，（線形期待利得の話ではないので厳密な対応はないが）効用の最大化という観点で合理的な意志決定の集合のよく知られた例を紹介する．A と B 2 銘柄の株に手持ちの資金を配分して運用する．手持ちの資金を 1 単位とおいて，そのうち α を株 A の購入に，$1-\alpha$ を B の購入に充てる（$0 \leqq \alpha \leqq 1$，つまり空売りはしないとする）．一定期間後の収益率，つまり現在の 1 単位の株の期末の値段，をそれぞれ X_A, X_B とする．株価は激しく変動するのでその値を前もって知ることはできないが，期末の株価は初期時刻において確率変数であることを仮定し，銘柄 $i = A, B$ に対して平均 $\mu_i = \mathrm{E}[X_i]$（期待収益率）と標準偏差 $\sigma_i = \sqrt{\mathrm{V}[X_i]}$（ボラティリティ），および (3.13) で定義した相関係数 $r = r(X_A, X_B)$ は過去の経験などから推定できるとしよう．このとき期末における手持ちの資産 $Z = \alpha X_A + (1-\alpha) X_B$ の期待値 $\mu_\alpha = \mathrm{E}[Z] = \alpha(\mu_A - \mu_B) + \mu_B$，分散 $\sigma_\alpha^2 = \mathrm{V}[Z]$ は α の 2 次関数で，平方完成すると，$D = \mathrm{E}[((X_A - \mu_A) - (X_B - \mu_B))^2]$ ($= \sigma_A^2 + \sigma_B^2 - 2r\sigma_A\sigma_B$) と置くとき，$\sigma_\alpha^2 = D(\alpha - \dfrac{\sigma_B(\sigma_B - r\sigma_A)}{D})^2 + \dfrac{\sigma_A^2 \sigma_B^2 (1 - r^2)}{D}$ となる．

ここで A のほうが B より期待収益率が高い ($\mu_A > \mu_B$) とする．もしさらに A のほうが安定 ($\sigma_A \leqq \sigma_B$) ならば，全資産を A に運用するのが確実かつ高い収益なので合理的である．そこで，期待収益率の高い A のほうが変動が大きい ($\sigma_A > \sigma_B > 0$) とする．さらに株価の相関が小さい ($r < \dfrac{\sigma_B}{\sigma_A}$) とする（負でも良い）．このとき，$\alpha$ の 2 次関数 σ_α^2 の軸は $0 < \alpha < 1$ の中にあるので，等しい変動 σ_α を与える α も（したがって，μ_α も）2 個ある．この 2 個の解のうち μ_α の大きいほう（図の実線の部分）が変動が等しくて期待収益率が大きいから合理的選択肢の集合である．他方で実線部分は期待収益率が増えれば変動も増えるので，「曖昧さ（変動）にいくら払うか」という意思決定を要する，ワル

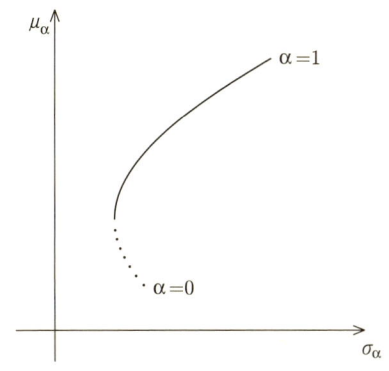

図36 2銘柄ポートフォリオの期待収益率 μ_α と偏差 σ_α. この図のようになるためにパラメータが満たすべき関係は本文参照. 点線部分は構成可能だが, 変動が等しく期待収益率の高い運用方法（実線部分）があるので合理的選択ではない.

ドの理論における許容的解に対応する集合である．このように，許容的解の集合という概念が実用性を持つ場合がある．本書の範囲外だが，未来についての意志決定という観点は，このように経済学と深い関わりがある．その中から数理ファイナンスの片鱗を第12章で紹介する．

　統計学に話を戻す．最尤法に比べて事前確率ないしは線形期待利得の導入が際だつとすれば，データに関して大数の法則が効かない場合であろう．計算機とネットワークが大きく発達した今世紀は大規模なデータに基づいて複雑な現象を統計的に推測し即座に行動を選択する．たとえば，経済指標に基づく金融商品の売買やPOSデータなどに基づく発注，メール入力の予測漢字変換やデジタルカメラの自動焦点の顔認識やウェブ検索や自動翻訳，など，多様で複雑な従属関係を持つ母集団に対して，リアルタイムで予測や結論を急ぎたい．偶然のばらつきと考えるわけにいかない変動の要因が多いとき，言い換えると母数が多いとき，大数の法則の効果が薄く尤度のピークは弱い．事前確率の柔軟性は，このような状況で分析者や分析システム設計者にとって魅力的だろう．事前確率のデータによる更新も予測分布によって可能である．

　しかし，ワルドの定理が言う合理性は，事前確率に対応する最適戦略（ベイズ解）と合理的な統計的推測（許容的解）が集合として一致するというだけである．統計的推測に意志決定を組み込むことは，システム設計者や商品開発者

の（もしかすると，意図せずに）選んだ特定の意志決定に利用者が巻き込まれることを意味する．誰かが作ったアルゴリズムに基づいて行政や共済組合が老後の年金を運用し失敗した場合，写真の顔認識の間違いと違って笑いごとではない．各分野の専門家は意志決定の内容を社会に開示する必要がある．

　ワルドの前掲書の設定に戻ってやや踏み込んでたとえ直すと，超国家規模の科学実験などで，それまで積み重ねられたデータに基づいて，リソース（予算や時間や人材）をどの実験にどれだけ再配分するかという意志決定すなわち行動選択を行うとき，全人類のその後の知的成果はその意志決定に巻き込まれる．新しい発想の検証にリソースを回すためにデータが蓄積されている実験を打ち切るとき，逆に，社会状況を受けて既存の実験を継続することで別の実験を棚上げするとき，もやもやした気分が関係者にはあると想像する．その気分を定式化したのが事前確率かもしれない．もちろん，最終的に得られたデータは，経緯と無関係に古典的な統計的推測の対象になるから，人類の成果は損なわれない．もやもやしたものとは，とりやめた実験，すなわち図10の「存在しない未来や無かった過去」への思いである．どちらの立場でももやもやするならば定式化したほうが扱いやすいという考えはあり得るが，いまの問題の場合はベイズ解と合理的判断の関係の抽象性のために，定式化によって決断の内容がいっそう不透明になることが怖い．

　本書刊行の頃は大規模データにベイズ統計学を適用する流れが目立つ時代と見える．それゆえ本節を終えるにあたって，本書前半で紹介した古典的な統計的推測の役割が消えないことを指摘するのがバランスであろう．たとえば，人類のあらゆる知的成果に波及する第一原理的な自然法則や基本定数を定めるとき，実験を重ねることで尤度を大きくして真理に迫る古典的な立場で実験結果を最終的に整理することが今後とも適切だろう．大きなデータを分析して伝えるジャーナリズムは，分析者の意志決定を押しつけることなくデータの意味を伝える社会的役割から，古典的な統計的推測の立場がふさわしい．最後に，結果が重大なときは，決断の内容が明確であるべきことから，政策や生死に関わる医学的判断などもこの仲間に入る．ワルドは前掲書1.5.1節に「間違った最終意志決定に基づく間違った行動が質的に異なる事態に至るとき，たとえば，

ある選択肢の誤りは経済的損失で済むが別の選択肢では死に至るとき，(危険率に基づく棄却域の設定のような) 制約型の条件を課すことが意味を持つ」と指摘した．慎重なワルドに比べて期待効用の最大化という立場を強調したサヴェッジ (Savage) は，著書 'The foundations of statistics' において「古典的な区間推定については使える状況を殆ど思いつかない」とまで書いたが，17.2 節で「漂流する救命ボートを日没までに探さないと間に合わない」という問題では，救助の探索範囲を定めるために「区間推定を要する」と認めている．

§補足：分離定理，ミニマックス定理，ワルドの定理．

ミニマックス定理とワルドの定理は古典的なノイマンの零和非協力ゲームの理論を統計的意志決定論に応用したものである．ゲームの理論は本書の範囲外だが，分離定理を既知ならば不動点定理を用いない初等的な証明が知られる．

以下，$u \in \mathbb{R}^n$ をベクトルとして，第 i 成分を u_i と書き，内積を $u \cdot v$，ノルムを $\|v\| = \sqrt{v \cdot v}$ で表す．次元 (成分数) n に関係なく零ベクトルは $\vec{0}$ で表す．ベクトル u が非負 ($u \geqq \vec{0}$) とはすべての i について $u_i \geqq 0$ を言う．ベクトル u, v について $u \geqq v$ は $u - v \geqq \vec{0}$ を言う．$\vec{0}$ 以外のベクトルは記号の簡単のため矢印を付けない．$A \subset \mathbb{R}^n$ が凸集合とは $u, v \in A$ かつ $0 < t < 1$ ならば $tu + (1-t)v \in A$ を満たすことを言う．空集合は考えない．

分離定理は，n 次元空間 $\mathbb{R}^n$ の中の共有点を持たない 2 個の凸集合は $n-1$ 次元空間 (超平面) の仕切りを入れて別々の半無限空間に収めることができる，という事実である．「A, B が凸集合ならば $A - B = \{u - v \mid u \in A, v \in B\}$ も凸集合」という機械的に確かめられる性質によって一方が原点だけの集合の場合に帰着する．(この節では $A - B$ は $A \setminus B = A \cap B^c$ と異なるので注意．)

命題 36 (原点と閉凸集合の分離定理) $A \subset \mathbb{R}^n$ が閉凸集合で $\vec{0} \notin A$ ならば，どの $v \in A$ も $q \cdot v \geqq c$ を満たす，$q \in \mathbb{R}^n \setminus \{\vec{0}\}$ と正定数 c の組がある． ◇

証明．$w \in A$ を選び，$R = \|w\|$ と置き，$B = \{v \in \mathbb{R}^n \mid \|v\| \leqq R\}$ と置く．$f(v) = \|v\|$ で $f: A \cap B \to \mathbb{R}_+$ を定義すると，f は連続関数で $A \cap B$ は有界閉集合だから，最小値の原理から，どの $v \in A \cap B$ も $f(v) \geqq f(q)$ を満たす $q \in A \cap B$ がある．$q \in B$ だから $f(q) = \|q\| \leqq R$ なので，$v \in A \cap B^c$ でも $f(v) \geqq f(q)$．$\vec{0} \notin A$ だから $q \neq \vec{0}$ なので，$c = \|q\|^2 = f(q)^2 > 0$．A が凸なので，$v \in A$ かつ $0 < t < 1$ ならば $f(tv + (1-t)q)^2 \geqq f(q)^2 = c$．よって $t\|v\|^2 + 2(1-t)v \cdot q + (t-2)\|q\|^2 \geqq 0$ が任意の $0 < t < 1$ に対して成り立つ．$t \to 0$ として $v \cdot q \geqq \|q\|^2 = c$． □

命題 37 (原点と原点に接する凸集合の分離定理) A が凸集合で $\vec{0} \in \overline{A} \setminus A$ ならばどの $v \in A$ も $q \cdot v \geqq 0$ を満たす $q \in \mathbb{R}^n \setminus \{\vec{0}\}$ がある． ◇

証明．概略のみ示す．$\vec{0}$ は凸集合 A の境界の点で A に含まれないから $\lim_{k\to\infty} w_k = \vec{0}$ を満たす $w_k \in (\overline{A})^c$, $k = 1, 2, \ldots$, が（次元に関する帰納法によって）とれる．k を固定して閉凸集合 $\overline{A} - \{w_k\}$ を命題 36 の A とすれば，とくに，どの $v \in A$ も $q_k \cdot v > q_k \cdot w_k$ を満たす $q_k \in \mathbb{R}^n \setminus \{\vec{0}\}$ がある．$\|q_k\|$ でこの不等式の両辺を割ることで，最初から $\|q_k\| = 1$ と置ける．$\{q \in \mathbb{R}^n \mid \|q\| = 1\}$ はコンパクトだから収束部分列を選ぶことで，$\{q_k\}$ が $k \to \infty$ で q に収束するとして良い．極限をとると $q \cdot v \geqq q \cdot \vec{0} = 0$. □

命題 38（2つの凸集合の分離定理） $A, B \subset \mathbb{R}^n$ が凸集合で $A \cap B = \emptyset$ ならばどの $u \in A$ も $q \cdot u \geqq c$ かつどの $v \in B$ も $q \cdot v \leqq c$ を満たす，ゼロでないベクトル $q \in \mathbb{R}^n \setminus \{\vec{0}\}$ と実数 c の組がある． ◇

証明．A と B は凸だから $A - B$ は凸である．$A \cap B = \emptyset$ なので $A - B \not\ni \vec{0}$．$\overline{A - B} \not\ni \vec{0}$ ならば命題 36 から，$\overline{A - B} \ni \vec{0}$ ならば命題 37 から，どの $u \in A$ と $v \in B$ の組も $q \cdot (u - v) \geqq 0$ を満たす $q \in \mathbb{R}^n \setminus \{\vec{0}\}$ がある．$c = \sup_{v \in B} q \cdot v$ と置くと $c \leqq \inf_{u \in A} q \cdot u$ がわかるので，q と c が求める性質を満たす． □

命題 39（関数の値域の分離定理） $S \subset \mathbb{R}^n$ を凸集合，$h : S \to \mathbb{R}^k$ を凸関数（値の各成分ごとに凸関数）であって，$\min_{x \in S} \max_{i=1,\ldots,k} h_i(x) \geqq 0$ を満たすとする．このとき，$\min_{x \in S} p \cdot h(x) \geqq 0$ が成り立つ $p \in \mathbb{R}_+^k \setminus \{\vec{0}\}$ がある． ◇

証明．$A = \{u \in \mathbb{R}^k \mid \exists x \in S;\ u \geqq h(x)\}$ および $T = \{u \in \mathbb{R}^k \mid u < \vec{0}\}$ と置くと，主張の仮定から $A \cap T = \emptyset$．T も A も凸集合だから，命題 38 から，$p \cdot u \geqq c \geqq p \cdot v$, $u \in A$, $v \in T$, となる $p \in \mathbb{R}^k \setminus \{\vec{0}\}$ と $c \in \mathbb{R}$ の組がある．T の中で $v_i \to -\infty$ とできるので，$p_i \geqq 0$, $i = 1, \ldots, k$. さらに T の中で $v \to \vec{0}$ とできるので，$c \geqq 0$. よって $p \cdot u \geqq 0$, $u \in A$, を満たす $p \in \mathbb{R}_+^k \setminus \{\vec{0}\}$ がある．とくに任意の $x \in S$ に対して $h(x) \in A$ だから主張を得る． □

$v \in C$ と $c > 0$ から $cv \in C$ が従う $C \subset \mathbb{R}^n$ を錐と言う（1点集合 $\{\vec{0}\}$ は錐と呼ばないことにする）．$\vec{0} \in \overline{C}$ である．とくに，C が閉錐ならば $\vec{0} \in C$. $A \subset \mathbb{R}^n$ に対して $A^* = \{v \in \mathbb{R}^n \mid u \cdot v \geqq 0,\ u \in A\}$ を双対錐と言う．

命題 40（閉凸錐との分離定理） (1) C が閉凸錐ならば $(C^*)^* = C$ である．
 (2) 命題 38 において，B が閉凸錐ならば $c \geqq 0$ と $-q \in B^* \setminus \{\vec{0}\}$ が成り立つ．
 (3) 命題 38 において，A が閉凸集合で B が閉凸錐ならば (2) の結論に加えて，どの $u \in A$ も $q \cdot u \geqq c + c'$ を満たす $c' > 0$ をとれる． ◇

証明．概略のみ示す．(1) $v \in \mathbb{R}^n$ が定める半空間を $H_v^+ = \{u \in \mathbb{R}^n \mid u \cdot v \geqq 0\}$ と置くと，双対錐の定義から $B^* = \bigcap_{v \in B} H_v^+$. とくに C が閉凸錐ならば命題 37 から $C = \bigcap_{v \in C^*} H_v^+$ がわかるので，$B = C^*$ として $C = (C^*)^*$ を得る． (2) 閉凸錐だか

ら $\vec{0} \in B$ なので $q \cdot \vec{0} \leqq c$ すなわち $c \geqq 0$. また, $v \in B \setminus \{\vec{0}\}$ とすると, どの $d > 0$ も $dv \in B$ を満たすから $(-q) \cdot v \geqq -c/d$. $d \to \infty$ として $(-q) \cdot v \geqq 0$. どの $v \in B$ もこれを満たすから $-q \in B^*$.　　(3) A, B とも閉なので $A - B$ も閉だから命題38の証明において命題36を用いると, どの $u \in A$ と $v \in B$ の組も $q \cdot (u-v) \geqq c'$ を満たす $c' > 0$ と q がある. あとは命題38の証明と同様である.　　□

ノイマンの零和ゲームでは, プレーヤー1と2それぞれの選択肢集合の上の確率測度 (混合戦略, たとえば, じゃんけんでグー, チョキ, パーをどういう割合で出すか) に関する双線形形式をプレーヤー1の利得 (2の損失) とする. 前節までで紹介した例はデータに応じて特定の選択肢を選ぶのが最善だったが, ノイマンの理論ではじゃんけんのように混合戦略が自然なので, (11.11) や (11.19) の前後でも注意したように, 意志決定戦略 Δ は M で条件付けられた D 上の確率測度の集合とする. ゲームの理論のプレーヤー2の選択肢は母数の集合 Θ, その上の混合戦略は事前確率, プレーヤー1の選択肢は行動の選択肢 D に対応する. 前節まで母数やデータが連続値をとる例も紹介したが, 以下, すべての選択肢などは有限種類とする. (ワルドの前掲書は連続値の場合のコンパクト性の議論に紙数を割く.) そこで, 母数を $i = 1, \ldots, a$, 事前確率を

$$u \in P = \{u = (u_1, \ldots, u_a) \in \mathbb{R}^a \mid u_i \geqq 0, \ i = 1, \ldots, a, \ \sum_{j=1}^{a} u_i = 1\} \quad (11.21)$$

とする. 同様に, 行動の選択肢を $j = 1, \ldots, b$, データのとり得る値を $k = 1, \ldots, n$ (n はデータの大きさではなく, データセットがとり得る値の組の場合の数), 意志決定戦略は, 実験結果 k を受けて行動の選択肢 j をとる確率

$$\begin{aligned} v \in Q = \{v = (v_1, \ldots, v_n) \in (\mathbb{R}^b)^n \mid v_k = (v_{1k}, \ldots, v_{bk}) \in \mathbb{R}^b, \\ v_{jk} \geqq 0, \ j = 1, \ldots, b, \ \sum_{j=1}^{b} v_{jk} = 1, \ k = 1, \ldots, n\} \end{aligned} \quad (11.22)$$

とする. このときの統計的意志決定に基づく行動による利得を

$$E(v, u) = \sum_{j=1}^{b} \sum_{k=1}^{n} \sum_{i=1}^{a} v_{jk} K_{jki} u_i \quad (11.23)$$

とする. K_{jki} は, 母数が i のとき実験結果が k になる確率 (尤度) L_{kj} と母数が i で意志決定が j のときの利得 U_{ij} の積だが, この事実は用いず, K_{jki} は任意の実数として以下が成り立つ. ノイマンのゲーム理論に比べて, ワルドの理論はデータの実現値 (実験結果) をもとに意志決定戦略を決めることができるため, 実験結果に対応する添え字 k が式を煩雑にするが, 議論はほぼ平行に進む.

定理 41 (ミニマックス定理) $\min_{u \in P} \max_{v \in Q} E(v, u) = \max_{v \in Q} \min_{u \in P} E(v, u) = E(v^*, u^*)$ となる $u^* \in P, \ v^* \in Q$ がある.　　◇

証明. K_{jki} を $-K_{jki}$ に置き換えると,$\max_{u \in P} \min_{v \in Q} E(v, u) = \min_{v \in Q} \max_{u \in P} E(v, u) = E(v^*, u^*)$ となる $u^* \in P$, $v^* \in Q$ の存在を証明すれば良い.どの $u \in P$ と $v \in Q$ も $\max_{u' \in P} E(v, u') \geqq E(v, u) \geqq \min_{v' \in Q} E(v', u)$ を満たすので,左辺で v について最小値,右辺で u について最大値をとると $\min_{v \in Q} \max_{u' \in P} E(v, u') \geqq \max_{u \in P} \min_{v' \in Q} E(v', u)$. さらに任意の $u^* \in P$ に対して右辺は $\min_{v' \in Q} E(v', u^*)$ 以上だから,

$$\min_{v \in Q} E(v, u^*) \geqq \min_{v \in Q} \max_{u \in P} E(v, u) \tag{11.24}$$

が成り立つ $u^* \in P$ の存在を言えばすべて等号になる.$E(v^*, u^*) = \min_{v \in Q} E(v, u^*)$ なる (u^*, v^*) が求めるものである.

(11.24) を言うために,$x \in Q$ と $i = 1, \ldots, a$ に対して

$$h_i(x) = \sum_{j=1}^{b} \sum_{k=1}^{n} x_{jk} K_{jki} - \min_{v \in Q} \max_{u \in P} E(v, u)$$

と置くと,h_i は 1 次式なので凸で,

$$\max_{u \in P} E(v, u) = \max_{i \in \{1, \ldots, a\}} \sum_{j=1}^{b} \sum_{k=1}^{n} v_{jk} K_{jki}$$

に注意すると,$\min_{x \in Q} \max_{i \in \{1, \ldots, a\}} h_i(x) = 0$. よって命題 39 から,$\min_{x \in Q} \sum_{i=1}^{a} p_i h_i(x) \geqq 0$ が成り立つ $p \in \mathbb{R}_+^a \setminus \{\vec{0}\}$ がある.規格化すると,$u^* := \dfrac{1}{\sum_{i=1}^{a} p_i} p \in P$ かつ $\min_{v \in Q} u^* \cdot h(v) \geqq 0$.

これに h の定義を代入して $\sum_{i=1}^{a} u_i^* = 1$ を用いると,(11.24) を得る. □

ミニマックス定理は意志決定者にとってもっとも都合の悪い母数を考える点でゲームの理論のミニマックス定理と同じ趣旨だが,意志決定者が期待利得 $E(v, u)$ を最大化する v を選ぶいっぽうで,母数や事前確率 u は意志決定に応じて変わる理屈がない,という非対称性が統計的推測の特徴である.これに関して次のワルドの定理がある.

事前確率 $u \in P$ に対するベイズ解の集合 $B(u) \subset Q$ を

$$B(u) = \{v \in Q \mid E(v, u) = \max_{v' \in Q} E(v', u)\} \tag{11.25}$$

と置き,母数の確率が正の事前確率 u に対するベイズ解をすべて集めて

$$B = \{v \in B(u) \mid u \in P;\ u_i > 0,\ i = 1, 2, \ldots, a\} \tag{11.26}$$

と置く.$v \in Q$ と $i = 1, 2, \ldots, a$ に対して,$\mathcal{E}'(v)_i = \sum_{j=1}^{b} \sum_{k=1}^{n} v_{jk} K_{jki}$ と置き,これを i 成分とするベクトルを $\mathcal{E}'(v)$,その集合を

$$V = \{\mathcal{E}'(v) \mid v \in Q\} \subset \mathbb{R}^a \tag{11.27}$$

と置く．また，$F = \{u \in \mathbb{R}^a \mid u_i \geqq 0, \ i = 1, 2, \ldots, a\}$ と置き，許容的解の集合を
$$C = \{v \in Q \mid (V - \mathcal{E}'(v)) \cap F = \{\vec{0}\}\} \tag{11.28}$$
と置く．$v \in C$ はより良い戦略 $v' \in Q$ がないことを (11.28) は言う．（良い戦略とは，事前確率 u によらず $E(v, u) \leqq E(v', u)$ で，$E(v, u^*) < E(v', u^*)$ なる u^* があること．許容的解の集合は，協力ゲームの理論の安定集合という解の定義と同様である．）

定理 42 (ベイズ解と許容的解の同値性) $B = C$ である．さらに，$v' \in Q \setminus C$ ならば v' より良い戦略 $v \in C$ がある． ◇

証明． 分離定理が不要な $B \subset C$ をまず証明する．$v \in B$，すなわち，すべての成分 u_i が正の $u \in P$ があって $v \in B(u)$ とする．
$$w_k(u) = \max_{j=1,\ldots,b} \sum_{i=1}^{a} K_{jki} u_i, \ k = 1, 2, \ldots, n, \tag{11.29}$$
と置くと Q の定義から，各 $j = 1, \ldots, b$ について
$$v_{jk} > 0 \ \Rightarrow \ \sum_{i=1}^{a} K_{jki} u_i = w_k(u), \tag{11.30}$$
が成り立つ．さらに任意の $v' \in Q$ に対して，(11.30), (11.22), (11.29) から
$$E(v, u) = \sum_{k=1}^{n} w_k(u) = \sum_{k=1}^{n} \sum_{j=1}^{b} v'_{jk} w_k(u) \geqq \sum_{k=1}^{n} \sum_{j=1}^{b} v'_{jk} \sum_{i=1}^{a} K_{jki} u_i = E(v', u).$$
よって $(\mathcal{E}'(v') - \mathcal{E}'(v)) \cdot u = E(v', u) - E(v, u) \leqq 0$．$u$ は全成分が正なので，$\mathcal{E}'(v') \neq \mathcal{E}'(v)$ ならば $\mathcal{E}'(v') - \mathcal{E}'(v) \notin F$．よって $v \in C$．よって $B \subset C$．

次に $C \subset B$ を証明するために $v \in C$ とする．$B_v = \{\mathcal{E}'(v') - \mathcal{E}'(v) \in \mathbb{R}^a \mid v' \in Q\}$ と置くと，Q が閉凸集合なので，その線形写像の像を平行移動した B_v も閉凸集合．よって，$\tilde{B}_v = \{cy \mid y \in B_v, \ c \geqq 0\}$ と置くと $\tilde{B}_v$ は閉凸錐．$F^1 = \{x \in F \mid \sum_{i=1}^{a} x_i = 1\}$ と置くと F^1 は閉凸集合で，(11.28) と (11.27) から $F^1 \cap \tilde{B}_v = \emptyset$．命題 40 の (3) から，どの $x \in F^1$ も $\tilde{u} \cdot x \geqq c + c'$ かつどの $y \in \tilde{B}_v$ も $\tilde{u} \cdot y \leqq c$ を満たす，$\tilde{u} \in \mathbb{R}^a \setminus \{\vec{0}\}$ と $c \geqq 0$ と $c' > 0$ の組がある．もし $\tilde{u} \cdot y = d > 0$ となる $y \in \tilde{B}_v$ があると，$\tilde{B}_v$ は錐なのでどんな $d' > 0$ に対しても $d'y \in \tilde{B}_v$ だから $\tilde{u} \cdot (d'y) = d'd \leqq c$ を満たすはずだが，$d > 0$ なのでこれはあり得ない．よってどの $y \in \tilde{B}_v$ でも $\tilde{u} \cdot y \leqq 0$．

いっぽう，すべての $i = 1, \ldots, a$ に対して第 i 成分のみ 1 で他は 0 の単位ベクトル $e_i \in F^1$ だから $0 < \tilde{u} \cdot e_i = \tilde{u}_i$ なので，とくに $r = \sum_{i=1}^{a} \tilde{u}_i > 0$．$u^* = \frac{1}{r}\tilde{u}$ と置くと，どの $y \in \tilde{B}_v$ でも $u^* \cdot y \leqq 0$ だから，どの $v' \in Q$ でも $E(v', u^*) - E(v, u^*) \leqq 0$．(11.25) から $v \in B(u^*)$．(11.26) から $v \in B$．よって $C \subset B$．以上から $B = C$．

最後に，$v' \in Q \setminus C$ とする．$w_1 = \max\{x_1 \in \mathbb{R} \mid x \in V, \ x \geqq \mathcal{E}'(v')\}$ と漸化式 $w_{i+1} = \max\{x_{i+1} \in \mathbb{R} \mid x \in V, \ x \geqq (w_1, \ldots, w_i, \mathcal{E}'(v')_{i+1}, \ldots, \mathcal{E}'(v')_a)\}$,,

156　第 11 章　火星にネコの住む確率 —— ベイズ統計学門前編.

$i = 1, 2, \ldots, a-1$, で $w \in \mathbb{R}^a$ を定めると $w \geqq \mathcal{E}'(v')$ で, V は閉集合なので $w \in V$. したがって (11.27) から $\exists v \in Q; \mathcal{E}'(v) = w$. $\mathcal{E}'(v) - \mathcal{E}'(v') \in F$ に注意. $x - w \geqq 0$ となる $x \in V$ を選ぶと, $x \geqq w \geqq \mathcal{E}'(v')$ だから, w_1 の選び方から $w_1 \geqq x_1$. $x - w \geqq 0$ だから $x_1 = w_1$. 帰納的に $x_i = w_i$, $i = 2, \ldots, a$, も成り立つ. すなわち, $(V - w) \cap F = \{\vec{0}\}$. $w = \mathcal{E}'(v)$ と置いたから $v \in C$. $v' \notin C$ だったから $\mathcal{E}'(v) \neq \mathcal{E}'(v')$. $\mathcal{E}'(v) - \mathcal{E}'(v') \in F$ だったから $\mathcal{E}'(v) - \mathcal{E}'(v') \in F \setminus \{\vec{0}\}$. □

---------------- 練 習 問 題　11 ----------------

1. (1) 3 人の囚人 A,B,C が牢屋にいる. A は 3 人のうち 2 人が処刑され 1 人が釈放されることを知ったが, 本人の運命は事前に教えない決まりだった. そこで A は看守に「B と C のうち処刑される者の名前を 1 だけ教えてほしい. 1 人分の情報ならば自分の運命は決まらない.」と言った. 看守は納得して「B は処刑される」と答えた. A はこれを聞いて釈放の確率が 1/3 から 1/2 に増えたと喜んだ. これは正しい判断か？
(2) テレビのクイズ番組がある. 3 つのドアが舞台に登場し, どれかを開けると当たりで景品の新車がある. 挑戦者がドアを選んだあとで, 司会者が残り 2 個のうち外れのドアを 1 個開ける. 挑戦者はドアの選択を変更できるが, 変更したほうが得だろうか. （モンティ・ホール問題）

2. (1) 意志決定の戦略を (11.12) と選ぶときに (11.11) を計算せよ.
(2) 事前確率がベータ分布のとき, すなわち, 正の定数 α と β に対して,

$$u_{\alpha,\beta}(p) = \frac{1}{B(\alpha,\beta)} p^{\alpha-1}(1-p)^{\beta-1} \tag{11.31}$$

を密度関数とする分布のとき, (11.11) の損失 $r^*(u^*, q)$ を最小にする $q = q_{\alpha,\beta}$ （事前確率 $u_{\alpha,\beta}$ に対するベイズ解）を求めよ.

（注：本文 (11.14) の上で定義した u^* と (11.12) の q^* の関係 (11.14) は $\alpha = \beta = \frac{1}{2}\sqrt{n}$ の場合に相当する.）

3. m と n を自然数とする. 確率変数 Π が (11.31) において $\alpha = \dfrac{m}{2}$ および $\beta = \dfrac{n}{2}$ とした $u_{m/2, n/2}$ を密度とするベータ分布に従うとき, $Z = \dfrac{n}{m} \dfrac{\Pi}{1-\Pi}$ は自由度対 (m, n) の F 分布 F_n^m に従うことを示せ.

12 株で損しない方法

数理ファイナンス門前編

　世の中ままならぬものが多い．結果を（期待を込めて，または，不安の中で）首を長くして待つのもその例である．統計学には「ままならぬもの」について知り得る限りのことを知りたい，という思いがこもっていて，時間経過を伴う不確実さは理論上も応用上も統計学の重要な対象となる．いっぽう，株式市場は未来に対する同じ人の想いを経済活動に組み込むことで経済の発展を資金面から促す．金融商品の適正価格の算出として有名なブラック・ショールズの公式は株式市場における未来の現在への引き戻しの例である．

§1. 数理ファイナンス．

　大きな商売を始めるには設備や人材を必要とし，その準備のためには先立つもの（お金）を工面せねばならない．お金のことはトラブルになりやすく，商売のトラブルは経済の，ひいては社会の不安定を生むので，誰のお金をどれだけ使って商売を始めたかを社会的に明確にしておく仕組みがいろいろ用意されている．株券と呼ばれる紙切れを売って資金を集めて興す会社を株式会社と呼ぶ．いまは株は電子化されているので，株は紙切れではなく，しかるべき機構（法人）の計算機の中の電子的な記録，などと抽象的なことを言わねばならないが，本書の内容には関係ないから以下では前世紀までの古き良き仕組みに従って，株券1単位を1枚などと書く．

　自分で出資した場合は，会社が発行した株を自分のお金で買ったという形を整える．会社が大人気で株価が大きく上がると，大量に持つ自分の株券のおか

げで資産家になる，という現象を創業者利益と俗称する．しかし会社が失敗すれば株は紙切れである．株式公開（株券の株式市場での売買）の本来の理念は，大きなリスク（予測不能な変動による損失の可能性）と大きなリターン（利益の期待値）を小分けにして多くの人の出資に散らすことで，社会的意義のある大きな事業を始めやすくすることである．本来の理念と離れた売買を投機と俗称する．しかし，予測不能なばらつきを伴う現象なので，意思決定の時点で投資と投機の区別は明確ではない．そこに意思決定支援の手段として数理統計学的な考察の社会的意義があり得る．

　株は多くの場合，株式市場と呼ばれる場で取引する．（これまたいまは電子的な抽象的な場だが，以下この種の注意を省略する．）参加者はいくらなら売る，いくらなら買うといった注文を出し，両者が一致したとき取引が成り立つ．値段は本書を買うときのように売り手が前もって決めるのではなく，取引のつど売り手と買い手の合意が決める．種々の立場の人が多様な思惑から売買を希望するため，株価は時々刻々不規則に変動する．その株の発行会社のもうけが良ければ一般に株価は上がり，経営が危なくなると急速に下がるなど，大まかには説明可能だが，細かく見ると事実上予測不能な変動をする．複雑な現象は数学の力が及びにくそうだが，十分複雑不規則になると確率，すなわち数学の言葉を使って定量的な議論ができるのは統計学の常道である．**数理ファイナンス**は，株のような不規則な時間変化をする，お金に絡む社会現象（金融）を数学的にモデル化して研究する．

　お金が絡むと濡れ手で粟をつかむ話に注目が集まる．株もその例外ではなく，株で儲ける方法，のような題の本ばかりが売れるように見える．しかし，たとえば，確率過程論の数理ファイナンスにおける基礎的な成果としてノーベル経済学賞の対象になったブラック・ショールズの公式は，値段をいくらにしたら儲からないか，を与えた公式である．がっかりするのは間違いである．というのは，自分がぼろもうけできないということは他人にもぼろもうけさせない，ということだからである．言い換えると，金融商品の適正価格を算出する方法を教えるのが数理ファイナンスである．

　これはたいへん社会的意義がある（だからこそノーベル賞の対象になった）．

というのは，もしこのような理論的適正価格が知られていなければ，現実は手の早い人が値段を高くしてぼろもうけしようとするところから始まるだろう．その後，少し安くしても大丈夫だと見極めた人が安くして客を奪おうとする．競争のあまり安くしすぎて必要経費も出ないようになると赤字で撤退する．この行き来を経て安定した適正価格に達することを期待するだろう．しかし，確率過程のような複雑微妙な問題の場合にこのような経験則の手にゆだねると，適正価格に落ち着くまでに長い時間と大きな社会的損失の危険がある．これに対して数学は自分と相手を区別しないから，正しく考えればその結論は最初から公正な値になり得る．金融市場で適正に取引する方法を示す基本が数理ファイナンスという学問の役割である．

§2. 2項1期モデルと複製ポートフォリオ．

前置きはこれくらいにして，具体例に入るため，問題をとことん簡単にして以下の状況を考える．世の中に株式が1種類だけあって，未来の値段（株価）がそのときが来るまでわからないとする．ある決まった期間（実際の時間は以下の議論に関係ないので単に1期と書く）後の株価と現在の株価の比を X と置き，収益率と呼ぶ．簡単のため1期後に X は2種類の可能性しかないとして，それらを $X = 1 + u$ と $X = 1 + d$ と置く．

考えている金融市場にはこの株式の他に安全債券が1種類だけあるとし，その利率を r，すなわち，1期後の価値と現在価値の比は確定値 $1 + r$ とする．かつての高度成長期日本における身近なイメージは銀行預金だった．本書執筆改訂時点の日本ではほぼ $r = 0$ であり，しかも「安全」の合意がなく，r は成長の期待よりも破綻のリスクというオプションの買値（つまり，リスクが怖かったら金にでも換えて貸金庫にしまっておけという状態）の感があるので，安全債券の利率という言葉は現実感が薄いが，ここでは原理的な話として，将来についての価値の合意を決めるための，理想的な金融商品を指す抽象的な数学用語と思っておく．直接的には（**原資産**）以上の株式と安全債券しかなく，お金の使い道（資産運用方法）の自由度はその組み合わせだけであるとする．複数の金融商品の組み合わせを**ポートフォリオ**と呼び，意図にかなう組み合わせ

第 12 章 株で損しない方法 — 数理ファイナンス門前編.

を買う（資産を運用する）ことを，ポートフォリオを構成する，ポートフォリオを選ぶ，などと言う．第 11 章 §6. では自分の選好にかなうポートフォリオを構成するためのある考え方を紹介した．本章では，市場にとって矛盾のない価格付けの観点から，複製ポートフォリオを議論する．

まず $u > r > d$ と置いて良いことに注意する．そうでなければ不等号に応じて株券か債券のどちらか有利なほうだけを持てば良いから計算すべきことは何もない．さて，1期後に（金融市場以外から，たとえば，物品の売り上げなどで）収入を予定している人が，その収入をこの金融市場に投資して運用しようと考えているとしよう．現在株券1枚あたり S の値が付いているとする．X という記号を用意してあるので，1期後（満期）に1株の値は XS と書けるが，1期のあいだに値上がりする（$X = 1 + u$）と，少ししか株が買えなくて，その先の資産運用の計画が狂う（リスク）．彼女はこの曖昧さを嫌って安定した運用（**リスクヘッジ**）を望むので，「1期後に株1枚あたり K の値段で買う権利」をプロ（信頼できる会社）から買うことを考える．本章の目標であるブラック・ショールズの公式とは，この権利の値段を与える公式である．

金融を商売にする会社は資産運用に対する種々の選好に対応できるように原資産だけでなく原資産に基づく金融商品を用意する．これを**金融派生商品**（**デリバティブ,derivative**）と言う．金融派生商品のうち「原資産を買う権利」を**コールオプション**，さらに詳しく「満期日に買う権利」をヨーロッピアンコールオプション (Europian call option) と呼ぶ．（売る権利は**プットオプション** (put option)，売買が満期ではなく，現在から満期までのいつでも良い場合は Europian の代わりに American という修飾語を付ける．なお地名はオプションの内容と無関係である．）

オプションは権利を買うという契約なので，行使しなくても良い．2項1期モデルに戻ると，満期時に株が高くて手が出せないリスクを刈り取り（ヘッジし）たいから，$(1+u)S > K > (1+d)S$ と設定して，株が上がったら（$X = 1 + u$ となったら）権利を行使して価格 K で購入し（その場で売れば $(1+u)S - K$ 儲かることに注意），株が下がったら（$X = 1 + d$ となったら）権利は行使しないで市場から直接 $(1+d)S$ の価格で買う．言い換えると，このヨーロピア

2. 2項1期モデルと複製ポートフォリオ. 161

ンコールオプションの満期時の価値を $Y = Y(X)$ と置くと，

$$Y(X) = \max\{XS - K, 0\} \tag{12.1}$$

である．ここで max は大きいほうの値を与える関数．満期時価値 Y は満期時の株価によって変わるから X の関数として $Y(X)$ と書いた．

満期時に悪くても紙くず，運が良ければ儲けがあるから，初期時刻（現在時刻）にこの権利を無料で譲り受けてはぼろ儲けになる．したがって，現在時刻にいくらか払ってこの権利を買うことになる．この値段をオプション価格，オプション料，オプションプレミアムなどと言う．オプションは満期時までの成り行きによって価値が変わるけれども，市場にある原資産（安全債券と1社の株券）の組み合わせでその価値を表す（**複製**する，**複製ポートフォリオ**を組む）ことで以下のように値段が決まる．この事実を2項モデルにおける市場の**完備性**と言う．安全債券 C_B 枚と株券 C_S 枚でこのオプション1単位（株券1枚分）が表せるとすると，安全債券1枚の初期時刻での価格を B と置くとき，満期時の価値を比べることで

$$Y(X) = (1+r)C_B B + X C_S S \tag{12.2}$$

を得る．$X = 1+u$ と $X = 1+d$ どちらの場合もこれが成り立つように C_B と C_S を決めれば良い．$(1+u)S > K > (1+d)S$ と (12.1) から，連立方程式

$$\begin{aligned}(1+u)S - K &= Y(1+u) = (1+r)C_B B + (1+u)C_S S, \\ 0 &= Y(1+d) = (1+r)C_B B + (1+d)C_S S,\end{aligned} \tag{12.3}$$

を解けば良い．$u > d$ を仮定したのでこの連立方程式がただ1組の解 C_B, C_S を持つことはすぐわかる．

こうして得られた初期時刻（現在時刻）での C_B, C_S を用いると，オプションの初期時刻での価格 $E(0)$ は

$$E(0) = C_B B + C_S S \tag{12.4}$$

となる．オプション1単位が安全債券 C_B 枚と株券 C_S 枚の合計に等価なので価格も等しいとしてオプション価格を決めた．等価ならば等価格という性質が成り立っている市場は**裁定**（裁定取引，**アービトラージ**，arbitrage）がない，無裁定であると言う．

連立方程式を行列でまとめて書くため

$$A = \begin{pmatrix} 1+r & 1+u \\ 1+r & 1+d \end{pmatrix} \tag{12.5}$$

と置くと (12.3) は $A \begin{pmatrix} C_B B \\ C_S S \end{pmatrix} = \begin{pmatrix} Y(1+u) \\ Y(1+d) \end{pmatrix}$ となるので解くと,

$$\begin{pmatrix} C_B B \\ C_S S \end{pmatrix} = A^{-1} \begin{pmatrix} Y(1+u) \\ Y(1+d) \end{pmatrix} \tag{12.6}$$

を得る. ここで A^{-1} は A の逆行列

$$A^{-1} = \frac{1}{(1+r)(u-d)} \begin{pmatrix} -(1+d) & 1+u \\ 1+r & -(1+r) \end{pmatrix}. \tag{12.7}$$

(12.6) と (12.4) から最終的に,

$$E(0) = \frac{1}{1+r}\left(\frac{r-d}{u-d}Y(1+u) + \frac{u-r}{u-d}Y(1+d)\right) \tag{12.8}$$

を得る. 満期でのオプションの価値 $Y(X)$ (12.1) が契約によって先に決まっていて, (12.6) で時間を遡ることで現在時刻での価格 E(0) が決まる. これが 2 項モデルにおけるこのオプションの, 証券会社にとっての原価である.（現実においてこの原価に比べてやたら高い価格（手数料）で商品を勧められたら, 金融機関の努力不足である.）

§3. リスク中立確率.

(12.8) をすっきりした形に書くために株の収益率 X を確率変数とみなす. $X = 1+u$ の確率と $X = 1+d$ の確率を並べて行ベクトルとして,

$$(\mathrm{P}[\,X=1+u\,]\ \ \mathrm{P}[\,X=1+d\,]) = (1+r)(1\ \ 1)A^{-1} = \begin{pmatrix} \dfrac{r-d}{u-d} & \dfrac{u-r}{u-d} \end{pmatrix} \tag{12.9}$$

で定義し, この確率による期待値を $\mathrm{E}[\,\cdot\,]$ で表す. すると (12.8) から

$$E(0) = \frac{1}{1+r}\mathrm{E}[\,Y(X)\,] \tag{12.10}$$

と, すっきりした形に書ける.

3. リスク中立確率. 163

　しかし，本章では実際に株価がどんな確率で上下するかはまったく考慮しない．本章の議論は，2項モデルで想定する範囲内の株価のあらゆる変動に対して必ず対応するように複製ポートフォリオを作るので，このオプションを売る証券会社はどんな場面にも対応できるから，確率を考慮する必要がない．確率 (12.9) の登場は，単に式の見た目をきれいに書く道具で実際の意味はないとした．それは以上の意味では正しいが，実は，きれいに書ける理由がある．それが，賭け事に内在するリスク中立確率と呼ばれる確率測度である．

　競馬などの賭け事では，賭の参加者がどの馬が次のレースで勝つかを予想して，馬券を買う．数学の教科書らしく，馬の名前は無味乾燥な数字 $i = 1, 2, \ldots, n$ とし，馬 i に延べ N_i 人が賭けたとしよう．（説明するのも野暮だが，延べ，と書いたのは，1人で馬券を2枚買ったら N_i に集計するときは2と数えるという意味だけである．）馬券1枚の値段を C とすると $N = N_1 + \cdots + N_n$ と置くとき NC 円の金が集まる．ここから胴元が経費と称してまず一定額を巻き上げる．ここでは学問の趣旨が，ぼろ儲けをしない・させないことにあると書いた手前，胴元の巻き上げ分は0 であると理想化して先に進む．

　段落変わってレースが終わって馬 j が勝ったとしよう．いちばん単純な賭では集まっていた NC 円を賭に勝った N_j 人が山分けするので，賭に勝った人は1人あたり CN/N_j 円を手に入れる．以上をレースごとに繰り返す．勝ったときの賞金と掛け金の比率 N/N_j を j の倍率と言う．

　ここで，各馬 $i = 1, \ldots, n$ について馬 i の勝つ確率が $p_i = N_i/N$ だとする．（N_i を i について足したものを N と置いたので $\{p_i\}$ は確率になっている．つまり各々は非負で全部足すと1になる．）これがどのレースでも成り立つならば，1レースあたりに受け取る賞金の期待値はどの馬 j に賭けても $p_j \times CN/N_j = C$ となって，賭けに参加するために（馬券を買うために）払った金額に一致し，差し引き損得なしになる．各レースが独立ならば，大数の強法則から賭け事に参加し続けたときの1レースあたりの平均損得は0に近づく（概収束する）．つまり，でたらめに賭けてぼろ儲けすることは起きない．そして実際の賭け事はそのようになっているはずである．馬の場合は馬の体調の見極めなど複雑な条件があるのでわかりにくいが，公平な硬貨を投げて裏表に賭けるという単純な

場合を考えると,もし表に賭けている人のほうが多ければあたっても取り分が少ないから,遅れてきた合理的な参加者は裏に賭ける.こうした見極めによって,賭の締切時点では等しい人数が裏表に賭けるだろう.(これが,前節の裁定がないという条件をリスク中立確率から見た理解である.) こうして,賭の対象の確率についての参加者の総意が倍率の逆数で表されることがわかる.この,参加者の判断の総意を表す確率が**リスク中立確率**である.

2項1期モデルに戻って,安全債券の利率が r ということは,経済の平均的な発展が1期あたり $1+r$ 倍の等比数列であるという国民の総意を表す.株は実際の値動きは未来に向かって不確定だが,投資家の判断の総意は,すなわち期待値をとれば,期待収益率 $1+r$ にならねばならない.(そうでなければ,硬貨の表裏の賭のときに賭けの少ない面に賭が移動するように,株の期待収益率と安全債券の利率の大きいほうに人々の投資が偏る.) つまり,P をリスク中立確率とすると,1期あたりの期待収益率を安全債券の利率と比べることで

$$1+r = \mathrm{E}[\,X\,] = (1+u)\mathrm{P}[\,X=1+u\,] + (1+d)\mathrm{P}[\,X=1+d\,] \quad (12.11)$$

となり,確率であること,つまり $1 = \mathrm{E}[\,1\,] = \mathrm{P}[\,X=1+u\,] + \mathrm{P}[\,X=1+d\,]$ と連立させると,(12.5) の A を用いて

$$(\mathrm{P}[\,X=1+u\,]\ \ \mathrm{P}[\,X=1+d\,])A = (1+r\ \ 1+r)$$

とまとめて書けるから (12.7) から (12.9) を再現する.期待収益率が金融資産によらず一定であるという条件 (12.11) が定める確率を**リスク中立確率**と言う.

§4. 2項 n 期モデルとポートフォリオの組み替え.

2項1期モデルはオプションの満期までのあいだに株価が一度しか変化しない.オプションの目的が株価変動に対するリスクヘッジだから,もともとの興味は満期までのあいだに株価が複雑に変動する場合だろう.そこで満期までに株価の変動が n 回起きる2項モデルを考え,**2項 n 期モデル**と呼ぶ.さいわい,2項1期モデルの複製の考え方の繰り返しでオプション価格を決められる.

$k=1,2,\ldots,n$ に対して,第 k 期末の株価変動終了時の安全債券と株の1枚あたりの価格をそれぞれ $B(k), S(k)$ と置き,株の収益率を $X(k) = S(k)/S(k-1)$ と置く.また k 期末時点のオプションの価格を $E(k)$ と書く.行使価格 K の

4. 2項 n 期モデルとポートフォリオの組み替え.

ヨーロピアンコールオプションの満期時 n 期末のオプション価格 $Y = E(n)$ は (12.1) を n 項モデルに拡張すると

$$Y = E(n) = \max\{S(n) - K, 0\} \tag{12.12}$$

となる．ただし，以下の議論は (12.12) だけでなく一般のオプションに応用できることを強調すべく，しばらく (12.12) を用いずに話を進める．

$$S(n) = X(n)X(n-1)\cdots X(1)S \tag{12.13}$$

は満期までの全期間の株価変動 $\{X(k)\}$ の影響をこうむる．まとめて書くために $k = 0$ は初期値 $B(0) = B, S(0) = S$ を表すとする．オプション Y の第 k 期末株価変動終了後の価値 $E(k)$ を原資産（安全債券と株式）のポートフォリオによって複製できるとし，第 k 期開始時に $(C_B(k), C_S(k))$ という組み合わせを選ぶとする．第 k 期末に株価が変動して $S(k)$ となり，その結果を受けて $k+1$ 期目開始時の新たなポートフォリオ $(C_B(k+1), C_S(k+1))$ を選ぶ．k 期末でなく開始時にポートフォリオを選ぶ，と強調したのは，前もってわからない株価の変動に備えないといけないからである．その備えにお金を払うのがオプションである．2 項 1 期モデルのときと同様にすべての資産はこの組み合わせで運用することを仮定すると，組み替えで総資産は不変（self-financing, 資金自己調達的）だから，$k = 1, 2, \ldots, n-1$ に対して

$$E(k) = C_B(k)B(k) + C_S(k)S(k) = C_B(k+1)B(k) + C_S(k+1)S(k) \tag{12.14}$$

が成り立つ．最右辺の表示は $k = 0$ に対しても成り立つ.

満期までの株価の全変動が決まったあと $k = n$ の期末では，オプションの価値 $Y = E(n)$ は決まっているから，時間的に後ろから順に価格が決まって $E(k+1)$ まではわかっているとしよう．$E(k)$ との違いは $k+1$ 期末の株価変動 $X(k+1)$ の値に依存する点である．$X(k+1)$ の関数であることを強調してここだけ一時的に $E(k+1) = E(k+1; X(k+1))$ と書く．(12.14) の最初の等式の k に $k+1$ を代入した式に $B(k+1) = (1+r)B(k)$ および $S(k+1) = X(k+1)S(k)$ を代入して

$$E(k+1; X(k+1)) = (1+r \quad X(k+1)) \begin{pmatrix} C_B(k+1)B(k) \\ C_S(k+1)S(k) \end{pmatrix} \tag{12.15}$$

を得る. (12.3) と同様に, $X(k+1) = 1+u$ と $X(k+1) = 1+d$ の各場合に分けて書くと連立方程式を得る. これを解くと (12.7) の A^{-1} を用いて

$$\begin{pmatrix} C_B(k+1)B(k) \\ C_S(k+1)S(k) \end{pmatrix} = A^{-1} \begin{pmatrix} E(k+1;1+u) \\ E(k+1;1+d) \end{pmatrix}$$

$$= \frac{1}{(1+r)(u-d)} \begin{pmatrix} (1+u)E(k+1,1+d) - (1+d)E(k+1,1+u) \\ (1+r)E(k+1,1+u) - (1+r)E(k+1,1+d) \end{pmatrix}$$
(12.16)

を得る. (12.14) の最右辺に代入すると (12.8) と同様に

$$E(k) = \frac{1}{1+r} \left(\frac{r-d}{u-d} E(k+1;1+u) + \frac{u-r}{u-d} E(k+1;1+d) \right) \quad (12.17)$$

となる. これを $E(n) = Y$ から始めて $k = n-1$ から k の減る方向に帰納的に用いて $E(0)$ までいたればオプション Y の初期時刻での価格を得る.

(12.17) と 2 項 1 期モデルの (12.8) が同型であることに注意すれば (12.9) のようにリスク中立確率測度で表せる. $X(k), k = 1, 2, \ldots, n,$ を独立確率変数列で, どの k についても $X(k)$ の分布は等しく

$$(\mathrm{P}[\,X(k) = 1+u\,] \quad \mathrm{P}[\,X(k) = 1+d\,]) = \left(\frac{r-d}{u-d} \quad \frac{u-r}{u-d} \right) \quad (12.18)$$

とする. オプション Y の第 k 期終了時点の価値 $E(k)$ は $X(1), \ldots, X(k)$ の値が決まった状態で決まっている. そこで $X(k), k = 1, \ldots, n,$ に依存する確率変数 Y (具体的には (12.12)) に対して, 確率変数列 $\{X(k)\}$ のうち最初の k 個については期待値をとらずに残して, 残りの $X(k+1), \ldots, X(n)$ について確率 (12.18) で期待値をとったもの (条件付き期待値) を $\mathrm{E}[\,Y \mid X(1), \ldots, X(k)\,]$ と書く. アメリカンやアジアンオプションなど, 満期時の Y が満期時の株価 $S(n)$ だけでなく途中の株価の動きで決まる場合はこの形で書く必要があるが, ヨーロピアンの場合は (12.12) のように, 満期時の Y が $S(n)$ だけで決まるので, $E(k)$ は帰納的に第 k 期終了時点の株価 $S(k) = SX(1) \cdots X(k)$ だけで決まる. だからその場合は $\mathrm{E}[\,Y \mid S(k)\,]$ と書くほうがすっきりする. 以下話を限定して, 後者の表記を採用する. $k = n$ のときは $E(n) = Y = \mathrm{E}[\,Y \mid S(n)\,]$

である．ここから (12.17) を帰納的に用いると，

$$\frac{E(k)}{(1+r)^k} = \mathrm{E}\left[\left.\frac{Y}{(1+r)^n}\right| S(k)\right], \quad k = 0, 1, 2, \ldots, n, \qquad (12.19)$$

とくに $k=0$ すなわちすべての $X(k)$ について期待値をとると，オプション Y の初期時刻での価格 $E(0)$ は

$$E(0) = \mathrm{E}\left[\frac{Y}{(1+r)^n}\right] \qquad (12.20)$$

となる．期待値は (12.18) を分布とする独立同分布確率変数列 $\{X(k)\}$ に関する期待値．こうして 2 項 1 期の単純な拡張で 2 項 n 期モデルにおけるオプションの価格付けの短い形の公式が得られた．

n 期への拡張で目新しいのは，(12.16) のとおり，複製の組み合わせ $(C_B(k), C_S(k))$ を株価の変動に応じて 1 期ごとにポートフォリオの組み替えが必要な点である．具体的な数値を入れて計算すると，$C_S(k)$ や $C_B(k)$ は k によって変化し，その値はそれまでの株価の成り行きによって異なる．つまり，各 k 期末に，そのときの株価の状況に応じて，安全債券を一部売って株を買うか，その逆を行う必要がある．状況に応じて最善のポートフォリオを組むときに満期 $k=n$ でオプション Y の価値を再現するのが複製ポートフォリオである．

§5. 連続極限とブラック・ショールズの公式．

(12.20) は短いが，いざ u,d,r などに現実の数値を代入してオプション価格を計算しようとすると，項数 n の 2 項分布に関する長い和の計算になる．（だから計算例を出さなかった．）n は株価の 1 回の変動を 1 期と数えたときのオプションの満期までの長さだから，現実には非常に大きい数である．したがって，(12.20) の $n \to \infty$ 極限が存在して式が簡単ならば極限は役に立つ．実際，計算に適した公式が得られ，ブラック・ショールズの公式と呼ばれる．

意味のある極限をとるためには，パラメータ u,d,r も n とともに動かす必要がある．直感的には $n \to \infty$ の意図は，満期時刻 T が決まっていて株価の変動，つまり株の売買の間隔を現実に合わせて短くすることである．1 期の実際の長さ T/n は短いので変化の大きさ u,d,r は小さい．つまり u,d,r は n についての減少数列 u_n, d_n, r_n に置き換える必要がある．どの程度小さくすればい

いか，というと，まず r については実際の利率がパラメータとして残るようにすべきである．指数関数についての公式 (1.18) と見比べると

$$r_n = \frac{rT}{n} \tag{12.21}$$

と選べば良いことがわかる．このとき $B(n) = (1+r_n)^n B(0)$ なので満期時刻 T での利率は極限で

$$\lim_{n\to\infty}\frac{B(n)}{B(0)} = \lim_{n\to\infty}\left(1+\frac{rT}{n}\right)^n = e^{rT} \tag{12.22}$$

となる．u_n と d_n は，やはり 1 期の実際の時間が短くなるから 0 に近づくのが妥当だが，あまり早く 0 に近づいて，ほとんどの株価変動経路（シナリオ）に対して満期時の株価が同一の値になってしまうと，変動リスクをヘッジするオプションの意味がなくなる．つまり，満期時株価 $S(n)$ が（たとえば，リスク中立確率で見たとき）分布を持つ程度に u_n や d_n がある程度ゆっくり 0 に近づくべきである．結論から言うと，r_n よりゆっくりと 0 に近づく $1/\sqrt{n}$ に比例した項が必要である．ここでは簡単なモデルとして

$$u_n = \sigma\sqrt{\frac{T}{n}}, \quad d_n = -\sigma\sqrt{\frac{T}{n}}, \tag{12.23}$$

と置く．σ は正定数で，株価の変動の度合いを表すパラメータになる．以上のように置くと，(12.18) は（分布が n とともに変わることを意識して X を X_n と書き直すことにして）

$$\mathrm{P}\left[X_n(k) = 1 \pm \sigma\sqrt{\frac{T}{n}}\right] = \frac{1}{2} \pm \frac{r}{2\sigma}\sqrt{\frac{T}{n}} \quad \text{（複合同順）}, \tag{12.24}$$

となる．満期時の株価 $S(n)$ は $S(n) = S\,X_n(1)X_n(2)\cdots X_n(n)$ なので

$$\begin{aligned}
\log\frac{S(n)}{S} &= \sum_{k=1}^n \log X_n(k) \\
&= \frac{1}{\sqrt{n}}\sum_{k=1}^n (\sqrt{n}\log X_n(k) - \mathrm{E}[\sqrt{n}\log X_n(k)]) \\
&\quad + n\mathrm{E}[\log X_n(1)]
\end{aligned} \tag{12.25}$$

である．ここで右辺第 2 項について，$X_n(k)$ は同分布なので期待値が k によら

ないことを使った．(12.21), (12.23), (12.24) を用いて計算すると

$$\lim_{n\to\infty} n\mathrm{E}[\,\log X_n(1)\,] = \lim_{n\to\infty} (n\log(1+u_n)\mathrm{P}[\,X_n(1)=1+u_n\,]$$
$$+ n\log(1+d_n)\mathrm{P}[\,X_n(1)=1+d_n\,])$$
$$= rT - \frac{1}{2}\sigma^2 T,$$

$$\lim_{n\to\infty} \mathrm{V}[\,\sqrt{n}\log X_n(k)\,]$$
$$= \lim_{n\to\infty} (\mathrm{E}[\,(\sqrt{n}\log X_n(k))^2\,] - (\mathrm{E}[\,\sqrt{n}\log X_n(k)\,])^2) = \sigma^2 T,$$

を得るので，中心極限定理によって，$\log \dfrac{S(n)}{S}$ は $\sigma\sqrt{T}N + rT - \dfrac{1}{2}\sigma^2 T$ に法則収束する．ここで N は標準正規分布 $N(0,1)$ に従う確率変数．(定理9で紹介した中心極限定理では分散が n とともに変わるケースは扱わなかったが，第4章末に補足した特性関数による証明を調べると，中心極限定理はいまの状況でも成り立つ．) とくに，満期時の株価は

$$\lim_{n\to\infty} S(n) = S e^{rT - \frac{1}{2}\sigma^2 T} e^{\sigma\sqrt{T}N} \text{ (法則収束)}, \tag{12.26}$$

となるが，右辺のように正規分布に従う確率変数の指数関数で表される確率変数の分布を**対数正規分布**と言う．株価 S が負というのは意味がない．株価のモデルとしては対数正規分布が正規分布より受け入れやすい．

最終目標であった，行使価格 K のヨーロピアンコールオプション (12.12) の現在価値 (12.20) の $n\to\infty$ の具体形を (12.22) と (12.26) を用いて計算する．標準正規分布の分布関数（分布の分布関数の定義は (3.17) 参照）を

$$\Phi(x) = \int_{-\infty}^{x} e^{-y^2/2} \frac{dy}{\sqrt{2\pi}} \tag{12.27}$$

と置くと，その被積分関数が偶関数であることから $\displaystyle\int_{x}^{\infty} e^{-y^2/2} \frac{dy}{\sqrt{2\pi}} = \Phi(-x)$ となることに注意すれば，満期時刻 T，行使価格 K のヨーロピアンコールオプションに対する有名な

> **ブラック・ショールズ (Black–Scholes) の公式**
>
> $$\begin{aligned}E &= \lim_{n\to\infty} E(0) = e^{-rT} \lim_{n\to\infty} \mathrm{E}[\,\max\{S(n)-K, 0\}\,] \\ &= S\Phi\left(\frac{1}{\sigma\sqrt{T}}\left(rT + \frac{1}{2}\sigma^2 T + \log\frac{S}{K}\right)\right) \\ &\quad - Ke^{-rT}\Phi\left(\frac{1}{\sigma\sqrt{T}}\left(rT - \frac{1}{2}\sigma^2 T + \log\frac{S}{K}\right)\right)\end{aligned} \quad (12.28)$$

を得る．r と S は安全債券の利率と現在時刻の株価，σ は株価の時間あたりの変動の大きさ（価格変動率）を表すパラメータで，**ボラティリティ** (volatility) と呼ばれる．ブラック・ショールズのモデルでは (12.26) のように時間 T の未来における株価の予想分布を対数正規分布として，$\sigma\sqrt{T}$ がそのばらつきを表す．

(12.20) の代わりに時刻についての一般形 (12.19) を用いて，$k = tn/T$ と置いて t を固定して連続極限 $n\to\infty$ をとれば，満期 $t=T$ と初期時刻 $t=0$ のあいだの時刻 t でのオプションの価格も計算できる．まず，連続極限の株価を（括弧と添字の違いだけで区別して）$S_t = \lim_{n\to\infty} S(tn/T)$ と置くと，

$$S_t = S_0 e^{\sigma\sqrt{t}N' + rt - \frac{1}{2}\sigma^2 t} \quad (12.29)$$

を得る．ここで N' は (12.26) の N と同様に標準正規分布に従う確率変数で，N と関係があるが，その関係は第 13 章で紹介する確率過程という視点で (13.18) の形で明らかになる．これを用いて，ブラック・ショールズの公式 (12.28) を導いたのと同じ議論を行うと，(12.28) の T をすべて $T-t$ に，株価 S を時刻 t での株価 (12.29) に置き換えれば良いことがわかる：

$$\begin{aligned}E_t &= \lim_{n\to\infty} E(tn/T) \\ &= S_t\Phi\left(\frac{1}{\sigma\sqrt{T-t}}\left(r(T-t) + \frac{1}{2}\sigma^2(T-t) + \log\frac{S_t}{K}\right)\right) \\ &\quad - Ke^{-r(T-t)}\Phi\left(\frac{1}{\sigma\sqrt{T-t}}\left(r(T-t) - \frac{1}{2}\sigma^2(T-t) + \log\frac{S_t}{K}\right)\right).\end{aligned}$$
$$(12.30)$$

もちろん $E_0 = E$ および $E_T = Y$ である．

長い式なので少し短くするために $x = \dfrac{e^{-rt}S_t}{e^{-rT}K}$ および $y = \sigma\sqrt{T-t}$ と置く

と，t 時株価単位金額あたりのオプションの現在価格 $e(x,y) = E_t/S_t$ は

$$e(x,y) = \Phi\left(\frac{1}{2}y + \frac{1}{y}\log x\right) - \frac{1}{x}\Phi\left(-\frac{1}{2}y + \frac{1}{y}\log x\right) \qquad (12.31)$$

と，少し見やすくなる．権利行使の設定水準を表す x に t の指数関数が現れるのは，S_t が時刻 t の株価で K が満期時点の行使価格なのを現在時刻に引き戻して（経済学用語では割り引いて）比べるのが正しい，と理解できる．y は上に書いたように時刻 t で S_t と確定した株価から出発したときの満期 T での株価 S_T のばらつきを表す．

練習問題 12

1. (12.31) において

$$\frac{\partial e}{\partial x}(x,y) > 0, \quad \frac{\partial e}{\partial y}(x,y) > 0, \qquad (12.32)$$

を証明し，そのファイナンス的意味を説明せよ．

2. (12.31) の $e(x,y)$ は，$e(x,+0) = \max\{1 - \frac{1}{x}, 0\}$ $(x > 0)$，$e(+0, y) = 0$，$e(\infty, y) = 1$ $(y > 0)$，および偏微分方程式

$$\frac{1}{y}\frac{\partial e}{\partial y} = \frac{\partial}{\partial x}\left(x^2 \frac{\partial e}{\partial x}\right), \quad x > 0, \ y > 0$$

を満たすことを示せ．

（実は本書の説明の順序とは逆に，ブラックとショールズは偏微分方程式の解として公式 (12.28) を発見した．その後，第 13 章でほんの少しだけ紹介するブラウン運動に関する確率解析による導出が見いだされて一般的なオプションに関する公式や研究が可能になり，最後に本章で紹介した初等的な 2 項 n 期モデルの極限による入門的説明が工夫された．）

13 双六, 株価, 地震

確率過程論門前編

　双六（すごろく）をはじめとするゲームや賭け事から地震などの自然災害などまで時間経過を伴う気まぐれでままならぬものは身近に多い．前世紀中頃には「地震，雷，火事，親父」という慣用句があった．気まぐれでままならぬもの（だから怖い），というのが発案者の真意かもしれない．時間変化を伴う，つまり時刻の関数である，偶然の現象は多い．数学ではこれを確率過程として扱う．確率過程は数学としてはもちろん，実社会への応用でも重要性を増している．

§1. 1次元単純ランダムウォーク．

　実数 $t \in \mathbb{R}$ で番号付けられた確率変数の族（集まり）$\{X_t\}_{t \in \mathbb{R}}$ を**確率過程**と呼ぶ．t は実数全体 $\mathbb{R}$ を動かなくても良い．たとえば，区間 $[0,1)$ や非負実数区間 $[0, \infty) = \{t \mid t \geqq 0\}$ などもよく用いられる．整数値で番号付けられている場合も確率過程と呼んでも良いが，整数のように離散的な場合は**確率連鎖**と呼んで区別することも多く，また，$X_n, n = 0, 1, 2, \ldots$, などと記すことも多い．添字（番号）t や n などを時刻（を表すパラメータ）と呼ぶことが多いが，必ずしも時刻を表さなくても良い．たとえば，テレビの画像信号は走査線といって，細い横線が縦に並んでいる．これを順につないで1次元データ X_x, $a \leqq x < b$, とした信号が放送局からテレビに届く．この場合の添字は画像信号のテレビ画面内の位置を表すパラメータになる．X_x は点 x での輝度などを表すが，望まぬ雑音が加わることに注目すると確率変数と考えることになる．

　本書でも確率変数という言葉を定義した第2章ですでに大きさ n のデータ

1. 1次元単純ランダムウォーク. 173

$X_1, \ldots, X_n$ などと書いた．この列は定義に照らせば確率連鎖である．実験の場合は現実には有限回で打ち切るが，数学的理想化として $n \to \infty$ の極限をとることで n が大きいときの振る舞いがわかりやすくなることがある．第 4 章で紹介した大数の法則（定理 8）や中心極限定理（定理 9）はその典型例である．確率連鎖の概念はすでに顔を出していた．

既出の概念にここで名前を付けるのは，新しい視点に注目するためである．標本 $\omega \in \Omega$ を決めて n を動かせば数列 $X_n(\omega), n = 1, 2, \ldots,$ を得る．つまり X_n たちをまとめて $X = (X_1, X_2, \ldots)$ と置くことにすると，X は Ω から数列の集合 $\mathbb{R}^{\mathbb{N}}$ への関数 $X : \Omega \to \mathbb{R}^{\mathbb{N}}$ である．その意味で確率連鎖は数列に値をとる（値域が数列の集合の）確率変数である．同様に確率過程は $\omega \in \Omega$ を与えると時刻の関数 $t \mapsto X_t(\omega)$（**見本関数**）を与える確率変数ともみなせる．これまで扱った実数値確率変数を，袋から数字の記された玉を取り出すことにたとえるならば，確率過程は袋から取り出した玉に時刻の関数が記されている．このものの見方は，実用上は株価の変動を時刻のグラフにして眺める見方である．時々刻々種々の偶然の要因によって株価が変動すると考えるとき，実際に現実に起こるのは無数の可能性の中から現実というただ一つの世界だが，それが $\omega \in \Omega$ を指定することに相当する．結果として $f(t) = X_t(\omega)$ なる時刻の関数が得られて，そのグラフが株価の変動の図に対応する．

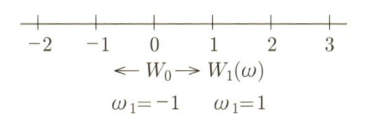

$$\begin{array}{ccccccc} \mid & \mid & \mid & \mid & \mid & \mid \\ -2 & -1 & 0 & 1 & 2 & 3 \end{array}$$
$\leftarrow W_0 \to W_1(\omega)$
$\omega_1 = -1 \quad \omega_1 = 1$

図 37

第 12 章で紹介した 2 項 n 期モデルでは，n 期目の株価 $S(n)$ の対数は，(12.25) の最初の等号のとおり，n 回の株価変動の選択肢 $X(k)$ たちの対数の和で表される．$X(k)$ たちはリスク中立確率のもとで独立同分布の確率変数であり，2 項モデルの名のとおり 2 個の値を正の確率でとる．数値を単純にして，± 1 のどちらかの値をそれぞれ確率 $1/2$ でとる独立な確率変数たちの和を考える．ここまで単純化すると，株価の対数のモデルよりは，硬貨を投げて表裏に応じて左右に進むすごろくゲームと思ったほうがわかりやすいので，以下すごろくのイ

メージで話を進める．時刻変数（パラメータ）n も第12章では1期2期と呼んだが，以下では株のことは忘れて**時刻**ないし**歩数**と呼ぶ．

前段落の単純化に従って，Z_n たちを独立同分布確率変数で

$$P[\,Z_n = 1\,] = P[\,Z_n = -1\,] = \frac{1}{2} \tag{13.1}$$

を満たすとする．たとえば，$E[\,Z_n\,] = 0, V[\,Z_n\,] = 1, E[\,Z_1 Z_2\,] = E[\,Z_1\,]E[\,Z_2\,] = 0$ などが成り立つ．(13.1) を満たす独立同分布確率変数列の和

$$W_n = \sum_{k=1}^{n} Z_k \tag{13.2}$$

が定める確率連鎖 W を **1次元単純ランダムウォーク**と呼ぶ．日本語に直して酔歩と呼ぶこともある．まっすぐな道を1歩ごとにでたらめに行ったり来たりする酔っぱらいにたとえたのだろうか．出発点 W_0 は簡単のために原点（$W_0 = 0$）とした．((13.2) の右辺に x_0 を加えれば，もちろん出発点を x_0 とするランダムウォークを得る．）とくに $E[\,W_n\,] = 0$，および

$$V[\,W_n\,] = E[\,W_n^2\,] = \sum_{k=1}^{n}\sum_{\ell=1}^{n} E[\,Z_k Z_\ell\,] = \sum_{k=1}^{n} E[\,Z_k^2\,] = n \tag{13.3}$$

を得る．すごろくで言えば，前に進むコマもあれば後ろに退くコマもあって，各場面でコマの分布の平均をとれば 0 であり，散らばりの目安である標準偏差 $\sqrt{V[\,W_n\,]}$ は歩数の平方根程度でゆっくり広がる．

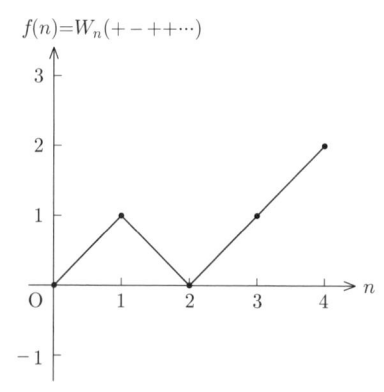

図 **38**　1次元単純ランダムウォークの見本 (sample path) $f(n) = W_n(+-++\cdots)$.

確率空間 Ω の要素を**見本** (sample) とも呼ぶが，いまの場合，見本は数列であり，すごろくで言えばコマの動きを表す．（ここまで W_n の定義域 Ω を明示せず，いまいきなり数列と書いた．硬貨を投げて左右に進むすごろくは1歩ごとの進みに応じて ± 1 を並べた数列の集合上の確率測度で書けることは自然だと思うが，より明示的な関係は第A章§2.を参照．）簡単のため符号だけ書いて，見本 $\omega = (+-++\cdots)$ を選ぶ．各 n ごとに $W_n(\omega)$ が定まる．これを $n \in \mathbb{Z}_+$ の関数と見ることができる．n を横軸に，$W_n(\omega)$ を縦軸にとればグラフに書ける．$\omega = (+-++\cdots)$ の場合にこのグラフを書くと図38になる．関数 $W.(\omega)$ は各時刻ごとのゲームのコマの位置をたどる．（`.` は，そこが関数の変数を代入する場所であることを表す便法．）W の見本 $W.(\omega)$ を ω に対する**見本関数** (sample function)，**見本経路** (sample path)，**経路** (path) とも呼ぶ．

ランダムウォーク W は信号にまぎれ込むノイズや実験の反復における制御できない攪乱（を累積したもの）のもっとも単純なモデルと見ることもできる．Z_n を n 回目の実験データとみなすと，平均 $n^{-1}W_n$ に興味がある．大数の法則（定理8）から $\lim_{n\to\infty} \dfrac{1}{n} W_n = \mathrm{E}[\,Z_1\,] = 0$ が確率1で成り立つ（概収束する）．つまり大数の法則は，n を大きくするとき，1次元ランダムウォークの各見本が必ず（確率1で）n 歩目で距離 n に比べて出発点の近くにとどまることを示す．

§2. 反射原理．

ランダムウォークが持つ多くの興味深い性質の例として反射原理（鏡像原理）を紹介する．(13.1) を満たす独立確率変数列 $\{Z_n\}_{n\in\mathbb{Z}_+}$ と (13.2) の1次元単純ランダムウォーク W と自然数 $a \geq 1$ を用意する．原点から出発 ($W_0 = 0$) したランダムウォーク W がはじめて a に到達する時刻 (**hitting time**) を

$$T_a = \inf\{n \geqq 0 \mid W_n = a\}, \tag{13.4}$$

n 歩目までの W の最大値を

$$M_n = \max_{0 \leqq k \leqq n} W_k \tag{13.5}$$

と置く．事象 $\{T_a \leqq n\} = \{\omega \in \Omega \mid T_a(\omega) \leqq n\}$ は W が n 歩目までに a に達した事象だから，歩幅が 1 なので，事象 $\{M_n \geqq a\}$ に一致する．

さて，$n = 1, 2, \ldots$ に対して $\tilde{Z}_n$ と $\tilde{W}_n$ を

$$\tilde{Z}_n = \begin{cases} Z_n, & n < T_a, \\ -Z_n, & n \geqq T_a, \end{cases} \qquad \tilde{W}_n = \sum_{k=1}^n \tilde{Z}_n, \tag{13.6}$$

で定義すると，$\tilde{W} = (\tilde{W}_0, \tilde{W}_1, \ldots)$ は 1 次元単純ランダムウォークである．実際，$\tilde{W}$ の定義は (13.2) と同型で，(13.1) が Z_n の符号に関して対称なので符号を変えただけの $\tilde{Z}_n$ も (13.1) と同じ形の式を満たす上に，($\tilde{Z}_m$ と Z_m の関係は，T_n によって場合分けされることから，他の $\tilde{Z}_n$ たちによるけれども，) $\tilde{Z}_n$ たちの関数の期待値をとるときに $\tilde{Z}_m$ に関する和に注目すると，場合分けと無関係に $\tilde{Z}_m = \pm 1$ の場合を等しい重みで加えることになる．つまり $\tilde{Z}_n$ たちは独立である．よって $\tilde{W}$ は 1 次元単純ランダムウォークの定義を満たす．

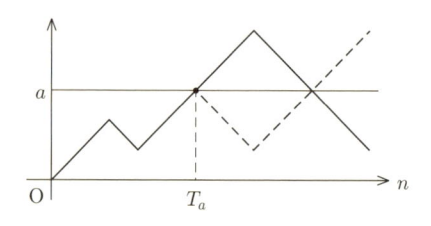

図 39　反射原理．

$\tilde{W}$ は W が a に達するまでは W に等しく，$W_m = a$ ならば $m + 1$ 歩目以降は a を挟んで W と対称に動く．(それゆえ**反射原理**と呼ばれる．)

$\tilde{W}$ も W も 1 次元単純ランダムウォークだから，どちらに関する確率も等しい．これを利用して，$a > b \geqq 0$ を満たす自然数 a, b に対して $\mathrm{P}[\,W_n \leqq b,\ M_n \geqq a\,]$ なる確率を考える．これは n 歩目までで，いったん a を通ってから，n 歩目に b 以下にいる確率である．酔っぱらいのたとえでは店を出た酔っぱらいが夜中に離れた町で目撃されたが明け方に店のある町に戻っていた，ということだろうか．離れた町での目撃時刻の指定がないので，このまま計算するとめんどうだが，(13.6) と図 39 を見ると，(13.5) と同様に $\tilde{M}_n = \max_{0 \leqq k \leqq n} \tilde{W}_k$ と置くとき

$$\mathrm{P}[\,W_n \leqq b,\ M_n \geqq a\,] = \mathrm{P}[\,\tilde{W}_n \geqq 2a - b,\ \tilde{M}_n \geqq a\,]$$

となる．$a > b$ から $\tilde{M}_n \geqq \tilde{W}_n \geqq 2a - b = a + (a - b) > a$ だから $\tilde{W}_n \geqq 2a - b$ ならば自動的に $\tilde{M}_n \geqq a$ も成り立つ（明け方に離れた町にいれば夜中のうちに元の町を出ていたはず）ので $\tilde{M}_n$ についての条件が不要になり，最後に $\tilde{W}$ と W は確率連鎖として同分布であることも使うと次を得る：

$$P[\,W_n \leqq b,\, M_n \geqq a\,] = P[\,\tilde{W}_n \geqq 2a - b\,] = P[\,W_n \geqq 2a - b\,]. \quad (13.7)$$

とくに $b = a - 1$ と置いて得られる式と，n 歩目で $a + 1$ 以上にいれば $M_n \geqq a$ の条件は自動的なこと（$P[\,W_n \geqq a + 1,\, M_n \geqq a\,] = P[\,W_n \geqq a + 1\,]$）を合わせ，(13.5) の下で注意した $\{T_a \leqq n\} = \{M_n \geqq a\}$ を用いると，

$$P[\,T_a \leqq n\,] = 2P[\,W_n \geqq a + 1\,] + P[\,W_n = a\,] \quad (13.8)$$

を得て，歩数 n までずっと見張らないとわからない脱出確率を n 歩目の位置の分布だけで表すことができる．

§3. 1次元ブラウン運動．

時刻変数も各時刻でとり得る値（状態空間）も連続な確率過程の代表例として 1 次元ブラウン運動 (**Brownian motion**) を紹介する．1 次元を含め，状態空間が $\mathbb{R}^n$ のときはウィーナー過程 (Wiener process) とも言う．ブラウン運動は確率過程論の出発点となった基本中の基本であり，多くの興味深い重要な性質を持つ．応用上の重要性も格別である．

1827 年，花粉の中の微小な粉が水中で不規則な運動を行うことが顕微鏡観察

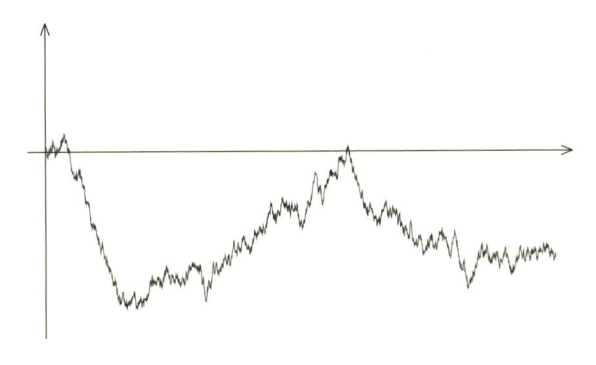

図 40　1 次元ブラウン運動の見本（印刷精度より細かいぎざぎざもある）．

で発見された．この運動は発見した植物学者にちなんでブラウン運動と呼ばれる．アインシュタイン (Einstein) らの研究によって不規則な運動の原因は水分子の熱運動による撹乱であることが確立した．数学用語としてのブラウン運動は，自然現象としてのブラウン運動の数学モデルである．

確率過程（非負実数 t を添字に持つ確率変数の族）B_t が原点を出発点とする 1 次元ブラウン運動であるとは，以下の性質を満たすことを言う．

1. Path の連続性（状態空間（各 B_t の値域）が実数 $\mathbb{R}$ で，各 sample path （時間 t の関数としての $B_t(\omega)$）は連続関数であること）．
2. 独立増分性（$0 \leqq t_1 < t_2 < \cdots < t_n$ のとき $B_{t_n} - B_{t_{n-1}}$, $B_{t_{n-1}} - B_{t_{n-2}}$, ..., $B_{t_2} - B_{t_1}$, B_{t_1} が独立なこと）．
3. $t > s \geqq 0$ のとき増分 $B_t - B_s$ が平均 0，分散 $t-s$ の正規分布に従うこと：
$$\mathrm{P}[\, B_t - B_s \in A \,] = \int_A e^{-x^2/(2(t-s))} \frac{dx}{\sqrt{2\pi(t-s)}}. \tag{13.9}$$
4. $B_0 = 0$.

とくに，(13.9) で $s = 0$ と置いて得られる
$$\mathrm{P}[\, B_t \in A \,] = \int_A e^{-x^2/(2t)} \frac{dx}{\sqrt{2\pi t}} \tag{13.10}$$
から，原点から出発 ($B_0 = 0$) したブラウン運動の t 時間後の位置 B_t は平均 $\mathrm{E}[\, B_t \,] = 0$，分散 $\mathrm{V}[\, B_t \,] = \mathrm{E}[\, B_t^2 \,] = t$ の正規分布 $N(0, t)$ に従う．また，以上の定義で B_t や積分変数 x を $\mathbb{R}^n$ に値をとるとし，(13.9) の積分も n 次元積分とすれば n 次元ブラウン運動の定義になる．

増分が正規分布に従うことはあらわに要求しなくても，より弱い条件（たとえば，連続性，加法性，時間的一様性）から自動的に得られる．分布の形が自動的に出るというのは初めて聞くと驚くが，中心極限定理から独立確率変数をたくさん加えるとその分布は正規分布に近づく．連続時間では時間をいくらでも細分できて増分の独立性を使えることに注目すると，証明を知らなくても合点がいくかもしれない．詳細は確率過程論の教科書に任せて，ここでは正規分布という特徴的な性質を最初から書く．

定義だけでは愛想がないので §2. のランダムウォークの反射原理に対応する性質を紹介する．原点から出発した 1 次元ブラウン運動 B_t が点 $a > 0$ にはじ

めて達する時刻 (hitting time) を

$$T_a = \inf\{t \geq 0 \mid B_t = a\}, \tag{13.11}$$

時刻 t までの最大値を

$$M_t = \max_{0 \leq s \leq t} B_s, \tag{13.12}$$

と置く．B_t が t について連続なので，ランダムウォークのときの考察と同様に

$$\{T_a \leq t\} = \{M_t \geq a\} \tag{13.13}$$

である．さらに，ランダムウォークの反射原理 (13.7) と同様に，$a > b \geq 0$ のとき $t \geq 0$ で $\mathrm{P}[\,B_t \leq b,\, M_t \geq a\,] = \mathrm{P}[\,B_t \geq 2a - b\,]$ が成り立つ．（実はこの導出には強マルコフ性という性質を使う．ランダムウォークでは意識しないほど明らかだが，ブラウン運動でも成り立つことは少し長い証明を要する．ここでは深入りしない．）これらから，(13.8) と同様に

$$\mathrm{P}[\,T_a \leq t\,] = 2\mathrm{P}[\,B_t \geq a\,] = 2\int_a^\infty e^{-x^2/(2t)} \frac{dx}{\sqrt{2\pi t}} \tag{13.14}$$

が成り立つ．(13.8) では $\mathrm{P}[\,W_n = a\,]$ という項が余分にあったが，ブラウン運動の各時刻での位置 B_t の分布は連続分布（正規分布 (13.10)）なので特定の 1 点にあたる確率は 0 となって $\mathrm{P}[\,B_t = a\,] = 0$ である．

確率変数の分布関数の定義 (3.18) によれば (13.14) は T_a の分布関数なので，T_a の分布密度 $\rho_a(t)$ を得るには (13.14) を t で微分すれば良い：

$$\mathrm{P}[\,T_a \leq t\,] = \int_0^t \rho_a(s)\,ds; \quad \rho_a(t) = \frac{a}{\sqrt{2\pi t^3}}\,e^{-a^2/(2t)}. \tag{13.15}$$

確かめるには (13.14) で $y = z\sqrt{t}$ と変数変換して t で微分するのが速い．

§4. ミクロからマクロへ．

水の中に 1 滴のインキを落とすと，次第に薄まりながら広がる．金属棒や板の 1 箇所を一瞬暖めると，次第に熱が広がりやがて全体が一様な温度になる．これらの現象は，分子の熱運動という不規則な運動の，巨視的（**マクロ**）な（日常的に人の目に普通に見える）効果である．微視的（**ミクロ**）には（個々のインキ粒子は）ブラウン運動で記述できる不規則な運動（図 40）だが，これはマ

クロには見えない．自然現象としてのブラウン運動は当時の最高性能の顕微鏡で辛うじて発見された．

ミクロからマクロへの視点の移動の数学的な表現をもっとも単純な場合について紹介する．細長い容器に入った水にインキを落とす場合を考えて空間 1 次元で考える．落とした点を原点 0，時刻を 0 とする．巨視的な，たとえば 1 mL の，インキを落とす．インキは（マクロには液体だがミクロには）n 個のインキ粒子からなり，簡単のために各粒子は独立な 1 次元ブラウン運動をすると仮定して，第 k 粒子の時刻 t での位置を確率変数 $B_t^{(k)}$ と置く．

マクロの視点では個々の粒子を区別する興味はなく，空間分布（インキの濃度）に興味がある．視点の移動を数学的に表現するには極限（収束）による記述が素直なので，ミクロの段階から分布として定式化し直しておく．点 a に粒子があることを表す分布は，集合 $A \subset \mathbb{R}$ に対して $A \ni a$ ならば $\delta_a(A) = 1$，そうでなければ $\delta_a(A) = 0$ となる分布 δ_a である．これは (1.8) の単位分布である．n 個のブラウン粒子の時刻 t での分布（経験分布）は

$$\mu_t^{(n)} = \frac{1}{n} \sum_{k=1}^{n} \delta_{B_t^{(k)}} \tag{13.16}$$

となる．n で割ったのは，全体で（巨視的な）1 単位の分量のインキを落としたとしたので $\mu_t^{(n)}(\mathbb{R}) = 1$ とするためである．

ここで，この話が見かけよりもややこしいことを注意しておく．$B_t^{(k)}$ は，どことは書かなかったがある確率空間 Ω 上の確率変数だから，$\omega \in \Omega$ に対して実数値（粒子の位置）$B_t^{(k)}(\omega)$ が決まる．それが決まってはじめてその位置に粒子が 1 個，と数えられるから，(13.16) の $\mu_t^{(n)}$ は，$\mathbb{R}$（インキを落とした細長い容器）上の分布の集合を仮に $\mathcal{M}_1$ と書くと，$\mathcal{M}_1$ に値をとる確率変数 $\mu_t^{(n)} : \Omega \to \mathcal{M}_1$ であり，われわれが見るのはその（現実という名の）見本 $\mu_t^{(n)}(\omega)$ である．確率変数の変数 ω は省略して来たので (13.16) でも省略していた．確率（分布）が 2 段階あってややこしいががまんするしかない．

粒子数 n が大きくなる極限で $\mu_t^{(n)}(\omega)$ という分布がどういう分布に収束するかが問題である．ω を固定するごとの収束なので，ω についての各点収束，すなわち大数の法則（定理 8）を紹介した際に導入した概収束を調べることにな

る．分布の列 $\mu_t^{(n)}(\omega)$ の収束については，中心極限定理（定理9）を紹介した際に分布の弱収束を紹介した．さらに定理11で，それは特性関数の各点収束と同値であることを紹介した．そこで経験分布 $\mu_t^{(n)}(\omega)$ の特性関数

$$\phi_n(\omega, t, \xi) = \int_\mathbb{R} e^{\sqrt{-1}\xi x} d\mu_t^{(n)}(x) = \frac{1}{n}\sum_{k=1}^n e^{\sqrt{-1}\xi B_t^{(k)}(\omega)} \quad (13.17)$$

が極限分布の特性関数に（ξ の各点で）収束することを調べれば良い．

> **定理 43** 原点を出発する独立な n 個の1次元ブラウン運動の経験分布（分布値確率変数）$\mu_t^{(n)}$ は恒等的に（$\omega \in \Omega$ によらずに）平均0分散 t の正規分布 $N(0,t)$ となる分布値確率変数に $n \to \infty$ で概収束する．すなわち，確率1の $\omega \in \Omega$ に対して，経験分布 $\mu_t^{(n)}(\omega, \cdot)$ は $N(0,t)$，つまり B_t の時刻 t での分布 $\mathrm{P} \circ B_t^{-1}$，に $n \to \infty$ で弱収束する． ◇

証明． 特性関数 (13.17) が $N(0,t)$ の特性関数に ξ の各点で（ω について）概収束すれば良い．後者は (4.13) の記号で $\phi_{0,t}(\xi) = \exp(-t\xi^2/2)$ である．

(13.17) において，確率変数列 $B_t^{(k)}, k = 1, \ldots, n$, が独立同分布と仮定したので第3章の命題3から $e^{\sqrt{-1}\xi B_t^{(k)}}$ も独立同分布だから，その標本平均 (13.17) は大数の法則（定理8）から ω によらない $\mathrm{E}[\,e^{\sqrt{-1}\xi B_t^{(1)}}\,]$ に概収束する．ブラウン運動の時刻 t での位置の分布密度の具体形 (13.10) を用いると

$$\mathrm{E}[\,e^{\sqrt{-1}\xi B_t^{(1)}}\,] = \int_{-\infty}^{\infty} e^{\sqrt{-1}\xi x} e^{-x^2/(2t)} \frac{dx}{\sqrt{2\pi t}} = e^{-t\xi^2/2}$$

となって $N(0,t)$ の特性関数になっている． □

極限分布は ω によらない．つまりミクロのランダムな現象がマクロでは決定論的である．極限が連続分布（インキの濃度の分布）になるのはミクロのランダムな現象の結果である．

定理43ではミクロな粒子の運動を独立と仮定したが，実際は粒子は衝突（相互作用）を繰り返すのでその運動は独立ではない．独立でない確率過程の経験分布に対応するマクロ系がどうなるかは**流体力学極限**の問題と呼ばれる，重要だがたいへん難しい確率過程論の問題である．

第4章冒頭でデータの経験分布が母分布に近づくと書いたが，定理43は経験

分布の収束の例でもある．第3章にさかのぼると，統計学においてデータを確率変数の標本として扱うことを主張したが，サンプルの分布が確率変数の分布に概収束するという定理 43 は根拠になる．しかしデータ採取を繰り返すときに数学的意味の独立性が成り立つかどうかは本当はわからない．流体力学極限の問題は統計学にとっても重要な意味がある．

§5. 単純ランダムウォークからブラウン運動へ．

§3.で，ブラウン運動は存在する（定義に書いた数々の強い性質は数学的に矛盾しない）と書いたが，数学的な作り方（存在証明）もいろいろある．ここでは §1. で数学的につくった単純ランダムウォークの連続極限（弱収束極限）として作る方法の概略を紹介する．結論から書くと，(A.5) あるいは (13.2) で定義した 1 次元単純ランダムウォーク W_n, $n = 1, 2, \ldots$, に対して，$c^{-1/2} W_{ct}$ は $c \to \infty$ のときブラウン運動 B に法則収束する．（ct が自然数でないときの W_{ct} は，ct を挟む自然数での W の値の線形内挿で定義しても，ct 以下の最大の自然数での値 $W_{[ct]}$ で定義しても結論は成り立つ．）

時空ともに離散的なランダムウォークが時空ともに連続なブラウン運動に近づくということ自体は刻み幅を細かくしていくから自然に見えるかもしれない．しかし，大学 1 年で習うように連続な関数の極限は不連続になり得るので，証明は自明ではない．（ブラウン運動の数学的な存在証明はどの方法でも，path の連続性に関して path のぎざぎざの様子についての定量的な議論を要する．）

結論で用いた用語を補足説明する．法則収束は定理 9 のすぐ上で定義したように確率変数列の分布の弱収束である．ここでは確率変数列とは確率過程の列である．確率過程は §1. で説明したように Ω から関数の集合への関数と見る．だからその分布の収束とは関数の集合上の確率測度の収束である．実数値確率変数の分布を考えるときは，たとえば，区間の確率が基本になるが，同様に考えると，時刻の関数 f を選んでそれに似た関数を集めた関数の集合 A_f に対して $\lim_{c \to \infty} c^{-1/2} \mathrm{P}[\, W_{ct} \in A_f \,] = \mathrm{P}[\, B_t \in A_f \,]$ となることが，どの関数 f でも成り立つことが法則収束である．関数 f と g が近い，ということは問題に応じて定義を使い分けるが，ここでは大きな時刻 T（観測をやめる時刻）に対して

$\sup_{0\leq t\leq T} |f(t) - g(t)|$ の大小で関数の遠い近いを見る．このように，数学的意味を説明するだけでも本書の守備範囲を超えるので，結論の証明は差し控える．

連続極限の方法は数学的にはもっとも単純とは言えないが，ブラウン運動の離散化として計算機によるシミュレーション（第 A 章 § 3.参照）に適しており，またくりこみ群の方法と組み合わせるとブラウン運動と無関係な確率過程を作ることも可能な，骨太の方法である．シミュレーションで刻み幅を十分細かくして，空間軸はその平方根の細かさに調整すれば，印刷の精度の範囲でブラウン運動の見本となる．図 40 は 20 万歩のランダムウォークの見本を用意して横軸と縦軸をそれぞれある c を用いて $1/c$ 倍，$1/\sqrt{c}$ 倍して描いた．

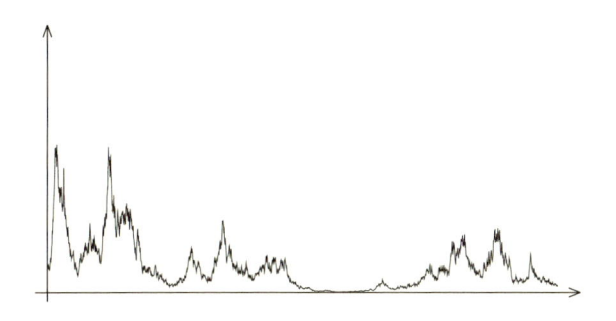

図 41　株価変動．横軸は時刻縦軸は株価．（イメージ図．）

第 12 章の (12.29) で株価のブラック・ショールズモデルでは株価の対数が正規分布に従うことを導いた．各時刻だけでなく，株価変動全体 $S(k)$, $k = 1, 2, \ldots, n$, を（リスク中立確率のもとでの）確率連鎖と考えて満期時刻を固定して時間幅を狭めながら $n \to \infty$ の極限をとると，上で説明した意味で弱収束し，極限の確率過程（ブラック・ショールズモデルの株価変動）S_t, $t \geq 0$, を利子率で割り引いたものは指数ブラウン運動に従うことがわかる：

$$e^{-rt}\frac{S_t}{S_0} = e^{\sigma B_t - \frac{1}{2}\sigma^2 t}. \tag{13.18}$$

S_0 は初期時刻の株価，利子率 r とボラティリティ σ は第 12 章で紹介した定数．図 41 の株価のイメージ図は，(13.18) の右辺のブラウン運動 B_t をランダムウォークで近似した上でその見本をシミュレーションで描いた．

§6. ブラウン運動の微積分学.

ブラウン運動は連続関数上の確率測度で，その見本関数に不連続点はないが，図40のようにきわめてギザギザした関数である．実際，ブラウン運動 B_t は確率1ですべての時刻 t で微分不可能であることが証明できる．つまり $\dfrac{dB_t(\omega)}{dt}$ は存在しない．しかし見本関数の複雑さからは想像できないほど数学的に良い性質を持っていて明快な公式も多く知られている．第4章の(4.2)で用いた大地震の発生間隔分布のモデルの導出を通して紹介を試みる．

次のやさしい事実から始める．f を整数上で定義された関数，N を整数，$Z \in \{\pm 1\}$，とすると

$$f(N+Z) - f(N) = \frac{1}{2}\left(f(N+1) - f(N-1)\right)Z \\ + \frac{1}{2}\left(f(N+1) - 2f(N) + f(N-1)\right). \tag{13.19}$$

実際，$Z = 1$ を代入すれば右辺は $f(N+1) - f(N)$ になり，$Z = -1$ を代入すれば $f(N-1) - f(N)$ になるので，どちらにしても左辺に等しい．1次元単純ランダムウォーク (13.2) の W_n を N に，Z に (13.1) の Z_{n+1} を代入すると，離散伊藤公式

$$\begin{aligned} f(W_{n+1}) &- f(W_n) \\ &= \frac{f(W_n+1) - f(W_n-1)}{2}(W_{n+1} - W_n) \\ &\quad + \frac{1}{2}\left(f(W_n+1) - 2f(W_n) + f(W_n-1)\right) \end{aligned} \tag{13.20}$$

を得る．(13.19) が無条件だったので (13.20) も任意の f に対して見本ごとに成り立つ，やさしい（確率論とも関係ない）恒等式である．

(13.20) の両辺を $n = 0$ から $N-1$ まで加えると左辺は $f(W_N) - f(W_0)$ になり，右辺はそれぞれの項の和になる．ここでランダムウォークの連続極限のように歩幅も W の増分も縮小しつつ，N を増やすことで端点時刻は t に固定することを考えると，極限はブラウン運動 B_t になると期待できるので $f(W_N) - f(W_0) \to f(B_t) - f(B_0)$ となることを期待する．高校時代の微積分を思い出すと，対応する右辺の和の各項は，差分 $\dfrac{1}{2}(f(W_n+1) - f(W_n-1))$ は微分 $f'(B_s)$ に，2階差分 $f(W_n+1) - 2f(W_n) + f(W_n-1)$ は2階微分 $f''(B_s)$ に，それぞれ収束する，と期待する．$W_{n+1} - W_n$ も微分 $\dfrac{dB_s}{ds}$ に収束

すると期待して，最後に $n=0$ から $N-1$ までの和は時間積分に置き換えると
$$f(B_t) - f(B_0) = \int_0^t f'(B_s)\frac{dB_s}{ds}ds + \frac{1}{2}\int_0^t f''(B_s)\,ds \quad (\text{不正確}) \quad (13.21)$$
を期待したくなる．もちろん，f の微分を考えるから f は無条件とはいかない．微分のあと積分することも見越して，2階微分 f'' が（存在して）連続関数な場合に限る．それでもこのままではいけない．本節冒頭で紹介したばかりのとおり，ブラウン運動 B_t は t について微分できないからである．

もし B_t も f も微分可能ならば，合成関数の微分法則と微分して積分すれば元に戻るという事実（微積分学の基本定理）から
$$f(B_t) - f(B_0) = \int_0^t f'(B_s)\frac{dB_s}{ds}ds \quad (\text{ブラウン運動ではウソ}) \quad (13.22)$$
となって，(13.21) の最後の項はない．高校の数学の知識ではここで行き詰まるが，B_s が微分不可能でも有界変動関数（直感的に言えば，B_s の $0 \leqq s \leqq t$ でのグラフの曲線の長さが有限な場合）ならば s の分割 Δs を考える代わりに直接 B_s の値の分割 ΔB_s を考えることでスティルチェス (Stieltjes) 積分 $\int \cdot dB_s$ を定義できる．その場合も微積分学の基本定理が成り立って
$$f(B_t) - f(B_0) = \int_0^t f'(B_s)dB_s \quad (\text{ブラウン運動ではウソ}) \quad (13.23)$$
となる．しかし，ブラウン運動はあまりにぎざぎざしていて有界変動ではないこともわかっているので，スティルチェス積分も定義できない．

正しい積分の公式は (13.20) から直感で得た (13.21) の最後の項を含む．f が2階微分 f'' が連続な関数のとき，ブラウン運動 B_t に対して**伊藤の公式**
$$f(B_t) - f(B_0) = \int_0^t f'(B_s)\,dB_s + \frac{1}{2}\int_0^t f''(B_s)\,ds \quad (13.24)$$
が成り立つ．右辺第2項は（B_s が連続関数なので問題なく）普通のリーマン積分だが，右辺第1項は**伊藤積分**（確率積分）と呼ばれる積分で，
$$\int_0^t g(B_s)\,dB_s = \lim_{N\to\infty}\sum_{i=0}^N g(B_{s_i}) \times (B_{s_{i+1}} - B_{s_i}) \quad (13.25)$$
によって定義する．ここで $0 = s_0 < s_1 < \cdots < s_N = t$ は時間幅 $[0,t]$ を N 等分した分点．式だけ見ると高校で習う積分（リーマン積分）と変わらないように見えるが，リーマン積分では和の第 i 項の $g(B_s)$ は $s_i \leqq s \leqq s_{i+1}$ のどの

値を用いても極限では値が等しいときリーマン積分可能と定義するのに対して，伊藤積分では区間の時間的に早い端 s_i での値を使う．そうでないと値が変わるところがリーマン積分と異なる．また，$N \to \infty$ の極限は確率過程であることを本質的に用いて定義するところがリーマン積分や (13.20) から (13.23) までの考察とは異なる．その説明は割愛せざるを得ないので伊藤積分 (13.25) を直接計算するのは諦めて，(13.24) を認めてそこから逆算すると，たとえば，$f(x) = x$ と $f(x) = x^2$ の場合から（出発点 $B_0 = 0$ も用いると）

$$\int_0^t 1 \, dB_s = B_t, \quad \int_0^t B_s \, dB_s = \frac{1}{2}B_t^2 - \frac{1}{2}t, \qquad (13.26)$$

を得る．(13.10) の下に注意したように $\mathrm{E}[\,B_t\,] = 0$ および $\mathrm{E}[\,B_t^2\,] = t$ だから，(13.26) の伊藤積分は期待値をとると 0 になる．これは (13.25) の定義とブラウン運動の定義の中の独立増分性から（極限と期待値の順序交換ができることを認めれば）わかるように，伊藤積分一般の性質である．

$f = f(B_t, t)$ が B_t だけでなく t にあらわに依存する場合は，B_t に関する微分を f'，t に関する微分を $\dot{f}$ と書くことにすると f'' と $\dot{f}$ が存在して連続ならば (13.24) の代わりに

$$f(B_t, t) - f(B_0, 0) = \int_0^t f'(B_s, s) \, dB_s + \frac{1}{2} \int_0^t f''(B_s, s) \, ds + \int_0^t \dot{f}(B_s, s) \, ds. \qquad (13.27)$$

が成り立つ．例として，(13.18) のブラック・ショールズモデルの株価変動（を利子率で割り引いたもの）をふたたび取り上げる．$f(x, t) = e^{\sigma x - \frac{1}{2}\sigma^2 t}$ と置くと (13.18) は $f(B_t, t)$ と書けるから (13.27) を計算すると

$$f(B_t, t) - f(B_0, 0) = \sigma \int_0^t f(B_s, s) \, dB_s$$

と，簡単な形になる．しばしばこの式を「微分形」で $X_t = f(B_t, t)$ に対して

$$dX_t = \sigma X_t \, dB_t \qquad (13.28)$$

のように書いて，**確率微分方程式**と呼ぶ．指数ブラウン運動 $X_t = f(B_t, t) = e^{\sigma B_t - \frac{1}{2}\sigma^2 t}$ は確率微分方程式 (13.28) の解である[1]．

---

[1] 伊藤積分から確率微分方程式まで，確率解析の基礎を創始したのは伊藤清である．その意義は基礎数学としての重要性と同時に，たとえば今日の数理ファイナンスは確率解析なしにはあり得ない．国際数学者連合 (IMU, International Mathematical Union) は 4 年ごとに

6. ブラウン運動の微積分学. 187

　最後に，第4章で紹介した大地震の発生間隔の分布のモデルの由来の概略を紹介する．逆ガウス分布（ワルド分布，BPT 分布）(4.2) は理論的にはドリフト付き1次元ブラウン運動の hitting time の分布として得られる．（BPT は Brownian passage time の略で，以下の理論的背景に基づく名前である．）いままでどおり B_t を原点0を出発点とする1次元ブラウン運動とする．ν と a を正定数とし，

$$W_t = B_t + \nu t \tag{13.29}$$

で定義された確率過程 W（ドリフト付きブラウン運動）が点 a にはじめて達する時刻を $\tilde{T}_a$ と置くと，$\tilde{T}_a$ の分布は分布関数

$$\mathrm{P}[\tilde{T}_a \leqq t] = a\int_0^t e^{-\frac{(a-\nu t)^2}{2t}} \frac{dt}{\sqrt{2\pi t^3}}, \quad t>0, \tag{13.30}$$

で与えられることのあらすじを本章の残りで示す．パラメータを平均と分散に取り直すために $a = v\nu$ および $\nu = \sqrt{\dfrac{\nu}{v}}$ と変換すると $\mathrm{P}[\tilde{T}_a \leqq t] = \displaystyle\int_0^t \dfrac{1}{\sqrt{2\pi vt^3/\nu^3}} e^{-\frac{(t-\nu)^2}{2vt/\nu}} dt$ となって (4.2) の分布密度を得る．

　W_t は B_t に比べて，一定の速度 ν のかさ上げがある．これをドリフトと呼ぶ．(13.30) で $\nu = 0$ と置けば (13.15) で紹介した本来の1次元ブラウン運動の脱出時刻の分布になることが確かめられる．

　逆ガウス分布，すなわち，ドリフト付き1次元ブラウン運動の hitting time の分布が地震（および，一般的なシステムの故障や破壊）の発生間隔の分布の簡単なモデルとして用いられるのは，次の理由による．W_t を時刻 t における地震を起こすひずみ（変形）や力などの総合的な指標とみなす．大地震に関するプレート説によると，太平洋の海底にある地盤（プレート）が日本の乗る地盤の下に潜り込むようにゆっくりと移動している．日本の乗る地盤が引きずられて端が潜り込むひずみが限界に達して元に戻るときに地震が起こると考える．ひずみは，地形や岩盤の不均一や細かい地震などによるランダムな摂動を受けつつおおむね一定の速さで蓄積すると考え，ひずみの平均蓄積速度に対応する

　開く国際数学者会議 (ICM, International Congress of Mathematicians) で，フィールズ賞とともに，社会への数学の影響の大きさに対してガウス賞を授与するが，2006 年度の第1回ガウス賞は故伊藤清先生（当時90歳）に与えられた．

ドリフトとランダムな摂動に対応するブラウン運動の和 (13.29) をひずみとする．そして W_t が限界値 a にはじめて達したときに地震が起こるとすれば発生間隔の分布は $\tilde{T}_a$ の分布 (13.30) や (4.2) となる．

ドリフト付きブラウン運動の指定された点 a への到達時刻 (hitting time) の分布 (13.30) は定義式 (13.29) で $t = \tilde{T}_a$, $W_{\tilde{T}_a} = a$ と置いただけでは（そのときのブラウン運動の位置 $B_{\tilde{T}_a}$ があらわに書けていないので）答えを得ないが，ドリフトのない場合 (13.15) からカメロン・マルチン (Cameron–Martin) の定理によって導くことができる．それによると，t_0 を正の定数とするとき，path $W_t = B_t + \nu t$, $0 \leq t \leq t_0$, の分布は B_t, $0 \leq t \leq t_0$, の分布に対して絶対連続で，その密度（ラドン・ニコディム密度）は $Z_{t_0} = e^{\nu B_{t_0} - \nu^2 t_0/2}$ である．言い換えると，A が時刻 t_0 までの path で決まる無限長 path の集合のとき (3.15) で用意した定義関数 **1** を用いると，

$$\mathrm{P}[\,W \in A\,] = \mathrm{E}[\,\mathbf{1}_{W \in A}\,] = \mathrm{E}[\,\mathbf{1}_{B \in A}\,e^{\nu B_{t_0} - \nu^2 t_0/2}\,] \tag{13.31}$$

整合性が気になる鋭い読者のために注意すると，A が時刻 t_0 までで決まる path の集合のとき，$t_1 \geq t_0$ なる Z_{t_1} を用いても値は変わらない：$\mathrm{E}[\,\mathbf{1}_{B \in A}\,Z_{t_0}\,] = \mathrm{E}[\,\mathbf{1}_{B \in A}\,Z_{t_1}\,]$．

A として，時刻 t までに点 a に達する path の集合をとり，(13.31) で $t_0 = T_a$ と置いて，$B_{T_a} = a$ を用いると，（定数 t_0 を確率変数 T_a に置き換えて良いことの確認が必要だが，省略して，）

$$\mathrm{P}[\,\tilde{T}_a \leq t\,] = \mathrm{P}[\,W \in A\,] = \mathrm{E}[\,\mathbf{1}_{T_a \leq t} e^{\nu a - \nu^2 T_a/2}\,]$$

となって，T_a の分布密度（(13.15) の ρ_a）を用いて指数部を整理すると

$$\mathrm{P}[\,\tilde{T}_a \leq t\,] = \int_0^t e^{\nu a - \nu^2 t/2} \rho_a(t)\,dt = a \int_0^t e^{-\frac{(a-\nu t)^2}{2t}} \frac{dt}{\sqrt{2\pi t^3}},$$

となって，(13.30) を得る．(13.31) を説明するには，path 空間上の測度に関する積分の奥義が必要なので，本書の範囲を遙かに越える．

練習問題 13

1. (13.7) から (13.8) を導け.
2. 正規分布 $N(\mu, v)$ の密度 $\rho_{\mu,v}$ ((2.4) 参照) について,
$$\int_{-\infty}^{\infty} \rho_{m_1,v_1}(x-z)\,\rho_{m_2,v_2}(z)\,dz = \rho_{M,V}(x)$$
という形の公式が成り立つことが知られている．この式が成り立つように右辺の M と V を左辺の m_1, m_2, v_1, v_2 を用いて表せ．とくに，$m_1 = m_2 = 0$ かつ $t > s > 0$ かつ $v_1 = t-s, v_2 = s$ のときの結果を，ブラウン運動 B_t の言葉で解釈せよ．
3. 第 12 章の (12.26) の N と (12.29) の N' は，ともに標準正規分布に従う確率変数でブラック・ショールズモデルの株価の式に出てくるが，第 12 章では両者の関係を明示しなかった．(13.18) で用意した，株価過程の標準ブラウン運動による表示を用いて，両者の関係を確認せよ．その際，(12.30) で $T-t$ という組み合わせが出てくることに注意せよ．
4. 標準ブラウン運動 B_t について条件付き確率 $P[\,B_2 > 0 \mid B_1 > 0\,]$ を求めよ．（平成 17 年日本アクチュアリー会資格試験）

付　録

確率測度と確率連鎖

§1. 事象と確率測度.

　自明でないもっとも簡単な確率（確率空間）は高校の数学にもある硬貨投げである．表が出る確率を p，裏を $1-p$ と置けば確率が定義できる．2回投げて表と裏が1枚ずつ出る確率は確率のかけ算と場合の数を組み合わせて $2p(1-p)$ となる，と言う，かなり高度な計算も早くから習う．いっぽう，高校の高学年の数学や大学の統計を選択履修すると，標準正規分布に従う確率変数 Z が a 以下の値をとる確率 $\mathrm{P}[Z \leqq a]$ は $(2\pi)^{-1/2}\int_{-\infty}^{a} e^{-z^2/2}dz$ に等しい，などと習う．どちらも確率と理解するということは，数学的には場合の数や積分は具体例の計算手段であって，確率そのものの定義はより抽象的であることを意味する．

　硬貨投げと正規分布に従う確率変数の確率を統一的に確率と呼び，表示によらない一般論を組み立てることは，たとえば，関数の集合の確率のような，より複雑・抽象的な対象に確率論を一般化できるか，という問いへの挑戦を意味する．また，たとえば大数の法則のように，多数のランダムな値の平均値は一定値に近づくという性質は，硬貨投げの繰り返し（ベルヌーイ試行）でも正規分布に従う誤差を持つ実験を繰り返しても成り立つと期待するので，このような「確率らしい」極限定理を具体例によらず統一的に証明できるか，という問いへの挑戦も意味する．見た目が異なる具体例を統一するには，共通に持つ限られた性質だけを確率の定義とする必要がある．しかし限りすぎて大数の法則すら証明できないようでは役に立たない．19世紀と20世紀の境目に確立した測度論に基づいて20世紀前半に得られたコルモゴロフ（Kolmogorov）の公理は，上記の挑戦両方に肯定的に答える，ぎりぎりの定義である．第13章で紹介した数学としてのブラウン運動は当時の最先端の成功例である．確率が共通に持つ性質を明らかにする数学としての現代確率論は，ひとたび馴染めば議論を見通しよく短くする．問題ごとに計算しやすい枠組みを設定する初等確率論から見ると最初はまわりくどく抽象的な部分もあるが，学習が進むほど現代確率論を基礎に持つほうが効率が急速に増す．

　最初の注意は，確率（測度論に基づくので確率測度とも言う）を集合関数として定義する点である．高校の数学でも事象の確率という言葉遣いをして，事象は集合であ

1. 事象と確率測度. 191

るとも書いてある．試行（考察の対象）すべてを集めた集合を全体集合とし**全事象**とも言う．統計学では**母集団**とも言う．記号 Ω 使われることが多い．1回のベルヌーイ試行（硬貨投げ）ならば裏を0，表を1と表すと $\Omega_1 = \{0,1\}$ であり，2回ならば $\Omega_2 = \{(0,0),(1,0),(0,1),(1,1)\}$ と置ける．（記号の意味は明らかだろう．）1次元正規分布ならば実数の区間などの確率なので，全体集合は実数全体 ($\Omega = \mathbb{R}$) である．

Ω 上の実数値関数 $X: \Omega \to \mathbb{R}$ と言うときは，要素 $\omega \in \Omega$ に対して実数値 $X(\omega)$ を対応させる．これに対して，前段落で確率測度が集合関数であると書いたのは，部分集合 $A \subset \Omega$ に対して実数値 $\mathrm{P}[\,A\,]$ が定まることを言う．この節冒頭の1回の硬貨投げならば $\mathrm{P}[\,\{0\}\,] = p$ と $\mathrm{P}[\,\{1\}\,] = 1-p$ が成り立つ．ベルヌーイ試行に限らずどんな全体集合の上のどんな確率測度についても，空集合 $\emptyset = \{\,\}$ と全体集合自身も全体集合の部分集合とし，空集合の確率は0，全体集合の確率は1と定義する．1回の硬貨投げの例では，これで Ω_1 のすべての部分集合について確率測度の値が定義された．Ω_1 の個々の部分集合 A を1点と見立てた抽象的な集合を考えてこれを 2^{Ω_1} と書くと，$2^{\Omega_1} = \{\{\,\},\{0\},\{1\},\{0,1\}\}$ であって，「確率測度は集合関数である」という注意書きは，通常の関数の記号では $\mathrm{P}: 2^{\Omega_1} \to \mathbb{R}$ を意味する．2^{Ω_1} のように最初に定めた全体集合の部分集合たちを要素とする集合を，測度論や確率論では集合族と言う．「確率測度は集合関数である」と言う代わりに「確率測度は集合族を定義域とする関数である」と言っても同じ意味である．

ベルヌーイ試行を含め，高校で場合の数と関連づけて習う例では，各 $\omega \in \Omega$ に対して根元事象（1個の要素 ω だけからなる事象）$\{\omega\}$ の確率 $p_\omega = \mathrm{P}[\,\{\omega\}\,] > 0$ が与えられるので，一般の集合 A の確率は $\mathrm{P}[\,A\,] = \sum_{\omega \in A} p_\omega$ （確率の加法性）によって計算すれば十分であり，根元事象の確率 p_ω を Ω 上の（普通の）関数 $p_. : \Omega \to \mathbb{R}$ とみなせば十分である．わざわざ確率を集合関数で定義する理由は，正規分布のように実数上の積分で定義される確率と統一的に扱うためである．

実数上の積分で定義される確率はこの節の終わりまでとっておいて，先に確率の現代的な定義を紹介する．ここまで事象と集合を同じ意味のように用いたが，正確な定義では，確率測度 P が定義されている集合を事象と呼ぶ．測度論の用語では**可測集合**である．P を関数と見たときの定義域は可測集合をすべて集めた可測集合族 $\mathcal{F}$ である．ベルヌーイ試行では，全体集合 Ω のすべての部分集合 2^Ω に対して確率が定義できていたので $\mathcal{F} = 2^\Omega$ であったが，正規分布のような実数上の確率などでは矛盾なくすべての部分集合に必要な性質を持つ確率を定義できる保証がない．測度の定義域 $\mathcal{F}$（どの集合の確率を定義するか）は具体的な問題によるが，σ **加法族**（**シグマ加法族**）であることは必ず要求する．集合族 $\mathcal{F}$ が Ω の σ 加法族であるとは，

0. 空でないこと（次の1と2のもとで，$\emptyset \in \mathcal{F}$ または $\Omega \in \mathcal{F}$，よって両方，と同値）

1. 可算和で閉じること $(A_k \in \mathcal{F},\ k=1,2,3,\ldots\ \Rightarrow\ \bigcup_{k=1}^\infty A_k \in \mathcal{F})$

2. 補集合で閉じること $(A \in \mathcal{F}\ \Rightarrow\ A^c \in \mathcal{F})$ （本書では補集合を右肩の c で表す）

192 付　録 A　── 確率測度と確率連鎖.

を満たすことを言う．可算和はどれかの A_k の要素になっているものをすべて要素とする集合で，たとえば $\bigcup_{k=1}^{\infty}\{2k\} = \{2, 4, 6, \ldots\}$ はすべての正の偶数を集めた集合である．(記号 ∞ を使うが，集合の可算和の定義は極限とは無関係である．) Ω と，Ω の部分集合 (全部とは限らない) たちを要素たちとする σ 加法族 $\mathcal{F}$ の組 $(\Omega, \mathcal{F})$ を**可測空間**と言う．

A が定義域に含まれることは確率 $P[\,A\,]$ の値があることなので，確率測度の定義域が σ 加法族であるという要請は強い制約になる．可算和と補集合があれば可算個の集合のあいだの集合算がすべて可能なので，確率測度の定義域が σ 加法族であることは，確率が分かっている有限個または可算無限個の集合たちから集合算で得られるすべての集合もまた確率があることを保証する．(そのような集合関数だけを確率と呼ぶ，ということ．)

P が可測空間 $(\Omega, \mathcal{F})$ 上の確率測度とは

0.　定義域が $\mathcal{F}$ ($P : \mathcal{F} \to \mathbb{R}$)

1.　非負値 ($P[\,A\,] \geqq 0,\ A \in \mathcal{F}$)

2.　σ 加法性 ($i \neq j \ \Rightarrow\ A_i \cap A_j = \emptyset$ を満たす $A_1, A_2, \ldots \in \mathcal{F}$ について
$P[\,\bigcup_{n=1}^{\infty} A_n\,] = \sum_{n=1}^{\infty} P[\,A_n\,]\ $)

3.　全測度 1 ($P[\,\Omega\,] = 1$)

を満たすことを言う．σ 加法性の定義式の左辺の確率の中身は A_k たちの可算和だが，$\mathcal{F}$ が σ 加法族という前提なので，P の定義域に入り，左辺は存在が保証される．その値が右辺の級数，つまり，部分和 $S_n = \sum_{i=1}^{n} P[\,A_i\,]$ の作る数列 $S_1, S_2, \ldots$ の極限に等しいという定義である．確率の非負値性からこの部分和数列は非減少なので $+\infty$ を許せば極限が定まることに注意．(単調性からこの値は実際には 1 以下になる．) σ 加法性は高校で習う確率の加法性の，可算個の事象への一般化である．

P が可測空間 $(\Omega, \mathcal{F})$ 上の**確率測度**のときすなわち，**非負値な全測度 1 の集合関数** $P : \mathcal{F} \to \mathbb{R}$ で σ **加法性を満たすとき**三つ組 $(\Omega, \mathcal{F}, P)$ を確率空間と言う．(なお，条件 3 を要求しない集合関数を測度と呼ぶ．**確率は全測度 1 の測度である．**) たとえば $\Omega_1 = \{0, 1\}$, $\mathcal{F} = 2^{\Omega_1} = \{\{\ \}, \{0\}, \{1\}, \{0, 1\}\}$, $P[\,\{\emptyset\}\,] = 0$, $P[\,\{1\}\,] = p$, $P[\,\{0\}\,] = 1 - p$, $P[\,\Omega_1\,] = 1$ と置くと $(\Omega_1, \mathcal{F}, P)$ は確率空間である．表の出る確率 p の硬貨の 1 回投げの例に対応することは言うまでもあるまい．

確率測度は $P[\,\Omega\,] = 1$ を満たす測度であり，測度は集合の大きさを量る数学的概念なので，普段確率とはみなさないものも確率と呼んで差し支えない場合がある．たとえば，一軒のスーパーマーケットで買い物かごに入れてレジで計算した合計金額をその店の在庫の総額で割った比は確率空間を定義する．$\Omega = \{x_1, \ldots, x_n\}$ は店の商品を要素とする集合であり，たとえば $P[\,\emptyset\,] = 0$ は何も買わなければ支払いは不要ということを意味する．これに対して，ある品物を買う確率・買わない確率を扱う場面では，(簡単の

1. 事象と確率測度. 193

ために商品在庫数 $n=2$ として x_1 と x_2 それぞれを買うか買わないかを 1 と 0 で表すことにすると，節の冒頭の $\Omega_2 = \{(0,0),(1,0),(0,1),(1,1)\}$ の上の確率測度を考えることになる．この場合，たとえば何も買わないで店を出る事象は $\{(0,0)\}$ であって $\emptyset$ ではない．扱う問題を注意深く考察して確率空間の数学的定義に当てはめる必要がある．第 3 章図 10 のように，存在しない未来を集めた確率空間を考えることもできる．実現しなかった過去や未来の大きさという抽象的な大きさについても矛盾のないただ一つの値を得ることが，測度論に基づいて確率論を定義することの非凡さの例である．

集合に関する演算は高校で既習だが，可算個の演算に拡張したものも考える．たとえば，ドモルガンの法則 $(\bigcap_{n=1}^{\infty} A_n)^c = \bigcup_{n=1}^{\infty} A_n^c$ が成り立つ．実際

$$x \in (\bigcap_{n=1}^{\infty} A_n)^c \Leftrightarrow x \notin \bigcap_{n=1}^{\infty} A_n \Leftrightarrow \exists n; x \notin A_n \Leftrightarrow \exists n; x \in A_n^c \Leftrightarrow x \in \bigcup_{n=1}^{\infty} A_n^c$$

によって証明される．その他の拡張もこのようにして証明できる．なお，包含関係 $A \subset B$ は $A = B$ の場合を許す：$A \subset B \Leftrightarrow (x \in A \Rightarrow x \in B)$．この他，差の記号 $A - B = A \cap B^c$ を用いる．たとえば $\{1,2\} - \{2,3\} = \{1\}$ である．ただし第 11 章の章末補足だけは $A - B$ をまったく異なる意味に使う．

ある集合関数が確率であることがわかれば，確率論の数々の結果がただちに使えるので，確率であることの定義は上に紹介したように短いほうが望ましい．数学的定義の常だが，定義から無条件に証明できるいくつもの性質が隠されている．たとえば，空集合の確率は存在する（σ 加法族は $\emptyset$ を要素に持つ）から，確率の σ 加法性の定義式において，A_n たちをすべて空集合 $\emptyset$ にとっても成り立つが，空集合の和集合は空集合であることを用いると $P[\emptyset] = 0$ を得る．このことと定義の σ 加法性を用いると，有限個の互いに共通部分を持たない集合（排反な事象）について有限加法性が成り立つ．これと $P[\Omega] = 1$ を合わせると，補集合の確率 $P[A^c] = 1 - P[A]$ も成り立つ．また，差集合の性質 $(A-B) \cup (A \cap B) = A$ と $(A-B) \cap (A \cap B) = \emptyset$ に注意すると確率の加法性と非負値性から単調性

$$A, B \in \mathcal{F},\ A \subset B \Rightarrow P[A] \leqq P[B] \tag{A.1}$$

を得る．他にも確率空間で無条件に成り立つ「初等的」性質が数多くある．いっそうの復習を望む場合は，http://web.econ.keio.ac.jp/staff/hattori/probe.htm に本書第 3 版執筆時に所属する慶應義塾大学経済学部の確率論入門の講義スライドを貼ってある．与えられた集合関数が確率測度であることを確認するためには少ない条件のほうが望ましいが，定義から直接得られるこれらの事実は当然どの確率測度でも成り立つので，断りなく利用することも数学の常道である．

最後に密度を持つ実数上の分布について触れる．離散分布と並ぶ確率測度の重要な例として第 2 章 §1. で密度を持つ連続分布を紹介した．正確には，本書で言う連続分布は，ルベーグ測度に対して絶対連続な確率測度，である．本書で連続分布または n 次元分布と書くときは，すべて（n 次元）ルベーグ測度に対して絶対連続な分布の意味に使い，密度はルベーグ測度に対する密度関数である．（区間 $[a,b]$ に対して長さ $b-a$ を与

える測度がただ一つ存在することが，測度の定義から言える．これをルベーグ測度と言う．その証明（測度の拡張定理）は準備を要するので本書は立ち入らない．)

ルベーグ測度に関する関数の積分（ルベーグ積分）は (2.13) のように定義することになるが，本書では密度関数として実数または $\mathbb{R}^n$ 上の区分的に連続な関数しか用いないので，ルベーグ積分論を知らなくても，通常の（リーマン）積分の計算と結果は一致する．（ルベーグ積分論によれば密度関数はより複雑な関数も可能であるが，本書では用いない．ルベーグ測度に対して特異な分布という込み入ったものもあるが，通常の統計学では必要ない．）密度 ρ のルベーグ積分によって確率測度が定義できる．連続分布は (2.3) から $\mathrm{P}[\,\{x\}\,] = 0$ である．もし根元事象 $\{x\}$ の確率の和ですべての事象の確率が表せるならば，たとえば $\mathbb{R}$ 上の密度を持つ分布の場合，

$$\mathrm{P}[\,\mathbb{R}\,] = \sum_{x \in \mathbb{R}} \mathrm{P}[\,\{x\}\,] = \sum_{x \in \mathbb{R}} 0 = 0 \quad (?) \tag{A.2}$$

が成り立つはずだが，左辺は確率の定義から 1 なので矛盾する．

確率の現代的な定義では根元事象の確率の和という離散分布での明快な定義を諦めて 0 はいくら足しても 0 であるという割り切りを優先し，場合の数を数えるだけなのに集合関数という余分な一手間を惜しまない．これによって，確率論はブラウン運動のような高度な対象への一般化と大数の強法則に始まる強力な精密化を獲得した．

§2. 1次元単純ランダムウォークの確率空間．

繰り返し回数 n 回のベルヌーイ試行（硬貨投げ）は，前節 §1.冒頭の 2 回硬貨投げ Ω_2 のまねをすれば，表と裏の長さ n の列をすべて集めた集合 Ω_n の上に，各根元事象の確率を第 1 章の (1.2) で定義することで，前節 §1.のとおり，確率空間になる．前節では表裏を 1 と 0 で表したが，ここでは第 13 章との連携のため + と − または ±1 で表す．

ベルヌーイ試行をさらに（抽象的に）続けて，硬貨を終わりなく投げることを考えるには，長さ n の列の代わりに数列を考えることになる．$\omega = (\omega_1, \omega_2, \ldots)$ を，各項が $\omega_n \in \{\pm 1\}$，すなわち，±1 のどちらかであるような数列とし，空間 Ω をそのような ±1 からなる数列の集合とする．一列に無限に並んだ個々のマス目に順に整数を書いた無限マス目上の原点 0 から始めて，硬貨を投げて表裏に応じて右または左に 1 歩進むすごろくのコマの動き（歩数の関数としての位置）と硬貨の表裏の列が第 13 章の (13.2) の関係で一対一に対応する．すごろくはコマが上がり（ゴール）のマス目に達すれば終わるが，たとえば表裏が交互に出ると 0 と 1 のあいだをコマが行き来するので，投げる回数を限るとその時点で上がっていない確率は 0 にならない．したがって，無限列（数列）の空間 Ω を考えることはすごろくの場合も意味がある．

簡単のため公平な硬貨を考えて，$a_1, a_2, \ldots$ を ±1 の列とするとき最初の n 項の値を a_i たちで指定した数列の集合

$$A_n = \{\omega \in \Omega \mid \omega_1 = a_1, \omega_2 = a_2, \ldots, \omega_n = a_n\}, \tag{A.3}$$

に対して

$$\mathrm{P}[\,A_n\,] = 2^{-n} \tag{A.4}$$

で確率 P を定義する．最初の n 歩の動きだけを見れば，n 回繰り返す $p = 2^{-1}$ のベルヌーイ試行と等しい確率を選んだことになる．ここから和集合や補集合を繰り返すことでさまざまな集合の確率が定義できる．(A.3) のように有限個の時刻での値を決めた集合が確率連鎖の確率を決める基本であり，**筒集合** (cylinder set) と呼ぶことがある．原理的にはこれで任意の事象の確率や Ω 上の任意の確率変数の期待値が計算できる．

　(A.4) を満たす確率空間 $(\Omega, \mathcal{F}, P)$ は存在する．すなわち，±1 を並べた数列の集合 Ω 上の確率測度 P で筒集合 (A.3) の確率が (A.4) で与えられるものが決まる．ここで，$\mathcal{F}$ は筒集合をすべて要素として持つ最小の σ 加法族に選ぶ．P は単に存在するだけでなくただ一つ決まることも知られている．その証明もルベーグ測度の存在証明と同様に測度の拡張定理である．この確率測度は本書で前半に扱った確率測度と異なって，(簡単な場合や特別な工夫ができる事象や確率変数を除いて，) 根元事象の確率の和で表すことも実数上の密度の積分で表すこともできない．確率連鎖や確率過程の具体的計算は素朴にはいかないところに数学としてのおもしろさがある．

　根元事象の確率で書けない理由は，(A.4) と単調性 (A.1) から，任意の ±1 の数列に対して $P[\{(a_1, a_2, a_3, \ldots)\}] = 0$ となるから，あとは §1.の $\mathbb{R}$ 上の密度を持つ分布の場合の (A.2) と同じ議論による．それにも関わらず (A.4) を満たす確率が存在することは，数列の集合の要素を自然数の添え字で番号付ける（一列に並べる）ことができないことを意味する．このことを，数列空間 Ω の濃度は非可算であると言う．濃度は個数の拡張概念である．根元事象を番号付けることができなければ σ 加法性を要素すべてにわたる和に適用できないので，矛盾は起きない．にも関わらず (A.4) と非負値性と σ 加法性が矛盾せず唯一の確率測度が定義できることは，測度論において加法性のぎりぎりの精密化として σ 加法性を要求することの非凡さを意味する．以上の事情は，実数上の密度 (2.2) を持つ分布の場合も同様である．

　第 13 章 §1.の 1 次元単純ランダムウォークと呼ばれる確率連鎖，つまり確率変数の無限列，W_n, $n = 0, 1, 2, \ldots$, で，1 次元すごろくのコマの動きに対応するものは Ω 上で次で定義できる：

$$W_n(\omega) = W_{n-1}(\omega) + \omega_n, \quad n = 1, 2, 3, \ldots, \quad \omega = (\omega_1, \omega_2, \ldots) \in \Omega. \quad (A.5)$$

各 $n = 1, 2, 3, \ldots$ に対して確率変数 Z_n を

$$Z_n(\omega) = \omega_n \quad (A.6)$$

で定義すると，Z_n たちは独立同分布確率変数で，その分布は (13.1) に一致する．(独立になることは具体的に定義 (3.2) を確かめれば良い．) (A.5) と (A.6) から (13.2) を得るので，1 次元単純ランダムウォーク $\{W_n\}$ が構成できた．

§3. 乱数とシミュレーション．

　第 3 章で紹介したように，統計学的調査では無作為抽出が重要である．しかし，たとえば，経験のないアルバイトの人にいきなり「無作為抽出してください」と頼んでも通じないから，調査対象を選ぶ具体的な作業手順が必要である．そこで規則性のない数の列を記した数表をあらかじめ用意して，調査対象の一覧表から数表に載る番号の対象だ

けを選ぶ，ということが行われた．この数表を**乱数表**と呼ぶ．統計学の教科書には巻末に乱数表が載っているのが普通であった．

乱数には不規則な現象の**シミュレーション**という用途もある．高額の大規模なプロジェクトの前に，小規模な実験や机上の理論的研究によって成果の予測を慎重に検討するのは当然の作業であるが，その際，計算機などで本来の問題や法則に近い問題や法則に基づいて計算による模擬実験を行うことをシミュレーションと言い，準備的研究の強力な手法である．実験の模擬だけでなく，数学的な導出が難しい問題の性質を見極めるために，たとえば確率過程や確率連鎖の問題に対して実際に見本を計算機で発生させて数学的対象の振る舞いを理解することもシミュレーションと言う．本書の序の図3ではばらつきという統計学のテーマの一端を乱数によって視覚化した．統計学的には，なんらかの理論によって母集団の分布を推測したとき，そこから実験や調査データを得ると結果がどうなるか，標本の例を得るのにシミュレーションが用いられる．結果を本番のデータと比べることで理論の正しさを統計学的に実証できる．シミュレーションの際に，無作為抽出や制御不能な擾乱としての誤差に対応する人為の入らない数値が必要である．無作為抽出のモデルとして使われるのが乱数である．

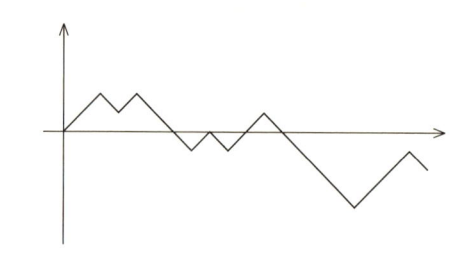

図 42　1次元単純ランダムウォークの見本（歩数 $n = 20$）．

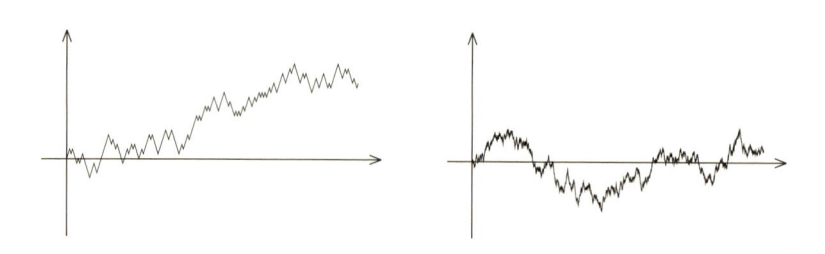

図 43　（同．歩数 $n = 200$）．　　　図 44　（同．歩数 $n = 2000$）．

単純ランダムウォーク W は計算機で歩数と同数の乱数を発生させることでシミュレーションが容易である．乱数を発生させて，前節 (A.5) の ω_k たちを選び，(A.5) に従ってランダムウォークの見本関数とする．図42–44にそのようにして得られた見本関数の例を示す．長いまたはきちんとしたシミュレーションにはプログラミング（と，

データを作図する記述言語またはソフトウェア）が必要だが，「お絵かき」するだけならば作表ソフトで容易に可能である．たとえば，Excel ならば

	A	B	C
1			0
2	=rand()	=if(A2 < 0.5,"−1","1")	= C1 + B2

としておいて行 2 の A–C 列目を選んで枠右下に現れる十字をドラッグして下にコピーすると列 A に 0 以上 1 未満の実数一様乱数，列 B に確率 0.5 ずつで現れる ±1 の列，列 C にその和，つまり，ランダムウォークのサンプル，がそれぞれ表示される．

　コンピュータ時代以前は，正 20 面体さいころの各面に 0 から 9 までを各 2 面ずつ書いて，さいころを実際に投げて出た目を書き並べて乱数表をつくっていたそうだが，現代ではプログラムを組んで計算機で「乱数列」を発生させる．初期値を与えると規則的に数列が生じるので乱数の意味と矛盾することから，厳密には乱数と区別して**擬似乱数**と呼ぶが，こんにちでは実用上は乱数と言えば擬似乱数のことである．擬似乱数を確率変数の言葉で定義するならば，初期値の集合を全事象 Ω とし，各 $\omega \in \Omega$ を等確率でとる確率 P が定義された確率空間の上の確率変数列 $\{X_k\}$ で k の漸化式と $X_0(\omega) = \omega$ で与えられるものである．$X_{k+1} = f(X_k)$ という形の漸化式で説明すると，X_k と X_{k+1} は（どちらかが ω に関係なく決まった数という，乱数としては無意味な場合を除いて）独立でないことが独立性の定義 (3.2) から証明できる．（直感的には X_k で X_{k+1} が一意的に決まる定義だから明らか．）

　特定の標本に特別な意味はないというのが無作為ということだが，乱数列を与える（乱数表を作る）ことは特定の標本を特別扱いしたことになるので，ことは簡単ではない．「何度でも再現できる，強い従属性のある数列」は規則性のない無作為抽出の数学的モデルではあり得ないのに擬似乱数が広く使われるのは，実用上はそのような乱数の原理的問題が避けて通れる場合が多いからである．第 3 章で，データを独立確率変数列として定式化すると多くの強力な数学的結果が使えるので，そのように考える，それが無作為抽出だ，と説明した．しかし多くの場合，独立確率変数列の持つ強力な結果すべてを必要とはしない．たとえば，大数の弱法則は X_k と X_{k+1} の積の期待値が期待値の積に等しければ成り立つので，独立性はいらない．擬似乱数の主要な用途はモンテカルロ法などによる期待値（積分）の計算だが，この場合，有限個のサンプルによる近似計算の近似が悪い確率が低ければ十分であり，自己相関も一義的には重要でない．

　しかも，ひとたび擬似乱数が乱数の代わりとして目的にかなうことが確認できれば，再現可能な数列なので，無作為抽出を用いた調査などの分析を行うプログラムやシミュレーションのプログラムを作ったときに，その誤りを検出・訂正（デバッグ）したり改訂（バージョンアップ）の効果の検討が容易という利点のおまけが付く．

　区間 $[0,1)$ 上の**一様分布**とは推奨される乱数はややていねいな解説が望ましいので，ここでは簡単でもっとも広く流布する，線形合同法による一様分布する擬似乱数（**一様乱数**）を紹介する．密度関数が $[0,1)$ 上恒等的に 1 の連続分布のことである．言い換えると P[$[a,b)$] $= b - a$ が任意の $0 \leqq a \leqq b < 1$ に対して成り立つ分布である．（左が

198　付　　録 A　　── 確率測度と確率連鎖.

大括弧で右が小括弧なのは 0 以上 1 未満という片側閉片側開区間を表す．連続分布では 1 点の確率は 0 なので，閉区間 $[0,1]$ としても本質的な差はないが，計算機でプログラムを書くと，計算機の変数の桁数分しかサンプルがないから，必然的に連続分布を離散近似して有限集合上の分布を考えることになり，その場合は両端の片方は含めないのが適切である．）

一様分布を元の分布とする擬似乱数（一様乱数）の生成アルゴリズムで

$$U_{k+1} = aU_k \bmod M, \quad k = 0, 1, 2, \ldots,$$

で与えられるものを合同法と呼ぶ．標準的には $M = 2^{32}$ と $a = 48828125$ が採用され，初期値は $U_0(\omega) = \omega = 1000001$ などを選ぶ．一般には $M = 2^b$ と $a = 4 \pm 1 \bmod 8$ で初期値を奇数にとったとき，そのときに限り最大周期 $M/4$ が実現することが知られている．比 U_k/M をとれば $[0, 1)$ 上の一様乱数（の，離散近似）となる．

擬似乱数に求められる条件として，サンプル数 n が大きいときの経験分布が母集団の分布（一様乱数の場合は一様分布）に近いことがまず必要である．ここで，独立同分布確率変数列 $\{X_k \mid k = 1, \ldots, n\}$ の標本（つまり数列）$a_k = X_k(\omega), k = 1, \ldots, n$, を集めた集合を母集団 $\Omega_n = \{a_1, \ldots, a_n\}$ とし，すべての点に等確率 $\mathrm{P}[\{a_k\}] = \dfrac{1}{n}$ の確率を与えた離散分布を考え，(ω にこの分布を対応させる分布値確率変数を，）元の分布との対比で **経験分布** と呼び，(4.1) のように書くことがある．一様乱数さえあれば，他の分布に従う擬似乱数もそれに基づいて生成できる（次節参照）．

§4.　確率連鎖と予測.

過去の事象を原因として未来の事象を記述・予測する関係式を作成し解析する作業を **モデリング** と言う．各時刻ごとに状態を与える関数を時系列あるいは時系列モデルと言う．とくに確率モデルを用いる場合，つまり，各時刻の状態を確率論の事象や確率変数として扱うときを考えると，第 13 章で紹介した確率過程あるいは確率連鎖は各時刻の状態を確率変数で表す時系列モデルである．確率連鎖のうちで，決まった（時刻によらない）時間幅があって，ある時刻の事象がその幅以内の過去だけで決まるよう定義されたものは **マルコフ (Markov) 性** を持つと言い，マルコフ連鎖 (Markov chain) とも呼ぶ．第 13 章で紹介した単純ランダムウォークはマルコフ連鎖の重要な典型例である．

マルコフ過程やマルコフ連鎖の各時刻の確率変数 $X_t : \Omega \to S$ や X_n の値域 S を **状態空間** と言う．マルコフモデルでは断らなければ **定常性** を仮定することが多い．$X_t - X_s$ が $t - s$ だけで決まる（つまり $X_{t-s} - X_0$ と同分布の）とき，定常マルコフ過程であると言う．たとえば，$x \in S$ とし $A \subset S$ を状態とするとき，$\mathrm{P}[X_{n+1} \in A \mid X_n \in x] = \mathrm{P}[X_1 \in A \mid X_0 \in x] =: p(A, x)$（$n$ によらない）となる．これを（x から状態 A への）**遷移確率** と言う．状態空間 S が離散的なときは根元事象を用いて $y \in S$ に対して $p(y, x) = \mathrm{P}[X_1 = y \mid X_0 = x]$ を（点 x から点 y への）遷移確率と呼ぶ．S が実数の集合のようにその上で積分が定義されていて，$p(A, x) = \displaystyle\int_{y \in A} \rho(y, x) dy$ をすべての状態 $A \subset S$ に対して満たす関数 ρ があれば，こ

4. 確率連鎖と予測. 199

れを遷移確率密度と呼ぶ．

時間が連続の場合も，$t_1 < t_2 < \cdots < t_{n+1}$ のときに $\mathrm{P}[\, X_{t_{n+1}} \in A_{n+1} \mid X_{t_n} \in A_n, \ldots X_{t_1} \in A_1 \,] = \mathrm{P}[\, X_{t_{n+1}} \in A_{n+1} \mid X_{t_n} \in A_n \,]$ がすべての自然数 n，非負実数列 $t_1 < t_2 < \cdots < t_{n+1}$，状態 $A_i, i = 1, \ldots, n+1$ に対して成り立つとき確率変数の族 $\{X_t\}_{t \geq 0}$ をマルコフ過程 (Markov process) と呼び，マルコフ性を持つと言う．ブラウン運動はマルコフ過程の重要な典型例である．

確率過程（連鎖）は各時刻ごとに確率変数なので，(3.13) から，異なる時刻のあいだの共分散 $C(X_t, X_{t+h})$ や相関係数 $r(X_t, X_{t+h})$ を考えることができ，それぞれ**自己共分散**や**自己相関係数**と呼ぶ．離散的な場合の自己相関係数で $h = k$ のとき，相関係数の定義 (3.13) において $X = X_n, Y = X_{n+k}$ と置いた

$$r(X_n, X_{n+k}) = \frac{\mathrm{E}[\,(X_n - \mathrm{E}[\,X_n\,])(X_{n+k} - \mathrm{E}[\,X_{n+k}\,])\,]}{\sqrt{\mathrm{V}[\,X_n\,]\mathrm{V}[\,X_{n+k}\,]}}$$

である．自己共分散や自己相関係数は，定常マルコフ過程（連鎖）の場合は時刻 t によらないので，良い目安になることがある．たとえば，確率過程がほぼ周期的な場合や，一定の時間幅を置いた過去が現在に強い影響を与える場合には，これらの量を k の関数と見たとき周期や影響の時間幅に応じた増減があるので，対象の持つ「典型的な固有の時間」を分析できる．前節 §3. で紹介した擬似乱数の列は独立性はないが，独立性らしさの簡単な目安として自己相関係数が 0 に近いことなどを検査することもある．

第 9 章で紹介した回帰分析において，説明変数 x が時刻を表すとき時系列モデルであり，関数（法則）の選択まで考えればモデリングである．モデルに基づく予測は第 9 章 §1. 節末でいう外挿である．そこでも注意したが，モデリングでは関数の選び方で予測が大きく変わることは強く注意を要する．この節の記号に合わせて第 9 章の回帰分析を $x \to t, Y \to X$ と書き換えると，(9.7) は

$$X_n = a^* + b^* t_n + Z_n \tag{A.7}$$

となる．ここで $\{Z_n\}$ は正規分布 $N(0, v)$ に従う独立同分布確率変数列である．X_n の法則が過去の X_i や Z_i によらないのでマルコフ性があるが，ばらつきが各時刻ごとに独立，という特殊なマルコフモデルである．各時刻ごとに独立なばらつきは連続時間に拡張できてホワイトノイズとも呼ばれるが，第 13 章で，Z_n を注目する時刻まで足してランダムウォークと呼び，その連続時間の類推としてブラウン運動を紹介したので，ブラウン運動の増分が定めるばらつきという理解の方向が確率微分方程式という標準的な数学の枠組みに至って筋が良い．話を戻して，時刻 t_i での測定から得られるデータ X_i ($i = 1, 2, \ldots, n$) に基づく回帰直線に基づく時刻 t_{n+1} での予測値 $\hat{X}_{n+1}$ は

$$\hat{X}_{n+1} = \hat{a}(X_1, \ldots, X_n) + \hat{b}(X_1, \ldots, X_n)\, t_{n+1}$$

となる．ここで推定量 $\hat{a}, \hat{b}$（回帰係数）は (9.3) と (9.4) によって

$$\hat{a}(X_1, \ldots, X_n) = \overline{X}_n - \frac{\bar{t}_n}{D} \sum_{i=1}^{n}(t_i - \bar{t}_n) X_i, \quad \hat{b}(X_1, \ldots, X_n) = \frac{1}{D} \sum_{i=1}^{n}(t_i - \bar{t}_n) X_i,$$

$$\bar{t}_n = \frac{1}{n} \sum_{i=1}^{n} t_i, \quad D = \sum_{i=1}^{n}(t_i - \bar{t}_n)^2, \quad \overline{X}_n = \frac{1}{n} \sum_{i=1}^{n} X_i,$$

となる．回帰直線に基づく予測は区間推定もできる．第9章章末補足の定理26の証明によって，(9.9) の残差変動 $S_e(X_1,\ldots,X_n) = \sum_{i=1}^{n}(X_i - \hat{X}_i)^2$ と $\overline{X}_n$ と $\sum_{i=1}^{n}(t_i - \bar{t}_n)X_i$ は独立だが，$X_{n+1} - \hat{X}_{n+1}$ は後者2個の量の線形結合なので，S_e と独立になる．さらに，独立同分布で $N(0,v)$ に従う $\{Z_i\}$ の線形結合だから正規分布に従う．分散を計算して，第9章章末補足の定理26の証明で $v^{-1}S_e$ が自由度 $n-2$ の χ^2 分布に従うことが証明済みなことと合わせて，第7章§4.の t 分布の定義と比べると次を得る．

定理 44 $\quad \dfrac{(X_{n+1} - \hat{X}_{n+1})\sqrt{n-2}}{\sqrt{(1 + \frac{1}{n} + \frac{(\bar{t}_n - t_{n+1})^2}{D})S_e}}$ は自由度 $n-2$ の t 分布に従う．$\quad \diamond$

この定理によって，予測値の推定量 $\hat{X}_{n+1}$ の区間推定などが可能である．

自然科学や工学で，精密な予測が必要になれば実験をやり直してデータの大きさ n を大きくし，実験装置などの工夫でばらつき（誤差）Z_i を小さくし，より精密な法則やパラメータの推定を行う．対照的に，一過性でそのときだけの歴史的な現象の場合，過去の（小さな t_n の）データは増やせない．経済学を含む社会学的な現象で時系列を扱う場合は，このことが法則の精密化と予測の有効性の障害になる．第9章§5.図32の例で，完全性を持つ関数形を用いて重回帰分析を行えば，任意の実験結果や観測結果を誤差0で当てはめられることに注意した．すなわち，法則のパラメータがデータの大きさと同程度に多いと，偶然のばらつきまでも法則として当てはめる結果に陥り，当てはまりが良いように見えても正しいパラメータではなく，結果に基づく予測が大きく外れる危険が高くなる．社会現象では要因が複雑ないっぽう，とくに時系列では上に書いた理由でもデータが限られるので，諸量のあいだの知られている相互関係をすべて説明変数として法則に組み込むことはできず，データの大きさとの兼ね合いで比較的小さいと思われる項は0とせざるを得ない．この場合，相互関係の一部は誤差 Z_i の一部とみなして計算するので，データ採取時間間隔 $h = t_{n+1} - t_n$ が小さいとデータに相関があるから，実質的に誤差項の独立性が失われる．時間間隔 h の場合に (A.7) を n と $n-1$ について書いて引き算すると $\phi_0 = b^* h$ と置いて，時間幅一定の場合の回帰直線による時系列モデルは

$$X_n = X_{n-1} + \phi_0 + Z_n - Z_{n-1}, \quad n = 1, 2, \ldots, \tag{A.8}$$

と書ける．複雑な法則を (A.7) のように1次式に制限したと解釈すると，誤差の時間的独立性が実質失われることを $\{Z_n\}$ の独立同分布性を維持したまま，X_{n-1} や Z_{n-1} の係数をパラメータとして調節することで，

$$X_n = \phi_1 X_{n-1} + \phi_0 + Z_n - \theta_1 Z_{n-1}, \quad n = 1, 2, \ldots, \tag{A.9}$$

と，1次式の容易さとパラメータの少なさを優先しつつ (A.7) よりも複雑な法則を近似的に当てはめることが考えられる．(A.9) で定義されるマルコフ連鎖を時系列モデルとするとき，これを **ARMA**(1,1) と言う．

§2.や第13章§1.で紹介した1次元単純ランダムウォークは，$W_n \to X_n$ と書き換

えると，(A.9) で $\phi_0 = 0$, $\phi_1 = 1$, $\theta_1 = 0$ の場合に相当する．1次元単純ランダムウォークをマルコフ連鎖の範囲で拡張した $X_n = \sum_{i=1}^{p} \phi_i X_{n-i} + \phi_0 + Z_n$ を p 次自己回帰モデル **AR**(p) (AutoregRessive) と言う．1次元単純ランダムウォークは AR(1) で $\phi_0 = 0$ と $\phi_1 = 1$ を満たす．(A.7) から (A.8) を導いた議論（階差をとること）を p 重に行うことで，実効的な誤差項の問題を除いて，AR(p) は第9章§5.で紹介した重回帰分析で時間間隔を等間隔とした上に説明変数として t^i, $i=1,2,\ldots,p$ を選んだ場合に対応する．AR(p) の一般化と同様に，過去の誤差項も取り入れた

$$X_n = \sum_{i=1}^{p} \phi_i X_{n-i} + \phi_0 + Z_n - \sum_{j=1}^{q} \theta_j Z_{n-j}$$

を (p,q) 次自己回帰移動平均モデル **ARMA**(p,q) と言う．誤差項の部分だけを用いた $X_n = \theta_0 + Z_n - \sum_{j=1}^{q} \theta_j Z_{n-j}$ は q 次移動平均モデル **MA**(q) (Moving Average) と言う．背後の法則が時間的に定数の場合，異なる時刻の観測値の違いは誤差（偶然のばらつき）だけだから，図3と同様に，標本平均をとることでばらつきを小さくできる．時系列モデルの場合はばらつきを小さくする意図で少し前の時刻の結果との重み付き平均をとる操作を移動平均と言う．

時系列は一般に複雑な現象（法則）を相対的に少ないデータで当てはめることになるので，モデルの工夫が場面ごとに求められる．しかしモデルの提案が多様になるとその優劣が問題になる．ARMAモデルは重回帰分析との対応では時刻 t の低次のべきを法則とするので，昼夜差や季節変化などの周期性のような明快な法則性が見えない問題について，比較的短期間または時間変化が緩やかな場合の分析の出発点としてのコンセンサスを得やすいと考えられる．

第13章で紹介したブラウン運動は時間変数も状態空間も連続な定常マルコフ過程の例である．時間変数が連続で状態空間が離散的な定常マルコフ過程の代表例がポワソン過程 (Poisson process) である．詳しくいうと，(i) S が非負整数で，(ii) 標本 $X_t(\omega)$ を t の関数として見たとき，起こり得る値の変化は1増加することだけ，(iii) 加法性，すなわち，$t_1 < t_2 < \cdots < t_n$ ならば増分 $X_{t_n} - X_{t_{n-1}}$ はそれ以前の時刻の増分 $X_{t_{n-1}} - X_{t_{n-2}}$ 以下と独立，(iv) 定常性，すなわち，$X_t - X_s$ が $X_{t-s} - X_0$ と同分布，(v) $X_0 = 0$, の条件を満たす確率過程はただ一つに決まることが知られていて，これをポワソン過程と呼ぶ．このとき X_t の分布は平均が t に比例するポワソン分布 (6.6) に限ることが知られている：

$$P[\,X_t = k\,] = \frac{(t\lambda)^k}{k!} e^{-t\lambda}, \quad k = 0, 1, 2, \ldots. \tag{A.10}$$

λ は時間あたりの平均増加率 $E[\,X_1\,]$ である．

ポワソン過程は，1個単位で不規則に発生して累積する時系列の確率モデルである．事故（自動車，航空機，一般に機械類），サービスを行う窓口（券売機，入口，レジなど），web page へのアクセスや携帯電話基地局（昔なら電話交換機と書くところだが）

への通信要求，ビットやピクセル単位のノイズ，などの累積発生・到着数，そして放射性同位元素からの放射線のカウント，とさまざまな重要な応用があり得る．

ポワッソン過程は X_t の増加が起こる時間間隔が指数分布に従うことも知られている．具体的には，X_t がはじめて1増える時刻を T_0，以後 X_t が増える時刻の時間間隔を順に $T_1, T_2, \ldots$ と置く（つまり，$T_0 + T_1 \leq t < T_0 + T_1 + T_2$ が $X_t = 2$ となる t の範囲，などとする）と，これらは独立同分布確率変数列で，(A.10) の λ を用いて平均 $\mathrm{E}[T_0] = 1/\lambda$ の指数分布 (2.25) になる．

逆に，確率変数列 $T_0, T_1, T_2, \ldots$，が独立同分布で，平均 $1/\lambda$ の指数分布に従うならば，

$$X_t = \min\{n \mid \sum_{i=0}^{n} T_i > t\} \tag{A.11}$$

で定まる確率過程 $X_t, t \geq 0$，はポワッソン過程になることも知られている．この事実は，時系列データを得たときそれがポワッソン過程の標本である（つまり「事件」発生が不規則である）ことを確かめるのに利用できる．発生時間間隔の度数分布表が指数分布に対して適合するかどうかを第10章で紹介した適合度の検定で検定すれば良い．ポワッソン過程のシミュレーションには (A.11) が便利である．指数分布に従う乱数列 $y_0, y_1, \ldots$，を用意し，$x_t = \min\{n \mid \sum_{i=0}^{n} y_i > t\}$ で t の関数 x_t を作れば良い．指数分布に従う乱数列は $[0, 1)$ 上の一様乱数列 $u_0, u_1, \ldots$，に対して $y_i = -\sigma \log u_i$，$i = 0, 1, 2, \ldots$，と置けば，平均 σ の指数分布に従う乱数列になる．

練習問題 A

1. 第2章で取り上げた一列並びの問題をシミュレーションで検証するために以下の手順で研究することにした：(i) $[0, 1)$ 上の一様乱数列 $x_i, i = 1, \ldots, n \times k$，を生成し，(ii) $y_i = -\sigma \log x_i$ によって，平均 σ の指数分布に従う乱数列に変換し，自分の前の n 人の第 i 番目の人の窓口での処理時間が y_i 分であるとする．(iii) 窓口数は2とし，最初の2人をそれぞれ窓口1, 2で処理し，以後，(iii-a) 一列並びでは空いた窓で待っている人を順に処理，(iii-b) 並列並びでは奇数番目の人は窓口1, 偶数番目の人は窓口2に並ぶとして自分が窓口に着くまでの時間を計る．(iv) これを k 回繰り返して所要時間の分布のシミュレーション結果とする．
$n = 4, k = 3$ として12個の一様乱数列を生成したところ，0.055, 0.481, 0.798, 0.100, 0.647, 0.331, 0.076, 0.383, 0.322, 0.766, 0.233, 0.456 を得た．これを用いて $\sigma = 2$ の場合に，処理時間のシミュレーション列を求め，発車までの都合で待ち時間が5分の余裕という状況で指定券を無事買える確率を比べよ．

2. $S_0 = 0$ および $S_t = S_{t-1} + \mu + \varepsilon_t$ $(t = 1, 2, \ldots)$ で定まるとき系列モデル $\{S_t\}$ について時点 $t - h$ と時点 t の自己共分散 $C(S_{t-h}, S_t)$ を求めよ．ただし h は正の整数とする．ここで μ は t によらない定数，ε_t たちは平均0, 分散 σ^2 の分布に従う独立同分布確率変数．（平成17年日本アクチュアリー会資格試験）

3. ある会社の社員の翌日（1日後）の出社・病欠を予測する確率モデルを考える．このモデルでは，従業員の翌日の出社確率は，本日と前日の出社・病欠にのみ依存し，本日と前日の出社と，翌日の出社の関係は以下のようになっている．(i) 前日，本日とも出社した社員が，翌日出社する確率は 0.98, (ii) 前日は病欠したが，本日は出社した社員が，翌日出社する確率は α, (iii) 前日は出社したが本日は病欠した社員が，翌日出社する確率は 0.8, (iv) 前日，本日ともに病欠した社員が，翌日出社する確率は β, である．さらに，(v) 前日も本日も病欠した社員が，翌々日（2日後）も病欠である確率が 0.29, (vi) 前日は出社したが本日は病欠の社員が，翌々日出社する確率が 0.836, のとき，α, β を求めよ（補足1参照）．（平成17年日本アクチュアリー会資格試験）

4. 1カ月あたりの世界の航空事故は平均4のポワッソン分布にほぼ従うと言う．最後の事故がいまから1週間前にあったとき，いまから半月以内に事故のある確率を求めよ

補足1.

問3について，n 日目に出社するという事象を A_n と書くと，本日が n 日目のとき，A_{n+1}（翌日）は A_n（本日）と A_{n-1}（前日）だけで決まるのでマルコフ性を持つモデルを考えている．1時刻（1日）の事象として A_n（出社）か A_n^c（病欠）しか考えないので，翌日（$n+1$ 日目）の出社の確率は本日と前日の可能な事象の組み合わせに対する4通りの確率 (i)–(iv) で決まる．たとえば，条件付き確率 (1.22) を用いて，

$$\mathrm{P}[\,A_{n+1} \mid A_n \cap A_{n-1} \cap A_{n-2}\,] = \mathrm{P}[\,A_{n+1} \mid A_n \cap A_{n-1} \cap A_{n-2}^c\,]$$
$$= \mathrm{P}[\,A_{n+1} \mid A_n \cap A_{n-1}\,]$$

が成り立つことを意味する．つまり A_{n-2} に関する条件は落とせる，というのが過去2日の記憶だけで決まるマルコフ連鎖，ということである．さらにこの問題は定常性も仮定しないと解けない．問題の条件 (i) を例にとると，$\mathrm{P}[\,A_{n+1} \mid A_n \cap A_{n-1}\,] = 0.98$ が特定の n だけではなく任意の n に対して成り立つことを仮定する．

マルコフ性について，A_{n+1} の条件付き確率は，n 日目と $n-1$ 日目の両方を出社か病欠か条件付けないと $n-2$ 日目以前の条件（A_{n-2}, A_{n-2}^c）を落とせない．たとえば，上記問題の条件 (v) は，条件付き確率の定義 (1.22) と $A_{n+1} \cup A_{n+1}^c = \Omega$ をまず使って

$$0.29 = \mathrm{P}[\,A_{n+2}^c \mid A_n^c \cap A_{n-1}^c\,] = \frac{\mathrm{P}[\,A_{n+2}^c \cap A_n^c \cap A_{n-1}^c\,]}{\mathrm{P}[\,A_n^c \cap A_{n-1}^c\,]}$$
$$= \frac{\mathrm{P}[\,A_{n+2}^c \cap A_{n+1} \cap A_n^c \cap A_{n-1}^c\,] + \mathrm{P}[\,A_{n+2}^c \cap A_{n+1}^c \cap A_n^c \cap A_{n-1}^c\,]}{\mathrm{P}[\,A_n^c \cap A_{n-1}^c\,]}$$

としてはじめて定常マルコフ性が使えて，分子第1項は

$$\mathrm{P}[\,A_{n+2}^c \cap A_{n+1} \cap A_n^c \cap A_{n-1}^c\,]$$
$$= \mathrm{P}[\,A_{n+2}^c \mid A_{n+1} \cap A_n^c \cap A_{n-1}^c\,] \times \mathrm{P}[\,A_{n+1} \mid A_n^c \cap A_{n-1}^c\,] \times \mathrm{P}[\,A_n^c \cap A_{n-1}^c\,]$$
$$= \mathrm{P}[\,A_{n+1}^c \mid A_n \cap A_{n-1}^c \cap A_{n-2}^c\,] \times \mathrm{P}[\,A_{n+1} \mid A_n^c \cap A_{n-1}^c\,] \times \mathrm{P}[\,A_n^c \cap A_{n-1}^c\,]$$
$$= \mathrm{P}[\,A_{n+1}^c \mid A_n \cap A_{n-1}^c\,] \times \mathrm{P}[\,A_{n+1} \mid A_n^c \cap A_{n-1}^c\,] \times \mathrm{P}[\,A_n^c \cap A_{n-1}^c\,]$$

となる．分子2項目も同様に扱ってから (1.23) も使うと

$$0.29 = \mathrm{P}[\,A_{n+1}^c \mid A_n \cap A_{n-1}^c\,] \times \mathrm{P}[\,A_{n+1} \mid A_n^c \cap A_{n-1}^c\,] \\ + \mathrm{P}[\,A_{n+1}^c \mid A_n^c \cap A_{n-1}^c\,] \times \mathrm{P}[\,A_{n+1}^c \mid A_n^c \cap A_{n-1}^c\,]$$

となって，やっと (ii) と (iv) を代入できる．

練習問題の略解

問題番号に * を付けた問は力試しのため解を伏せた.

第 1 章

1. (1.10) の 2 乗を展開して
$$v = \sum_{k\in\Omega} k^2\, Q(\{k\}) - 2\mu \sum_{k\in\Omega} k\, Q(\{k\}) + \mu^2 \sum_{k\in\Omega} Q(\{k\}).$$
右辺第 2 項に (1.9), 第 3 項に (1.7) を代入すると (1.11) を得る.

3. (i) 平均 $5np = 5*20*\dfrac{1}{4} = 25$ 点. (ii) $n = 20, p = 1/4$ として (1.5) を $k = 12$ から 20 まで加えると $0.000935\cdots$. 合格点を取れる可能性は 1000 回受験して 1 回無い. (iii) 0 点は $(3/4)^{20} = 0.003\cdots$. 1000 回中 3 回だから 0 点を取るのもやさしくはないが, 60 点以上を取るより簡単である！（55 点を取る可能性とほぼ等しい.）

4. 補足 1 の (1.20) の両辺を p で微分して $(1-p)p^a$ をかけると平均 $m = a(1-p)/p$ を得る. 同様に 2 回微分して $(1-p)^2 p^a$ をかけたものに $m - m^2$ を足せば分散 $v = a(1-p)/p^2$ を得る.

第 2 章

1. 並列並びと一列並びでは平均は等しいが分散に差があり, 分散の差は意味がある点を説得する必要がある. 確率論を知らない人にとって平均が等しいということだけでも高度な理屈だろうが, さらに分散についての理解を得ないといけない. 文例は読者に任せる.

2. ρ は定義から非負だから, 積分が 1 になることを確かめれば良いが, $\arctan x$ の微分の公式 $(\arctan x)' = 1/(1+x^2)$ を積分して $\lim\limits_{x\to\pm\infty} \arctan x = \pm\pi/2$ を用いれば容易にわかる.（$\arctan x$ は $\tan x$ の逆関数.）よって, 確率分布である. しかし, $\displaystyle\int_{-\infty}^{\infty} |x|\rho(x)dx > \int_1^{\infty} \dfrac{1}{2\pi x}dx = \infty$ なので期待値はない.

4. 母関数とその定義域, 期待値, 分散の順に (i) $\dfrac{p}{e^{-\xi} - 1 + p}$, $\xi < \log\dfrac{1}{1-p}$, $\dfrac{1}{p}$, $\dfrac{1-p}{p^2}$. (ii) $\dfrac{e^{\xi b} - e^{\xi a}}{(b-a)\xi}$, $-\infty < \xi < \infty$, $\dfrac{b+a}{2}$, $\dfrac{(b-a)^2}{12}$. (iii) $\dfrac{1}{1-\sigma\xi}$, $\xi < 1/\sigma$, σ, σ^2.

5. 前の人のときに故障が最後に起きてから譲り受けるまで t_0 時間とし，最後の故障から数えて次の故障が起きるまでの時間間隔（確率変数）を T と置く．題意より T は平均 τ の指数分布に従うので，$t \geqq 0$ に対して，$\mathrm{P}[\,T \geqq t\,] = \int_t^\infty \frac{1}{\tau} e^{-x/\tau} dx = e^{-t/\tau}$．譲り受けてから故障を起こすまでの時間を S と置くと $S = T - t_0$ である．$t > 0$ に対して $S \geqq t$ となる確率は，$T \leqq t_0$ で故障が起きなかったという条件のもとでの条件付き確率 $\mathrm{P}[\,T \geqq t_0 + t \mid T > t_0\,]$ だから，$\mathrm{P}[\,S \geqq t\,] = \dfrac{\mathrm{P}[\,T \geqq t_0 + t\,]}{\mathrm{P}[\,T > t_0\,]} = \dfrac{e^{-(t_0+t)/\tau}}{e^{-t_0/\tau}} = e^{-t/\tau}$．これは，$S$ が平均 τ の指数分布に従うことを意味するから，とくに $\mathrm{E}[\,S\,] = \tau$ である．

すなわち，時間間隔が指数分布に従う現象を途中から観測し始めたとき現象が起こるまでの時間間隔は，観測前にどれほど長いあいだがたっていたかに無関係に，観測を始めた時刻から元の指数分布に従う．これを指数分布の無記憶性と言う．

第 3 章

1. X_k のとり得る値すべてにわたる和を $\sum_{a_k}$ などと書くと，

$$\mathrm{E}[\,(f_1 \circ X_1) \times (f_2 \circ X_2)\,] = \sum_{a_1}\sum_{a_2} f_1(a_1) f_2(a_2) \mathrm{P}[\,X_1 = a_1,\ X_2 = a_2\,]$$

$$= \sum_{a_1}\sum_{a_2} f_1(a_1) \mathrm{P}[\,X_1 = a_1\,] \times f_2(a_2) \mathrm{P}[\,X_2 = a_2\,]$$

$$= \left(\sum_{a_1} f_1(a_1) \mathrm{P}[\,X_1 = a_1\,]\right) \times \left(\sum_{a_2} f_2(a_2) \mathrm{P}[\,X_2 = a_2\,]\right)$$

$$= \mathrm{E}[\,f_1 \circ X_1\,] \times \mathrm{E}[\,f_2 \circ X_2\,]$$

となって (3.4) が成り立つ．

2. ヒントに従うと，まず $\mathrm{E}[\,\mathbf{1}_{Z_j=1}\,] = \mathrm{E}[\,\mathbf{1}_{Z_k=2}\,] = 1/6$ を得る．これから，期待値の加法性 (2.18) を用いるとただちに $\mathrm{E}[\,X\,] = \mathrm{E}[\,Y\,] = n/6$ を得る．次に $\mathrm{E}[\,X^2\,] = \sum_{j,j'} \mathrm{E}[\,\mathbf{1}_{Z_j=1}\mathbf{1}_{Z_{j'}=1}\,]$ において，2重和を $j = j'$ と $j \neq j'$ の場合に分け，それぞれ $\mathbf{1}_A^2 = \mathbf{1}_A$ と命題 3 を用いると，$\mathrm{E}[\,X^2\,] = \dfrac{n(n-1)}{36} + \dfrac{n}{6}$ を得る．Y についても同様．これらと (2.19) から $\mathrm{V}[\,X\,] = \mathrm{V}[\,Y\,] = \dfrac{5n}{36}$ を得る．共分散 $C(X,Y) = \mathrm{E}[\,XY\,] - \mathrm{E}[\,X\,]\mathrm{E}[\,Y\,]$ も同様に変形して2重和を同様に場合分けして，$\mathbf{1}_{Z_j=1}\mathbf{1}_{Z_j=2} = 0$ となることに注意すると，$\mathrm{E}[\,XY\,] = \sum_{j=1}^n \sum_{k=1}^n \mathrm{E}[\,\mathbf{1}_{Z_j=1}\mathbf{1}_{Z_k=2}\,] = \sum_{(j,k);\,k\neq j} \mathrm{E}[\,\mathbf{1}_{Z_j=1}\,]\mathrm{E}[\,\mathbf{1}_{Z_k=2}\,] = \dfrac{1}{36}n(n-1)$ から，$C(X,Y) = \dfrac{-n}{36}$．よって

$$r(X,Y) = \frac{C(X,Y)}{\sqrt{V[X]V[Y]}} = -\frac{1}{5}.$$

4. $F(x) = 1 - (a/x)^b$, $x \geqq a$, F(x)=0, $x < a$.

5. 補足 1 に従って，求める密度関数 $\rho(x)$ は (3.19) の $s = k$ の場合であることを k についての帰納法で証明すれば良い．$k = 1$ のときは指数分布とガンマ分布を比べれば明らか．$Z = X_1 + \cdots + X_k$ がガンマ分布 $\Gamma(k, \sigma)$ で X_{k+1} が独立な指数分布のとき，$Z + X_{k+1}$ の密度関数 $\rho(z)$ は補題 7 の公式から計算できる．ガンマ分布も指数分布も非負実数の上の分布なので，公式を当てはめるときは，たたみこみにおいて $x < 0$ と $x > z$ で 0 としないといけないことに注意すると

$$\rho(z) = \frac{1}{(k-1)!\sigma^{k+1}} \int_0^z x^{k-1} dx e^{-z/\sigma} = \frac{1}{k!\sigma^{k+1}} z^k e^{-z/\sigma}$$

となって，$k+1$ のときもガンマ分布になっている．よって，補足 1 の (3.19) において $s = k$（したがって，$\Gamma(s) = (k-1)!$）としたものが求める密度関数である．

6. 一様分布 $U([0,1])$ の分布関数 F は，$x \leqq 0$ で 0, $0 < x < 1$ で $F(x) = x$, $x \geqq 1$ で 1 となることはすぐわかるので，補足 2 の (3.25) から $0 \leqq x \leqq 1$ で $F_{(1)}(x) = 1 - (1-x)^3$ および $F_{(3)} = x^3$. したがって，$\rho_{(1)}(x) = 3(1-x)^2$ および $\rho_{(3)}(x) = 3x^2$ だから $\mathrm{E}[X_{(1)}] = \int_0^1 x F'_{(1)}(x)\,dx = 1 - \int_0^1 F_{(1)}(x)\,dx = \frac{1}{4}$ および $\mathrm{E}[X_{(3)}] = \int_0^1 x\rho_{(3)}(x)\,dx = \frac{3}{4}$ を得る．最後に，順序統計量は元のデータの並べ替えだから総和は等しいので，とくに，$\mathrm{E}[X_{(1)} + X_{(2)} + X_{(3)}] = \mathrm{E}[X_1 + X_2 + X_3] = 3\mathrm{E}[X_1] = \frac{3}{2}$ だから，$\mathrm{E}[X_{(2)}] = \frac{3}{2} - \frac{1}{4} - \frac{3}{4} = \frac{1}{2}$.

7. 最大値統計量の分布関数は $\mathrm{P}[X_{(n)} \leqq x] = \mathrm{P}[X_i \leqq x, i = 1, \ldots, n] = \mathrm{P}[X_1 \leqq x]^n = x^n$, $0 \leqq x \leqq 1$, なので，その密度 $\rho_{(n)}(x) = nx^{n-1}$, $0 \leqq x \leqq 1$ である．($[0,1]$ の外ではもちろん $\rho(x) = 0$.) よって，まず $\mathrm{E}[X_{(n)}] = \int_0^1 x\rho_{(n)}(x)\,dx = \int_0^1 nx^n\,dx = \frac{n}{n+1}$.

したがって，さらに，$G_n(y) = \mathrm{P}\left[(n+1)\left(X_{(n)} - \frac{n}{n+1}\right) \leqq y\right] = \mathrm{P}\left[X_{(n)} \leqq \frac{n+y}{n+1}\right] = \left(\frac{n+y}{n+1}\right)^n$, $-n \leqq y \leqq 1$. (もちろん $G_n(y) = 0$, $y < -n$, および，$G_n(y) = 1$, $y > 1$.)

最後に，極限は (1.18) から $\lim_{n \to \infty} G_n(y) = \lim_{n \to \infty} \frac{(1 + y/n)^n}{(1 + 1/n)^n} = e^{y-1}$, $y \leqq 1$, および，$G_n(y) = 1$, $y > 1$ となる．

第 4 章

2. 中心極限定理から $\dfrac{1}{\sqrt{nv}}\sum_{k=1}^{n}(X_k-\mu)$ の分布は標準正規分布 $N(0,1)$ に近づく．標本平均 $\overline{X}_n=\dfrac{1}{n}\sum_{i=1}^{n}X_i$ で書き直すと，$\sqrt{\dfrac{n}{v}}(\overline{X}_n-\mu)$ の分布が n が大きいとき $N(0,1)$ に近い．よって，(変形の途中で変数変換 $y=\sqrt{\dfrac{n}{v}}(z-\mu)$ を行って,)

$$\mathrm{P}[\,\overline{X}_n\leqq x\,]=\mathrm{P}[\,\sqrt{\dfrac{n}{v}}(\overline{X}_n-\mu)\leqq\sqrt{\dfrac{n}{v}}(x-\mu)\,]\approx\int_{-\infty}^{\sqrt{\frac{n}{v}}(x-\mu)}e^{-y^2/2}\dfrac{dy}{\sqrt{2\pi}}$$

$$=\int_{-\infty}^{x}e^{-(z-\mu)^2/(2v/n)}\dfrac{dz}{\sqrt{2\pi v/n}}.$$

これは $\overline{X}_n$ の分布が平均 μ，分散 v/n の正規分布 $N(\mu,v/n)$ に近いことを意味する．(近いという言葉を正確に記述するには中心極限定理の形に書くべきである.)

3. 母平均の，データを表す独立確率変数に関して 1 次式の，最良推定量は標本平均 $Y=(X_1+X_2)/2$ だから $a=1$ と $b=3/2$ がただちに決まる．さらに，公式 (2.17) と (3.6) から $\mathrm{V}[\,Y\,]=(\mathrm{V}[\,X_1\,]+\mathrm{V}[\,X_2\,])/4=\sigma^2/2$ を得る．

　ということで，答えはすぐわかるが，試験などでは標本平均が最良推定量という知識を使わないで解答しないといけないかもしれない．まず不偏推定量であるための条件 $\mathrm{E}[\,Y\,]=\mu$ と X_i たちが $N(\mu,\sigma)$ に従うことから $\dfrac{1}{2}a+\dfrac{1}{3}b=1$．次に（不偏性の条件下で）期待値の線形性も用いて，

$$\mathrm{V}[\,Y\,]=\mathrm{E}[\,(Y-\mu)^2\,]=\mathrm{E}\left[\left(\dfrac{a}{2}(X_1-\mu)+\dfrac{b}{3}(X_2-\mu)\right)^2\right]$$

$$=\dfrac{a^2}{4}\mathrm{V}[\,X_1\,]+\dfrac{ab}{3}\mathrm{E}[\,X_1-\mu\,]\mathrm{E}[\,X_2-\mu\,]+\dfrac{b^2}{9}\mathrm{V}[\,X_2\,]=\left(\dfrac{a^2}{4}+\dfrac{b^2}{9}\right)\sigma^2$$

を得るので，不偏性の条件を代入すると

$$\mathrm{V}[\,Y\,]=\left(1-a+\dfrac{1}{2}a^2\right)\sigma^2=\left(\dfrac{1}{2}(a-1)^2+\dfrac{1}{2}\right)\sigma^2$$

となる．有効性とはこれが最小になることだから $a=1$ および $\mathrm{V}[\,Y\,]=\sigma^2/2$ が決まり，不偏性から $b=3/2$ も決まる．

第 5 章

1. H_0 のもとで，12 回中表の出た回数を確率変数 N と置き，整数の部分集合 A に対して $N\in A$ が成り立つ事象の確率を $Q(A)=\mathrm{P}[\,N\in A\,]$ と置く．また，「期待値 $\mathrm{E}[\,N\,]=6$ から k 以上離れた回数」の集合を $A(k)=\{0,1,2,\ldots,6-k,6+k,7+k,\ldots,12\}$ と置く．12 回中 j 回表が出る確率 $\mathrm{P}[\,N=j\,]=Q(\{j\})$ は，$p=0.5$ として，$Q(\{k\})={}_nC_k p^k(1-p)^{n-k}=\dfrac{1}{2^{12}}{}_{12}C_k$.

$$Q(A(4))=\mathrm{P}[\,|N-6|\geqq 4\,]=Q(\{0,1,2,10,11,12\})=\dfrac{79}{2048}=0.0385\cdots,$$

$$Q(A(3)) = Q(\{0,1,2,3,9,10,11,12\}) = \frac{299}{2048} = 0.14599\cdots,$$

だから，$Q(A(k)) \leqq 0.1$ を満たすうちでもっとも要素の数の多いのは $A(4) = \{0,1,2,10,11,12\}$．2 回以下か 10 回以上表が出れば棄却することになる．

正規分布で近似する場合，定理 2 から H_0 のもとで $|N - np|/\sqrt{np(1-p)} = |N - 6|/1.732$ が $N(0,1)$ に近い．両側 5% ずつの棄却域をとると信頼区間は標準正規分布の数表から $[-1.6448, 1.6448]$．よって，$6 - 1.732 \times 1.6448 \leqq N \leqq 6 + 1.732 \times 1.6448$，すなわち，$3.151 \leqq W \leqq 8.849$．3 回以下または 9 回以上で棄却できる．

信頼区間に 1 回分の差がある．この差が n が大きいとき拡大すると困るが，さいわい（2 項分布のように特性関数が 4 次導関数まで連続なら），n が大きいほど小さくなることが中心極限定理の証明から読みとれる．回数は整数なので，1 回程度の誤差は避けられないが，n が 12 程度の小さな値から誤差が 1 回以内に収まっているのは嬉しい．

3. $k = 1, 2, \ldots, 100$ に対して，k 番目のデータの四捨五入と五捨六入の差を X_k と置くと，データの小数点以下が区間 $[0.5, 0.6)$ に入れば $X_k = 1$，それ以外は $X_k = 0$ だから，$P[X_k = 1] = 0.1$, $P[X_k = 0] = 0.9$ を満たす．元のデータの合計の四捨五入と五捨六入の差を $Z = \sum_{k=1}^{100} X_k$（五捨六入のほうが大きくなることはないので Z は非負だから絶対値をとっても変わらない）と置くと，題意は $P[Z \leqq \alpha] \geqq 0.95$ なる整数 α を求めることである．

$E[X_k] = 0.1$, $V[X_k] = 0.09$ だから中心極限定理（定理 9）から，

$$Y = \frac{Z - 100 \times 0.1}{\sqrt{100 \times 0.09}} = \frac{Z - 10}{3}$$

が $N(0,1)$ にほぼ従う．よって，題意は $P[Y \leqq \frac{\alpha - 10}{3}] \geqq 0.95$ となるが，Y がほぼ標準正規分布に従うことから，本文の数表（図 17）から $(\alpha - 10)/3 \geqq 1.6448$，すなわち $\alpha \geqq 14.934$ なので，最小の整数は 15 である．

4. 図 19 に問題文の数値を当てはめながら考えると，$\mu_0 = 165 < 172 = \mu_1$ なので H_0 は片側検定とすべきである．H_0 の棄却域を $[a, \infty)$ と置くと，母分布 $N(165, 11^2)$ のもとで大きさ n のデータの標本平均は系 4 から $N(165, 11^2/n)$ に従うから，有意水準 0.05 の条件はこの分布のもとで $0.05 = \alpha = N(165, 11^2/n)([a, \infty))$．(2.6) を用いて標準正規分布 $N(0,1)$ で表すと $0.05 = N(0,1)([(a-165)\sqrt{n}/11, \infty))$．数表（図 17）から $(a - 165)\sqrt{n}/11 = 1.6448$．よって，$a = 18.093/\sqrt{n} + 165$．

他方で，$N(172, 11^2/n)$ のもとで第 2 種の過誤 β が 2% 以下という条件は $0.02 \geqq N(172, 11^2/n)((-\infty, a])$．上と同様に標準正規分布に直すと $0.02 \geqq N(0,1)((-\infty, (a-172)\sqrt{n}/11]) = N(0,1)([(172-a)\sqrt{n}/11, \infty))$．数表から $(172 - a)\sqrt{n}/11 \geqq 2.05375$．上で決めた a を代入して n について解くと $n \geqq 33.779$ を得るので，n は 34 以上である．

5. 第1種の誤りは H_0 が真の母分布なのに H_0 を棄却すること，つまり (a) のもとで赤が2個出る事象だから，その確率は $P_1 = \frac{{}_3C_2}{{}_{10}C_2} = \frac{1}{15}$．

第2種の誤りは H_1 が真の母分布なのに H_0 を採択する，つまり (b) のもとで赤が2個出る事象の余事象だからその確率は $P_2 = 1 - \frac{{}_6C_2}{{}_{10}C_2} = \frac{2}{3}$．

第6章

1. 独立同分布確率変数（データ）列 $X_1, \ldots, X_n$ に対して標本平均を $\overline{X} = \frac{1}{n} \sum_{i=1}^{n} X_i$ と置き，中心極限定理（定理9）を適用する．視聴率を小数で表したものを $p = x/100$ と置くと，条件は $P[\,|\overline{X} - p| < 0.0005\,] \geqq 0.95$ となる．

$E[\,X_1\,] = p$, $V[\,X_1\,] = p(1-p)$, そしてデータの和は $n\overline{X}$ になることに注意すると，$\frac{1}{\sqrt{np(1-p)}}(n\overline{X} - np)$ が $N(0,1)$ にほぼ従う．よって，$a = 0.0005\sqrt{\frac{n}{p(1-p)}}$ と置くと

$$P[\,|\overline{X} - p| < 0.0005\,] = P\left[\left|\frac{1}{\sqrt{np(1-p)}}(n\overline{X} - np)\right| < a\right]$$
$$= N(0,1)((-a, a)) = 1 - 2N(0,1)((a, \infty))$$

これが 0.95 以上だから $N(0,1)((a, \infty)) < 0.025$ となる a を求めれば良い．図17から $a > 1.96$ となるので $n > (1.96/0.0005)^2 p(1-p)$．右辺は $p = 0.5$ で最大値 3841600 をとるので n は 3850000 以上，つまり約 400 万世帯以上にすれば良い．（が，東京都の人口が約1000万人であることを思えば，非現実的に大きすぎる値である．通常発表される視聴率の小数点以下は信用できそうにない．）

信頼水準 99 % ならば，0.95 の代わりに 0.99，したがって，0.025 の代わりに 0.005 を用いれば良いから 1.96 の代わりに 2.5758 を用いる．よって，$n > (2.5758/0.0005)^2 \times 0.5^2 = 6634746$, つまり約 700 万世帯近くを要する．

3. $E[\,X\,] = \sum_{k \geqq 0} k \frac{\lambda^k}{k!} e^{-\lambda} = \lambda \sum_{k \geqq 1} \frac{\lambda^{k-1}}{(k-1)!} e^{-\lambda} = \lambda,$

$V[\,X\,] = E[\,X^2\,] - E[\,X\,]^2 = E[\,X(X-1)\,] - \lambda^2 + \lambda$
$= \lambda^2 \sum_{k \geqq 2} \frac{\lambda^{k-2}}{(k-2)!} e^{-\lambda} - \lambda^2 + \lambda = \lambda,$

$E[\,e^{X\theta}\,] = \sum_{k \geqq 0} e^{k\theta} \frac{\lambda^k}{k!} e^{-\lambda} = e^{-\lambda + \lambda e^{\theta}}.$

4. X が一様分布に従うから

$$P[\,Y \geqq x\,] = P[\,X \leqq e^{-x/\sigma}\,] = \int_0^{e^{-x/\sigma}} dx = e^{-x/\sigma}.$$

両辺を微分すれば，Y の分布の密度が $\frac{1}{\sigma}e^{-x/\sigma}$ と決まり，(2.25) に一致する．

5. X がポワッソン分布に従うとき，具体的に計算すると，$V[X] = E[(X - E[X])^3] = \lambda$ なので，X の分布の歪度は $1/\sqrt{\lambda}$．
同様に $E[(X - E[X])^4] = 3\lambda^2 + \lambda$ なので，尖度は $3 + 1/\lambda$．

第7章

1. 定理 15 から H_0 のもとで $\frac{50}{v}V$ は χ^2_{50} に従う．対立仮説は，母分散が v でない (v より大きい可能性も小さい可能性も許す) ことだから，両側検定が妥当である．V の棄却域を $(0, a) \cup (b, \infty)$ と置くと，$\chi^2_{50}\left(\left(\frac{50}{v}a, \infty\right)\right) = 1 - \chi^2_{50}\left(\left(0, \frac{50}{v}a\right)\right) = 1 - 0.025 = 0.975$ および $\chi^2_{50}\left(\left(\frac{50}{v}b, \infty\right)\right) = 0.025$，すなわち，カイ平方分布の数表から $\frac{50}{v}a = 32.36$ および $\frac{50}{v}b = 71.42$，となるので，これを解いて，棄却域は $(0, 0.6472v) \cup (1.4284v, \infty)$ となる．

2. 本文で計算したように不偏分散 V_n について $(n-1)V_n(\omega_0) = 78.1$ だから，$\frac{78.1}{v}$ が自由度 $n = 10 - 1 = 9$ の χ^2 分布からとった標本となる．両側に 1% ずつの棄却域をとることにして $\alpha = 0.99$ と $\alpha = 0.01$ に対応する自由度 9 の χ^2 分布の区間の端点の値は χ^2 分布の数表からそれぞれ 2.09, 21.67 だから，信頼区間は $2.09 < \frac{78.1}{v} < 21.67$ となる．これから $3.60 < v < 37.37$．信頼水準 90% に対しては $4.62 < v < 23.45$ だったのでかなり広がる．慎重になれば結論は曖昧になる．どちらを選ぶかは意思決定の問題である．

3. データの大きさ $n = 20$，標本平均 $\overline{X}_n = 105.595$，不偏分散 $V_n = 0.0426053$．定理 18 から μ を母平均とすると $T = \sqrt{\frac{n}{V_n}}(\overline{X}_n - \mu) = 21.666 \times (105.595 - \mu)$ は自由度 $n - 1 = 19$ の t 分布 T_{19} に従う．§ 4.の表から $T_{19}([-a, a]) = 1 - \alpha$ となる a は，$\alpha = 0.05$ のとき $a = 2.093$，$\alpha = 0.01$ のとき $a = 2.861$．以上より，$\mu = 105.595 \pm 0.097$ (95% CL)，$\mu = 105.595 \pm 0.132$ (99% CL)．

4. データの不偏分散を $V_n = \frac{1}{n-1}\sum_{j=1}^{n}(X_j - \overline{X}_n)^2$ と置く．帰無仮説で仮定する母分散を v_0，$\chi^2_n([c, \infty)) = 0.05$ となる c を $c = c_n$ と置くと，題意は $\frac{(n-1)V_n}{3v_0}$ が χ^2_{n-1} に従うときに $P[\frac{(n-1)V_n}{v_0} \geq c_{n-1}] \geq 0.95$ となる n を求めることである．つまり $\chi^2_{n-1}([c_{n-1}/3, \infty)) \geq 0.95$ と $\chi^2_{n-1}([c_{n-1}, \infty)) = 0.05$ を連立させて解けば良い．χ^2_n の表の $\alpha = 0.05$ と $\alpha = 0.95$ の列を眺めると

$n = 2$ のとき 0.10 と 5.99，比は 59.9，

$n = 5$ のとき 1.15 と 11.07，比は 9.63，

$n = 18$ のとき 9.39 と 28.87, 比は 3.07,

$n = 19$ のとき 10.12 と 30.14, 比は 2.98,

$n = 20$ のとき 10.85 と 31.41, 比は 2.89,

$n = 50$ のとき 34.76 と 67.50, 比は 1.94,

なので, $n - 1 \geqq 19$ を得る.

第 8 章

1. (1) 第 5 章の標準正規分布の数表から, 両側棄却域で信頼係数 95％ に対応する ($\alpha = 0.025$) 信頼区間は $[-1.96, 1.96]$. 第 5 章 § 2. に要約したことから, 店 A からの大きさ 8 のデータの標本平均 $\overline{X}_\mathrm{A}$ は $N(\mu_\mathrm{A}, 100^2/8)$ にほぼ従い, 店 B からの大きさ 10 のデータの標本平均 $\overline{X}_\mathrm{B}$ は $N(\mu_\mathrm{B}, 105^2/10)$ に従うから, もう一度第 5 章 § 2. に要約したことを使うと $\overline{X}_\mathrm{A} - \overline{Y}_\mathrm{B}$ は $N(\mu_\mathrm{A} - \mu_\mathrm{B}, 100^2/8 + 105^2/10) = N(\mu_\mathrm{A} - \mu_\mathrm{B}, 2352.5)$ に近いから, $\overline{X}_\mathrm{A}(\omega_0) - \overline{Y}_\mathrm{B}(\omega_0) = 955 - 677 = 278$ に基づく区間推定は $(\mu_\mathrm{A} - \mu_\mathrm{B} - 278)/\sqrt{2352.5} \in [-1.96, 1.96]$, すなわち, $182.9 \leqq \mu_\mathrm{A} - \mu_\mathrm{B} \leqq 373.1$.
(2) 手続きに従って, まず定理 21 に基づいて等分散の検定を行い, 採択されたら定理 22 に基づいて平均の差を区間推定する.

補足の注意に従うと, 店 A からの標本の不偏分散は $93^2 \times 8/7$, 店 B からの標本の不偏分散は $111^2 \times 10/9$ である. 帰無仮説 $H_0\colon \sigma_\mathrm{A} = \sigma_\mathrm{B}$ のもとで, $\dfrac{111^2 \times 10/9}{93^2 \times 8/7} = 1.300$ は F_7^9 からとってきた標本となる. データサイズがほぼ等しくて $1.3 > 1$ なので, 両側検定で棄却されるとすれば大きい側の棄却域に入った場合だが, 信頼係数を 90％ まで落としても（片側あたり確率 0.05 ずつの棄却域）, $F_7^9([3.977, \infty)) = 0.05$ かつ $1.300 < 3.977$ だから H_0 は棄却できない. すなわち, 等分散 $\sigma_\mathrm{A} = \sigma_\mathrm{B}$ を採択する. このとき, 定理 22 から,

$$\dfrac{278 - (\mu_\mathrm{A} - \mu_\mathrm{B})}{\sqrt{93^2 \times 8 + 111^2 \times 10}} \sqrt{\dfrac{8 \times 10 \times (8 + 10 - 2)}{8 + 10}} = \dfrac{278 - (\mu_\mathrm{A} - \mu_\mathrm{B})}{52.016}$$

は $T_{8+10-2} = T_{16}$ からの標本である. 第 7 章の数表 ($n = 16, \alpha = 0.05$) から信頼区間は $\left|\dfrac{278 - (\mu_\mathrm{A} - \mu_\mathrm{B})}{52.016}\right| \leqq 2.120$, すなわち, $167.7 \leqq \mu_\mathrm{A} - \mu_\mathrm{B} \leqq 388.3$.

(3) 帰無仮説 $H_0\colon \mu_\mathrm{A} = \mu_\mathrm{B}$, 対立仮説 $H_1\colon \mu_\mathrm{A} > \mu_\mathrm{B}$ だから片側検定を行う. (2) の計算結果を借用すると, 帰無仮説のもとで $\dfrac{278}{52.016} = 5.34$ は T_{16} からの標本である. 数表 ($\alpha/2 = 0.05, n = 16$) から $T_{16}([1.746, \infty)) = 0.05$ なので 5.34 は棄却域に入るから H_0 は棄却され H_1 を採択する. すなわち $\mu_\mathrm{A} > \mu_\mathrm{B}$ を危険率 0.05 の片側検定で選ぶ.

2. 帰無仮説 H_0: 「母平均は等しい」のもとで, 補足の (8.15) に従って, $T = $

$$\dfrac{32 - x}{\sqrt{10 \times 2^2 + 5 \times 1^2}} \sqrt{\dfrac{10 \times 5 \times (10 + 5 - 2)}{10 + 5}} = (32 - x)\sqrt{\dfrac{26}{27}}$$ は自由度 13 の t 分布に従う. 第 7 章の t 分布の表から有意水準 $\alpha = 5\%$ で H_0 が棄却されるのは

$$\left|(32-x)\sqrt{\frac{26}{27}}\right| > 2.160, \text{ すなわち, } x > 34.20 \text{ または } x < 29.80.$$

第9章

1. (9.10) に (9.5), (9.4), (9.3) を順に代入すると
$$S_r = \frac{C^2}{D^2}\sum_{i=1}^{n}(x_i - \overline{x})^2 = \frac{\left(\sum_{i=1}^{n}(x_i - \overline{x}_n)(y_i - \overline{y}_n)\right)^2}{\sum_{i=1}^{n}(x_i - \overline{x}_n)^2}.$$
これを (9.11) で割れば, $R^2 = \dfrac{S_r}{S_{\text{tot}}} = \tilde{R}^2$ を得る.

2. 回帰係数は $\hat{a} = 6.35$ および $\hat{b} = 0.766$, 相関係数は $S_{tot} = 47.85$ と $S_r = 18.27$ から $R = 0.618$. $S_e = 29.58$ と $\sqrt{D} = 5.58$ および $n - 2 = 12$ を用いれば帰無仮説 $a^* = 1$ の t 検定ができる. -0.833 が T_{12} の標本となるが, 危険率 10% でも棄却できないから $a^* = 1$ はデータと矛盾しない.

ちなみに, 2003 年 7 月下旬 2 週間の東京と名古屋については, $\hat{a} = 2.11$ および $\hat{b} = 0.884$, 相関係数は $S_{tot} = 92.31$ と $S_r = 78.57$ から $R = 0.923$. $S_e = 13.74$ と $\sqrt{D} = 10.03$ および $n - 2 = 12$ を用いれば -1.09 が T_{12} の標本となるが, 2002 年と同じく $a^* = 1$ はデータと矛盾しない. 2003 年のほうが 2002 年よりも相関が高く傾きが 1 に近いのは, 2003 年の夏に通常の高温時期と全国的な異常低温の時期があったため温度変化が大きく, 相関が強調された特殊事情による.

3. $n = 5$, $\overline{y}_n = 10.02$. $x' = \log x$ のとき $\overline{x}'_n = 2$ で, $C = \sum(x'_i - \overline{x}'_n)(y_i - \overline{y}_n) = 16.9$, $D = \sum(x'_i - \overline{x}'_n)^2 = 10$, $E = \sum(y_i - \overline{y}_n)^2 = 30.628$. 決定係数は $R^2 = r(x', y)^2 = \dfrac{C^2}{DE} = 0.9325$ ($R = 0.9657$). 同様に $x' = \sqrt{x}$ のとき $\overline{x}'_n = 29.158$ で決定係数は $R^2 = 0.9072$ ($R = 0.9525$). そこで $x' = \log x$ を採用する.

(9.3) と (9.4) から, $b = C/D = 1.69$, $a = \overline{y}_n - b\overline{x}'_n = 6.64$, $R = 0.9657$.

第10章

1. 定理の上で説明した方針に従う. $\chi^2 = \sum\dfrac{(N_a - np_a)^2}{np_a}$ と置くと, 定理の上の説明から

$$P[\chi^2 \leqq x] = \sum_{\substack{\sum_a n_a = n, \\ \sum_a \frac{1}{np_a}(n_a - np_a)^2 \leqq x}} \frac{n!}{\prod_a n_a!} \prod_{a=1}^{A} p_a{}^{n_a}.$$

各 np_a が十分大きければ, そのまわりで $z_a = \sqrt{\dfrac{n}{p_a}}\left(\dfrac{n_a}{n} - p_a\right)$ と置いて展開できる. 拘束条件 (10.11) は $\sum_a z_a\sqrt{p_a} = 0$ になり, $\triangle n_a = 1$ に対応するのは

$\triangle z = \dfrac{1}{\sqrt{np_a}}$ である. $f = \log n - \sum_a (n_a/n) \log(n_a/p_a)$ と置いてスターリングの公式 (1.16) を n, n_a に適用し, (10.10) を用いると

$$P[\,\chi^2 \leqq x\,] \sim \int_{\sum_a z_a{}^2 \leqq x} n^{-1/2} \delta\left(\sum_a z_a \sqrt{p_a}\right) \prod_a \sqrt{np_a}\, d^A z\, e^{nf} \dfrac{\sqrt{2\pi n}}{\prod_a \sqrt{2\pi n_a}}.$$

$\delta(y)\,dy$ は単位分布 (1.8) に関する積分を表す. $n \to \infty$ で $|z_a|$ の小さいところしか効かなくなることを見越して最後の因子を $n_a \approx np_a$ と置き換え, f についても $f \approx -\sum_a \dfrac{z_a{}^2}{2n}$ とする. ここで z_a の 1 次は (10.10) により消える. 以上により $P[\,\chi^2 \leqq x\,] \approx \int_{y \leqq x} e^{-y/2}\,dy \left(\int d^A z\, \delta\left(y - \sum_a z_a{}^2\right) \delta\left(\sum_a z_a \sqrt{p_a}\right) (2\pi)^{1-A}\right)$ を得るが, 次元を数えると (δ は -1 次元なので) 右辺括弧内は $y^{(A-3)/2}$ に比例するから

$$P[\,\chi^2 \leqq x\,] \sim \mathrm{const} \times \int_{y \leqq x} y^{(A-1)/2 - 1} e^{-y/2}\,dy. \qquad \square$$

2. $B(n,p)$ のもとで x_i の起きる確率は $p_i = {}_n\mathrm{C}_{x_i} p^{x_i}(1-p)^{n-x_i}$ で, 尤度はその積 $L = p_1 p_2 p_3 p_4$. これ (あるいはその対数) が p について最大になる p を求めれば良い. 対数尤度を p の関数として

$$f(p) = \log L = 4\overline{x} \log p - 4(n - \overline{x}) \log(1 - p) + C$$

と置く. ここで C は p によらない定数で, 標本平均を $\overline{x} = \dfrac{1}{4}(x_1 + x_2 + x_3 + x_4)$ と置いた. $f'(p) = \dfrac{4}{p}\overline{x} - \dfrac{4}{1-p}(n - \overline{x}) = 0$ を解くと

$$p = \dfrac{\overline{x}}{n} = \dfrac{1}{4n}(x_1 + x_2 + x_3 + x_4).$$

3. 対数尤度は $\ell(\theta) = \log \prod_{k=1}^n f(x_k, \theta) = n\log(1 + 5\theta) + 5\theta \sum_{k=1}^n \log x_k$ となる. $\dfrac{\partial \ell}{\partial \theta}(\hat{\theta}) = 0$ を解くと, $\hat{\theta} = -\dfrac{1}{5} + \dfrac{n}{5\sum_{k=1}^n \log(1/x_k)}$ を得る. ($1/x_k > 1$ なので $\hat{\theta} > -1/5$ を満たす.)

4. 一様分布だから分布密度関数は $f(x) = \dfrac{1}{32 - c + b - a}$, $x \in [a,b] \cup [c, 32]$, (それ以外の点では 0) なので, 尤度関数は $L(a,b,c) = \prod_{i=1}^6 f(x_i) = \left(\dfrac{1}{32 - c + b - a}\right)^6$ となる. ただし, 標本がすべて問題の区間に入っている条件が付く. 最尤推定値はこの条件下で L を最大にする母数 a, b, c である. f の具体形から a をなるべく大きくすれば良いことは明らか. 標本 1 があるから $a = 1$ と決まる. あとは $c - b$ をなるべく大きくすれば良い. 標本が区間からはみ出さないために, かつ, 条件 $c < 32$ を満たすには $c = 31, b = 16$ が最善である.

練習問題の略解 215

5. $\mathrm{E}[\,cT\,] = \sigma$ から c を求めれば良い．X_k たちの分布が $N(\mu,\sigma^2)$ だから $\mathrm{E}[\,T\,] = \mathrm{E}[\,|X_1-m|\,] = \displaystyle\int_{-\infty}^{\infty} |x| e^{-x^2/(2\sigma^2)} \frac{dx}{\sqrt{2\pi\sigma^2}} = 2\int_0^{\infty} x e^{-x^2/(2\sigma^2)} \frac{dx}{\sqrt{2\pi\sigma^2}} = \sigma\sqrt{\dfrac{2}{\pi}}$.
よって，$c = \sqrt{\dfrac{\pi}{2}}$．

6. 見つけやすい推定量を探す（答えは以下以外にもあり得る）．各々が $f(x,\theta)$ に従う独立確率変数列（データ列）$X_i, i = 1,\ldots,5$，をとる．

(a) $\mathrm{E}[\,X_i\,] = \displaystyle\int_0^{\theta} x f(x,\theta)\,dx = \int_0^{\theta} \dfrac{2x^2}{\theta^2}\,dx = \dfrac{2}{3}\theta$ だから，$\hat{\theta}(X_1,\ldots,X_5) = \dfrac{3}{2}\dfrac{1}{5}\displaystyle\sum_{i=1}^{5} X_i$ は θ の不偏推定量．これを用いると与えられた標本に対する推定値は
$$\hat{\theta}(X_1,\ldots,X_5)(\omega_0) = \dfrac{3}{2}\dfrac{1}{5}(0.7 + 1.6 + 0.9 + 1.2 + 1.5) = 1.77.$$

(b) 同様に，$\mathrm{E}[\,X_i^2\,] = \dfrac{1}{2}\theta^2$ だから $\hat{\theta}^2(X_1,\ldots,X_5) = \dfrac{2}{5}\displaystyle\sum_{i=1}^{5} X_i^2$ は θ の不偏推定量．これを用いると与えられた標本に対する推定値は
$$\hat{\theta}^2(X_1,\ldots,X_5)(\omega_0) = \dfrac{2}{5}(0.7^2 + 1.6^2 + 0.9^2 + 1.2^2 + 1.5^2) = 3.02.$$

((b) については，一般的には 2 次モーメントではなく不偏分散の定数倍を使うほうが素直だろうが，問題自体が現実的というより知識と理解を問う問題のようなので，深読みする必要はなかろう．）

第 11 章

1. (1) A, B, C が釈放されるという事象をそれぞれ $F_\mathrm{A}, F_\mathrm{B}, F_\mathrm{C}$ と置き，看守が「B は処刑される」と答える事象を B と置く．事前確率を $\mathrm{P}[\,F_\mathrm{A}\,] = \mathrm{P}[\,F_\mathrm{B}\,] = \mathrm{P}[\,F_\mathrm{C}\,] = 1/3$（誰が解放されるのも等確率）とすると，ベイズの公式 (11.1) から，看守の言葉という情報を考慮した事後確率は，$p = \mathrm{P}[\,B\,|\,F_\mathrm{A}\,]$ と置くと，$\mathrm{P}[\,F_\mathrm{A}\,|\,B\,] = \dfrac{p}{p+1}$ となる．ここで $F_\mathrm{A}, F_\mathrm{B}, F_\mathrm{C}$ が排反で $F_\mathrm{A} \cup F_\mathrm{B} \cup F_\mathrm{C} = \Omega$ であることと，（看守が嘘を付かないとして）$\mathrm{P}[\,B\,|\,F_\mathrm{B}\,] = 0$ および $\mathrm{P}[\,B\,|\,F_\mathrm{C}\,] = 1$ を用いた．p，つまり，A が釈放される場合に看守が B と C のどちらの名前を A に教えるか，を知らないので，事後確率は場合による．

たとえば，$p = 1$，つまり，看守が，B と C が処刑されるなら「B が処刑される」と返事することに決めていたならば，A の期待どおり情報 B を織り込んだ事後確率 $\mathrm{P}[\,F_\mathrm{A}\,|\,B\,]$ は 1/2 になる．同様に，$p > 1/2$ ならば確率が改善するという意味で，A はなにがしかの追加情報を得る．しかし看守は追加情報を与えないために $p = 1/2$，つまり，B と C が処刑されるならどちらの処刑に言及するか気まぐれに答えれば良い．このとき $\mathrm{P}[\,F_\mathrm{A}\,|\,B\,]$ は 1/3 のままである．

ただし，パラドックスは，論理矛盾の形で問題を提示することで新しい着想を奨励することに目的があるから，真の「正解」は歴史に名が残るような着想である．上記

「解答」はベイズ統計学の立場に忠実に答えているのでその意味では「正解」からもっとも遠い解答である．

(2) 挑戦者が最初に選んだドアを a, 司会者が開けて見せた外れのドアを b, もう1個を c と置いて，F_A, F_B, F_C をそれぞれ，ドア a,b,c が当たりの事象と置き，B を司会者がドア b を開ける事象とすれば，(1) と同じ計算になって，挑戦者がドアの選択を変更しないで当たる確率は $P[F_A \mid B] = \dfrac{p}{p+1}$ である．同様にドア C に変更したとき当たる確率は $P[F_C \mid B] = \dfrac{1}{p+1}$ となる．（ドア B の可能性がないので，両者を合計すると 1 になる．）$0 \leqq p \leqq 1$ なので，挑戦者はドアの選択を変更して損はない．

p は，(1) と同様に考えると，挑戦者が最初に当たりのドアを選んだ場合に司会者が残った 2 つのどちらのドアを開けるかについての癖を表す．$p = 1/2$ のときランダムであり，$p = 1$ のとき開けるドアを決めている．プレーヤーのポジション（利害関係）を変更できない囚人の処刑問題では，看守が B と C のうちランダムに処刑される人を言えば ($p = 1/2$) プレーヤーの情報が増えず確率が改善しないが，返事に癖があれば確率が変わる，と結論を読んだ．モンティ・ホール問題では，同じ計算結果を，司会者が外れのドアを見せることで「消えた確率」$1/3$ が，$p = 1/2$ のときは ((1) と同様にドア a の確率が変わらないので）すべて b に割り振られて挑戦者はポジションを変更したほうが有利になり，司会者に極端な癖 ($p = 1$) があるときだけは a と b は対等のままで選択の変更は意味がない，と読むことになる．

2. (1) ベルヌーイ試行の「1」の出現数 $k(\vec{x}) = n\bar{x}_n$ と 2 項分布の関係 (1.4) および (1.12) 以下で計算した 2 項分布の期待値と分散を用いれば，

$$r^*(u, q^*(\cdot)) = \int_{p \in \Theta} \sum_{\vec{x} \in M} W(p, q^*(\vec{x})) L_p(\vec{x}) u(p) \, dp$$

$$= \int_0^1 \sum_{k=0}^n {}_nC_k \left(p - \frac{1}{n + \sqrt{n}} \left(k + \frac{\sqrt{n}}{2} \right) \right)^2 p^k (1-p)^{n-k} u(p) \, dp$$

$$= \int_0^1 \sum_{k=0}^n {}_nC_k \frac{1}{(n + \sqrt{n})^2} \left(k - np + \sqrt{n} \left(\frac{1}{2} - p \right) \right)^2 p^k (1-p)^{n-k} u(p) \, dp$$

$$= \frac{1}{(n + \sqrt{n})^2} \int_0^1 \sum_{k=0}^n {}_nC_k \left((k - np)^2 + 2\sqrt{n} \left(\frac{1}{2} - p \right) (k - np) + n \left(\frac{1}{2} - p \right)^2 \right)$$
$$\times p^k (1-p)^{n-k} u(p) \, dp$$

$$= \frac{1}{(n + \sqrt{n})^2} \int_0^1 \left(np(1-p) + 0 + n \left(\frac{1}{2} - p \right)^2 \right) u(p) \, dp$$

$$= \frac{1}{4(\sqrt{n} + 1)^2} \int_0^1 u(p) \, dp = \frac{1}{4(\sqrt{n} + 1)^2}$$

(2) $k(\vec{x}) = \sum_{i=1}^n x_i$ と置くと，対称性から，q は $k(\vec{x})$ だけにしかよらないので，最

初から $q(k(\vec{x}))$ と書くことにすると,

$$\begin{aligned}
&r^*(u_{\alpha,\beta}, q(\cdot)) \\
&= \frac{1}{B(\alpha,\beta)} \int_0^1 \sum_{\vec{x} \in M} (p - q(k(\vec{x})))^2 p^{k(\vec{x})+\alpha-1}(1-p)^{n-k(\vec{x})+\beta-1} dp \\
&= \frac{1}{B(\alpha,\beta)} \sum_{k=0}^n {}_nC_k (q(k)^2 B(k+\alpha, n-k+\beta) \\
&\quad - 2q(k) B(k+\alpha+1, n-k+\beta) + B(k+\alpha+2, n-k+\beta))
\end{aligned}$$

(7.4) と (3.22) から $B(a+1, b) = \dfrac{a}{a+b} B(a,b)$ だから,

$$\begin{aligned}
r^*(u_{\alpha,\beta}, q(\cdot)) &= \sum_{k=0}^n {}_nC_k \frac{B(k+\alpha, n-k+\beta)}{B(\alpha,\beta)} \\
&\quad \times \left(q(k)^2 - \frac{2(k+\alpha)}{n+\alpha+\beta} q(k) + \frac{(k+\alpha+1)(k+\alpha)}{(n+\alpha+\beta+1)(n+\alpha+\beta)} \right).
\end{aligned}$$

これを最小にするのは $q(k) = q_{\alpha,\beta}(k) = \dfrac{k+\alpha}{n+\alpha+\beta}$.

3. 積分変数変換 $z = \dfrac{n}{m} \dfrac{p}{1-p}$, すなわち, $p(z) = \dfrac{z}{(n/m)+z}$, $\dfrac{dp}{dz}(z) = \dfrac{mn}{(n+mz)^2}$ によって, Z の従う分布の密度は $u_{m/2, n/2}(p(z)) \dfrac{dp}{dz}(z)$ で与えられるが, これを計算すると, 定理 20 の $g_n^m(z)$ に一致するので求める分布は F_n^m である.

第 12 章

1. (12.31) において微分を実行し (12.27) を用いれば

$$\frac{\partial e}{\partial x}(x, y) = \frac{1}{x^2} \Phi\left(-\frac{1}{2}y + \frac{1}{y}\log x\right) > 0,$$

$$\frac{\partial e}{\partial y}(x, y) = \frac{1}{\sqrt{2\pi}} \exp\left(-\frac{1}{2}\left(\frac{y}{2} + \frac{1}{y}\log x\right)^2\right) > 0,$$

となってどちらの変数についても増加関数であることがわかる.

　x が大きい, つまり, 権利行使価格を低く設定すれば将来高い株を安く入手できる可能性があるから, オプションの価格が上がるのは当然である. いわばリスク中立確率のもとでの期待値の意味での単調性を表す.

　y が大きいとは株価の予想不能な変動の幅が大きいということだが, 変動が大きければ現在価格で (つまり, リスク中立確率のもとで期待値の意味で) 釣り合っていても権利行使による相対的な利益が上がることを表す. これはまさにリスクヘッジの趣旨であった.

2. 微分を実行すれば機械的に得られる. $\Phi''(z) = -z\Phi'(z)$ と合成関数の微分法則を用いてていねいに整理していけば (求めるべき方程式は与えられているので) 得られる.

第 13 章

1. (13.7) において $b = a - 1$ と置くと

   (i) $P[\,W_n \leqq a - 1,\ M_n \geqq a\,] = P[\,W_n \geqq a + 1\,]$.

   n 歩目で a 以上にいれば $M_n \geqq a$ の条件は自動的なので,

   (ii) $P[\,W_n = a,\ M_n \geqq a\,] = P[\,W_n = a\,]$, および,

   (iii) $P[\,W_n \geqq a + 1,\ M_n \geqq a\,] = P[\,W_n \geqq a + 1\,]$.

   (13.5) の下で注意したとおり $\{T_a \leqq n\} = \{M_n \geqq a\}$ なので,

   $P[\,T_a \leqq n\,] = P[\,M_n \geqq a,\ W_n \geqq a + 1\,] + P[\,M_n \geqq a,\ W_n \leqq a - 1\,] + P[\,M_n \geqq a,\ W_n = a\,]$. これに (i)–(iii) を代入すれば (13.8) を得る.

2. 補題 7 から, 問題の式の左辺は $N(\mu_1, v_1)$ と $N(\mu_2, v_2)$ にそれぞれ従う独立確率変数の和の分布の密度を表すから, 第 5 章 §2. に要約したことによって $N(\mu_1 + \mu_2, v_1 + v_2)$ の密度になる. よって, とくに $M = \mu_1 + \mu_2,\ V = v_1 + v_2$.

   定理を忘れても, 正規分布の密度の定義を代入して z について平方完成してガウス積分 (2.5) を用いれば同じ結果にいたる.

   $\mu_1 = \mu_2 = 0$ かつ $t > s > 0$ かつ $v_1 = t - s,\ v_2 = s$ のとき, §3. の標準ブラウン運動の定義から, 確率変数 $B_t - B_s = B_{v_1 + v_2} - B_{v_2}$ と $B_s = B_{v_2}$ は独立で前者の分布は B_{v_1} の分布 $N(0, v_1)$ に等しく, 後者の分布は $N(0, v_2)$ に等しい. したがって, その和 $B_t = B_{v_1 + v_2}$ の分布の密度は補題 7 から問題の式の左辺に等しいが, $B_t = B_{v_1 + v_2}$ の分布はブラウン運動の定義から $N(0, v_1 + v_2)$ なので, 問題の式の右辺に等しい. すなわち, 問題の式は標準ブラウン運動の時刻 t での位置 B_t に関する事象を, 時刻 s での位置 z で分類する公式と見ることができる.

3. (13.18) と (12.26), (12.29) を見比べれば, $B_t = \sqrt{t}\,N'$ および $B_T = \sqrt{T}\,N$ をただちに得るので, 標準ブラウン運動の定義から $\sqrt{T}\,N - \sqrt{t}\,N'$ は B_{T-t} と同分布, すなわち, 平均 0 分散 $T - t$ の正規分布であって N' と独立になる. これが N と N' の関係である.

   時刻 t 時点で考える (12.30) は, 満期までの残り $T - t$ 時間はそれまでと無関係に (したがって, その時点での株価 S_t と独立に) 満期時刻 $T - t$ のときの公式に従う. 上の式で $N,\ N'$ の係数が平方根だが, 独立確率変数で加法的なのは分散で, 係数は標準偏差という関係になる.

4. 条件付き確率の定義とブラウン運動の $x \to -x$ に関する対称性から得られる $P[\,B_1 > 0\,] = P[\,B_1 < 0\,] = 1/2$ を順に使って $P[\,B_2 > 0 \mid B_1 > 0\,] = P[\,B_2 > 0,\ B_1 > 0\,]/P[\,B_1 > 0\,] = 2P[\,B_2 > 0,\ B_1 > 0\,]$.

   $X = B_1,\ Y = B_2 - B_1$ と置くとブラウン運動の定義から X, Y は独立でそれぞれ標準正規分布 $N(0,1)$ に従うから $2P[\,B_2 > 0,\ B_1 > 0\,] = 2P[\,X + Y > 0,\ X > 0\,] = 2\int_{x+y>0,\ x>0} e^{-(x^2+y^2)/2}\dfrac{dx\,dy}{2\pi}$.

   極座標 $x = r\cos\theta,\ y = r\sin\theta$ に変数変換すると, $\{(x,y) \mid x+y > 0,\ x > 0\} = \{(r,\theta) \mid r > 0,\ -\pi/4 < \theta < \pi/2\}$ であり, $dx\,dy = r\,dr\,d\theta$ なので,

$$\mathrm{P}[\,B_2 > 0 \mid B_1 > 0\,] = \frac{2}{2\pi} \int_0^\infty re^{-r^2/2}\,dr \int_{-\pi/4}^{\pi/2} d\theta = -\left.\frac{6}{8}e^{-r^2/2}\right|_0^\infty = \frac{3}{4}.$$

第A章

1. $y = -2\log x$ で指数分布に従う乱数列に変換する．（本書では理論分野の慣習に従って log は自然対数としているが，Excel などでは LOG は常用対数 $\log_{10}$ を表すこともあるので注意．その場合は自然対数は LN (log natural) と書くことが多い）．結果は 5.80, 1.46, 0.45, 4.61, 0.87, 2.21, 5.15, 1.92, 2.27, 0.53, 2.91, 1.57 となる．

   一列並び第 1 試行では窓口 1 が 5.8，窓口 2 が $1.46 + 0.45 + 4.61 = 6.52$ となって 5 人目である自分は 5.80 分後に窓口 1 に行き着く．残り 2 試行はそれぞれ $2.21 + 1.92 = 4.13$ 分後および $0.53 + 2.91 = 3.44$ 分後に窓口 2 に行き着く．つまり一列並びの待ち時間シミュレーション結果は，5.80, 4.13, 3.44 である．同様に並列並びは（自分は奇数番目なので窓口 1 だけ見れば良くて）$5.80 + 0.45 = 6.25$, $0.87 + 5.15 = 6.02$, $2.27 + 2.91 = 5.18$ となる．待ち時間が 5 分以内となる確率は一列並びでは 2/3，並列並びでは 0 である（必ず買い損なう）．

   （もちろん，本当にシミュレーションを行うならば，計算機上でもっと試行数 k を大きくして調べるべきである．）

2. 共分散の双線形性から $(h\mu - \mathrm{E}[\,h\mu\,] = 0$ に注意して) $C(S_{t-h}, S_t) = C(S_{t-h}, S_{t-h} + h\mu + \varepsilon_{t-h+1} + \cdots + \varepsilon_t) = C(S_{t-h}, S_{t-h}) + C(S_{t-h}, \varepsilon_{t-h+1}) + \cdots + C(S_{t-h}, \varepsilon_t)$.

   共分散の定義から，$C(X,X) = \mathrm{E}[\,(X - \mathrm{E}[\,X\,])^2\,] = \mathrm{V}[\,X\,]$，および，$X$ と Y が独立なら $C(X,Y) = \mathrm{E}[\,(X - \mathrm{E}[\,X\,])(Y - \mathrm{E}[\,Y\,])\,] = \mathrm{E}[\,X - \mathrm{E}[\,X\,]\,]\mathrm{E}[\,Y - \mathrm{E}[\,Y\,]\,] = 0$ だから，$C(S_{t-h}, S_t) = \mathrm{V}[\,S_{t-h}\,] = \mathrm{V}[\,\varepsilon_{t-h}\,] + \cdots + \mathrm{V}[\,\varepsilon_0\,] = (t-h)\sigma^2$.

3. たとえば，(i) は $\mathrm{P}[\,A_{n+1} \mid A_n \cap A_{n-1}\,] = 0.98$ などとなる．題意から記憶の長さが 2 の定常マルコフ連鎖の問題なので (i)–(iv) の量でモデルは決まる．補足 1 の説明に従って条件 (v) (vi) を (i)–(iv) の量で書き直すと，$(1-\alpha)\beta + (1-\beta)^2 = 0.29$ および $0.8\alpha + 0.2\beta = 0.836$ を得る．これを解く（たとえば，あとの式を α について解いて前の式に代入すれば β の 2 次方程式になるので，解の公式を用いて $0 < \beta < 1$ を満たす解をとり（β は確率だから），これを α について解いてあった式に代入すれば α を得る）と，$\alpha = 0.92$, $\beta = 0.5$ と求まる．

4. 事故の発生時系列がポワッソン過程で記述できると，時間間隔は平均 1/4 カ月の指数分布になる．指数分布の無記憶性（第 2 章の練習問題の問 5 参照）により，最後の事故がいつあったかに関係なく，次の事故が起こるのいまからの期間は平均 1/4 カ月の指数分布になるから半月以内に起こる確率は $\int_0^{0.5} 4e^{-4x}dx = 1 - e^{-2} = 0.86\cdots$.

関連図書

[1] 服部哲弥, 統計と確率の基礎
http://www.math.tohoku.ac.jp/~hattori/gakjutu.htm
http://www.math.tohoku.ac.jp/~hattori/gkcorr.htm
[1] は本書のためのウェブページ．関連資料や講義の様子などの情報を置いてある．子ページに本書の訂正や補足の履歴を置いてある．手数をおかけするが，購入後時間がたってから後半の章を拾い読みするなどの場合，訂正の有無を確認していただければさいわい．また，紙数の（すなわち，値段の）都合で割愛した文献も増刷時の訂正一覧表に残してある．

[2] 松本裕行, 宮原孝夫, 数理統計入門, 学術図書, 1990.
統計学の入門的教科書は恐ろしく多い．本書と同じ出版社にも [2] を含めて多数ある．[2] は少ないページ数ながら（ゆえに，安いのに）要の材料を簡明的確に配したたいへん良い入門的教科書．

[3] 井出冬章, 文系のための統計入門, KAWAIJUKU ACTIVE LEARNING SCHOOL, 2008.

[4] 服部哲弥, 確率論入門,
http://web.econ.keio.ac.jp/staff/hattori/probe.htm

[5] D. サルツブルグ, 統計学を拓いた異才たち, 竹内惠行, 熊谷悦生共訳, 日本経済新聞社, 2006.
本書は高校3年までの数学，とくに，確率・統計と微分・積分関連の章を前提にしている．高校のカリキュラムの隙間も埋める必要がある場合には [3] をあげておく．[4] には本書第3版執筆時に所属する慶應義塾大学経済学部の確率論入門の講義スライドを貼ってある．[5] は統計学の歴

史書．数式を使わずに背後の精神に踏み込む．

- [6] 吉田伸生，確率の基礎から統計へ，遊星社，2012 年．
- [7] 渡辺浩，使うための確率論入門，サイエンス社「数理科学」，2006 年 6 月号から連載．
- [8] 高岡浩一郎，藤田岳彦，穴埋め式確率・統計らくらくワークブック，講談社サイエンティフィク，2003．
- [9] 国沢清典編，確率統計演習，（2 分冊）1 確率，2 統計，培風館，1966．
- [10] 小針晛宏，確率・統計入門，岩波書店，1973．
- [11] R. V. Hogg, A. T. Craig, J. McKean, *Introduction to Mathematical Statistics,* Prentice Hall, 2004. 数理統計学ハンドブック，豊田秀樹 監訳，朝倉書店，2006．
  本書と同程度のやさしさの入門教科書の中からごくごく一部を紹介する．[6] は近刊の良書．[7] は具体例から入ることで引き込まれる構成で，単行本化を期待したが実現していないのは残念．[8, 9] は人気の演習書，[10] はていねいに解説した古典．問題にはていねいな解答付き．[11] は詳しい（結果として分厚く，ゆえに，高い）入門的教科書．
- [12] Particle Data Group, *Review of particle properties*, Review of Modern Physics, **48–2**, Part II (1976) S1–S246; Rosenfeld, A.H., 1975, Ann. Rev. Nucl. Sci. 25, 555. http://pdg.lbl.gov/2012/reviews/rpp2012-rev-history-plots.pdf
- [13] 楠岡成雄，確率・統計，森北出版（新数学入門シリーズ 7），1995．
- [14] 北川敏男，新版 統計学の認識 基盤と方法，白揚社，1948．
- [15] 岡田章，ゲーム理論 [新版]，有斐閣，2011．
  [12] は高エネルギー実験データを集計した報告集．本書第 6 章のシミュレーションは，この報告にある年次変化のグラフを理解することが動機にあった．[13] は統計学そのものの考察を含む初等的だが示唆的な薄い本．絶版は残念．本書第 11 章はこの本に触発された．[14] は [13] の著者楠岡先生に教わった．統計学の詳しい歴史や思想を整理して俯瞰した書．絶版だが http://www.sci.kagoshima-u.ac.jp/~ebsa/

kitagawa04/index.html に pdf が置いてある．第 11 章に関連してゲームの理論の教科書として [15] を挙げる．

[16] 熊谷隆，確率論，共立出版（新しい解析学の流れ），2003．

[17] 吉田伸生，ルベーグ積分入門 − 使うための理論と演習，遊星社，2006．

[18] 服部哲弥，大学院入試問題と略解集「ルベーグ積分」
http://web.econ.keio.ac.jp/staff/hattori/inmon.htm

[19] 関根順，数理ファイナンス，培風館，確率論教程シリーズ 7，2007．

[20] 藤田岳彦，ランダムウォークと確率解析，日本評論社，2008．

[21] 服部哲弥，ランダムウォークとくりこみ群，共立出版，2004．

[22] 服部哲弥，$Amazon$ ランキングの謎を解く − 確率的な順位付けが教える売上の構造，化学同人，B6 版，224 頁，2011．

数学に詳しいほうが数理統計学の理解も明快で早くなる．たとえば [16] は確率論を本格的に学ぶための入門教科書．現代確率論は測度論（ルベーグ積分論）に基づいて組み立てられることで数学的にすっきりし強力な解析手段となった．ルベーグ積分の入門教科書としてたとえば [17] がある．[18] はウェブに置いたルベーグ積分の練習問題集．需要があるようなので紹介しておく．本書第 12 章と第 13 章は確率過程論が背景にある．確率過程論に基づく数理ファイナンスの教科書としてたとえば [19] がある．ランダムウォークは初心者にはわかりやすいが，数学的美しさはブラウン運動に負ける．[20] はこの数学者心理の隙をついて，ブラウン運動の高度な数学をランダムウォークに美しく翻訳することに成功した．ランダムウォークは通常は増分の独立同分布性が解析の要だが，[21] は自己相似性と指数を中心に置いたくりこみ群解析を解説した．[22] は流体力学極限の統計学への応用のある実践を扱う．

[23] D. E. Knuth, *The art of computer programming*, 2nd ed., vol. 2, Addison-Wesley, Reading, MA, 1981.

[24] L. Devroye, *Non-Uniform Random Variate Generation*, Springer, New York, 1986.

[25] 杉田洋，確率と乱数，数学書房選書 4，数学書房，2014．

（擬似）乱数生成アルゴリズムは深い研究が行われてきた．[23] は，本書原稿も利用する組版ソフト TeX の発明者でもある，計算機科学の大家の伝説的名著．一様乱数が生成できれば原理的にはそれを利用して種々の分布に従う乱数が生成できるが，効率的に行うには分布ごとに工夫を要する．[24] はそのための辞書本．絶版は残念．擬似乱数の主要な用途であるモンテカルロ法において一義的に重要なのは（周期や分布ではなく）近似が悪い確率が低いことである．[25] はこの視点から確率論の極限定理やモンテカルロ法の原理を読み解き直す．

[26] 政府統計の総合窓口　http://www.e-stat.go.jp/
[27] 気象庁　http://www.jma.go.jp/jma/index.html
[28] 地震調査研究推進本部，宮城県沖地震の長期評価
http://www.jishin.go.jp/main/chousa/00nov4/miyagi.htm
同，長期的な地震発生確率の評価手法について，2001　http://www.jishin.go.jp/main/choukihyoka/01a/chouki0103.pdf
[29] R.A.Fisher, *Has Mendel's Work Been Rediscovered?*, Annals of Science **1** (1936) 115-137. http://digital.library.adelaide.edu.au/dspace/handle/2440/15123
[30] 日本アクチュアリー会　http://www.actuaries.jp/
キーワードでウェブを検索すれば比較的新しい統計データの手軽な検索ができる．本書で引用したのは [26, 27, 28]．人口動態調査データは [26] の窓口から探すことに変わった．気象データは [27] から気象統計情報の中の過去の気象データ検索に入る．地震関係は [28] から引用した．フィッシャーによるメンデルのエンドウ豆の交配実験のデータの再検討論文は [29] にある．都道府県警の捜査費は MSN 毎日インタラクティブの記事「都道府県警捜査費：3分の1に激減」（2006 年 5 月 5 日 3 時 00 分更新，毎日新聞）の引用だがリンクが切れた．アクチュアリー資格試験問題は解答付きの試験問題集をアクチュアリー会が販売している [30]．

索引

アルファベット・記号

ARMA(p, q)（自己回帰移動平均モデル），199
Bayes（ベイズ），138
Bernoulli(ベルヌーイ)，5
BMI 指数，103
BPT 分布，44, 186
Brown（ブラウン），177
$_nC_k$（2項係数），6
canonical ensemble, 正準集合（統計力学の），130
Cauchy（コーシー），25
CL（confidence level, 信頼水準），69, 83
Cramér（クラメール），124, 127
E[X], 18
e（自然対数の底），11
Einstein（アインシュタイン），177
Fisher, R.A.（フィッシャー），80, 124, 131, 138
F 検定，88, 94, 108
F 分布，87, 138
Gauss（ガウス），16, 58, 138

Gibbs（ギブス），125
Glivenko（グリヴェンコ），53
Gosset（ゴセット），138
hitting time, 178, 188
hitting time（到達時刻），175
i.i.d.（独立同分布），29
K. Ito（伊藤清），185
Kullback（カルバック），125
Lévy（レヴィ），53
MAP 推定値，140
Markov（マルコフ），198
$N(\mu, v)$（正規分布），16, 58
Neyman（ネイマン），144
Nikodým（ニコディム），129
Pareto（パレート），40
Pascal（パスカル），13
Pearson, E. S. （E. S. ピアソン），144
Pearson, K. （K. ピアソン），138
Poisson（ポワッソン），72

p 値, 60, 118
Radon（ラドン），129
Rao（ラオ），124
$\mathbb{R}^n$, $\mathbb{R}_+$, 15
Savage（サヴェッジ），150
Stieltjes（スティルチェス），185
Stirling（スターリング），11
Student（ステューデント＝ゴセット），138
t 分布, 81, 106
V[X], 18
V[$X + Y$]
　　相関係数との関係, 36
　　独立確率変数の場合, 33
Wald（ワルド），126, 142, 146, 154
Wiener（ウィーナー），177
Γ 関数（ガンマ関数），40
Γ 分布（ガンマ分布），40
$\delta_{i,j}$（クロネッカーのデルタ），54
δ_a（単位分布），8, 42, 180

索　引

σ 加法性（測度のシグマ加法性）, 191
σ 加法族（シグマ加法族）, 190
χ^2 検定（カイ平方検定）, 118, 120
χ^2 分布（カイ平方分布）, 40, 78

あ行

アービトラージ (arbitrage), 161
アクチュアリー, ii, 223
アメリカンオプション, 160
安全債券, 159
安全割増（保険料）, 25
一様分布, 26, 197
一様乱数, 2, 31, 197
一列並び, 20
一致性，一致推定量, 51, 126
伊藤積分, 185
伊藤の公式, 185
移動平均モデル MA(q), 199
ウィーナー過程, 177
エントロピー（分布の，情報理論の，統計力学の）, 130
大きさ（データの）, 29
オッズ（ベイズの公式）, 135
オプション（金融）, 160

か行

回帰残差，回帰変動, 105
回帰直線，回帰係数，回帰値，回帰曲線, 102
回帰分析, 100, 127, 199
回帰方程式，回帰式, 100
階級，階級幅, 93, 120
概収束, 48
階乗 $n!$, 11
外挿, 103, 199
カイ平方分布, 40, 78, 118, 120
ガウス積分, 16
ガウス分布 $N(\mu, v)$, 16
確率，確率測度, 7, 190
確率過程, 172, 198
　　ブラウン運動, 177
　　ポワッソン過程, 201
確率空間, 190
確率積分, 185
確率微分方程式, 186
確率変数, 18
　　定義関数（事象の）, 38
　　離散(値)確率変数, 18
　　連続型確率変数, 18
確率母関数, 26
確率密度関数, 16, 35
確率連鎖, 172, 198
　　単純ランダムウォーク, 173
　　マルコフ性, 198
過誤（第1種の過誤，第2種の過誤）, 61, 64, 144
可算加法性（測度の）, 191
可測集合，可測集合族，可測空間, 190

片側棄却域，片側検定, 64, 118
偏り, 103
株券，株式市場，株式公開, 157
加法性
　　確率の，測度の, 7, 191
　　期待値の, 20
　　独立な場合の分散の, 33
　　独立確率変数の分散の, 21
カメロン・マルチンの定理, 188
カルバックの情報量, 125, 129
完備性（2項1期モデルの）, 161
ガンマ関数, 40
ガンマ分布, 40
幾何分布, 26
棄却, 60
棄却域, 60, 118
危険域, 60
危険率, 60, 67, 118
擬似乱数, 197
期待収益率, 148
期待値 $E[X]$, 18
期待利得（期待効用）, 148, 154
ギブスの不等式, 125
帰無仮説, 61
逆ガウス分布, 44, 186
逆確率, 135
強一致推定量, 51, 126
鏡像原理, 175
共分散, 36
局所中心極限定理, 10

許容的 (admissible) 解, 146, 154
寄与率（回帰分析）, 105
金融派生商品, 160
区間推定, 67
クラメールの定理, 127
クラメール・ラオの定理, 124
グリヴェンコの定理, 53
クロネッカーのデルタ, 54
経験分布, 42, 120, 180, 198
結合分布, 53
結婚年齢の男女差, 1
決定係数, 105
原資産（金融）, 159
検定, 60
 F 検定, 88, 94, 108
 χ^2 検定, 118, 120
 棄却域，片側検定，両側検定, 64, 118
 相関の検定, 106
 適合度の検定, 120
 等分散の検定, 88
 等平均の検定, 90
 独立性の検定, 122
 2 仮説検定, 64, 144
 分散比の検定, 88
 母分散の検定, 80
 母平均の検定, 83
 尤度比検定, 117
 離散分布の検定, 120
検定力, 64, 144
検定力関数, 64
較正（実験学）, 103
効率（推定量の）, 126
コーシー分布, 25

コールオプション, 160
コルモゴロフ (Kolmogorov), 190
根元事象, 8, 37, 191

さ行

最小 2 乗法, 101, 127
最小値，最大値（統計量）, 41
最大事後確率, 140
採択（検定における）, 60
裁定，無裁定, 161
最頻値, 41
最尤法，最尤推定量, 116
最良性，最良推定量, 51, 126
残差，残差変動, 105, 199
3 歳差結婚, 1
サンプル, 29
資金自己調達的, 164
シグナル（信号）, 2
シグマ加法性（測度の）, 191
シグマ加法族, 190
時系列, 198
自己回帰移動平均モデル ARMA(p, q), 199
自己回帰モデル AR(p), 199
事後確率, 135, 138, 140
自己共分散（時系列モデル）, 199
自己相関係数（時系列モデル）, 199
事象, 7, 190
指数ブラウン運動, 183, 186

指数分布, 26, 40, 201
事前確率, 135, 138, 140
自然対数の底 e, 11
自然法則, 110
視聴率, 57, 70
悉皆調査, 27
四分位数, 41
四分位範囲, 41, 48
シミュレーション, 74, 183, 195, 202
弱収束, 49, 72, 132, 182
収益率, 159
重回帰分析, 107
従属, 13
自由度
 F 分布, 87
 t 分布, 81
 χ^2 分布, 78
周辺分布, 35
シュワルツの不等式, 36
順序統計量, 41
条件付き確率, 13, 46, 135
状態空間（マルコフ過程）, 177, 198
小標本理論, 78
情報不等式, 125
情報量
 エントロピー, 130
 カルバックの情報量, 125, 129
 シャノンの情報量, 130
 フィッシャー情報量, 124, 129, 131
人口動態調査, 1, 86, 223
信頼区間, 67
信頼係数，信頼水準, 60, 67

索引

推定
  片側区間推定，両側区間推定, 64
  区間推定, 67
  点推定, 45, 101, 117
  平均の差の推定, 90
  母分散の区間推定, 80
  母平均の区間推定, 67, 83
推定量, 45, 115
  MAP 推定値, 140
  一致推定量, 51, 126
  最大事後確率, 140
  最尤推定量, 116
  最良推定量, 51, 126
  標本平均, 34, 45, 122
  不偏推定量, 51, 122
  不偏分散, 45, 122
  ベイズ解, 143, 146, 154, 156
  ミニマックス (minimax) 解, 143, 153
  有効推定量, 51, 126
酔歩, 173
数理ファイナンス, 158, 222
スターリングの公式, 11, 88, 214
スティルチェス積分, 185
正規分布 $N(\mu, v)$, 16, 58
正規母集団, 30, 78
正準集合（統計力学の）, 130
積率母関数, 26
絶対連続（測度が）, 129
説明変数（回帰分析）, 100
世論調査, 57
遷移確率（マルコフ連鎖）, 198
漸近正規性（推定量の）, 127
線形合同法（一様乱数）, 197
線形性（期待値の）, 20
先験的確率, 135, 138, 140
全事象，全体集合, 5, 15, 190
全数調査, 27
前兆, 138
尖度, 76
全変動（回帰分析）, 105
相関係数, 36, 133
  自己相関係数, 199
  標本相関係数, 105
相関の検定, 106
相対エントロピー, 125, 130

た行

第1種の過誤（誤り），第2種の過誤（誤り）, 61, 64, 144
対数正規分布, 55, 169
大数の法則, 49, 52, 172, 175
対数尤度関数, 116
対数尤度比, 117
大標本理論, 68
対立仮説, 64, 144
多項分布, 120
たたみこみ（関数の）, 38
単位分布, 8

単純ランダムウォーク, 173
中位数, 41
中央値, 41, 48
中心極限定理, 11, 50, 67, 168, 172
追試（実験学）, 55, 74
筒集合, 194
定義関数（事象の）, 38
定常性（マルコフ連鎖）, 198
データ, 29
適合度の検定, 120
デリバティブ, 160
点推定, 45, 101, 117, 140
統計誤差, 69
統計的決定理論, 142
統計的検定, 60
統計的推測, 68
統計力学, 130
統計量, 45
到達時刻
  ドリフト付きブラウン運動の, 188
  ブラウン運動の, 178
  ランダムウォークの, 175
同年齢結婚, 1
等分散の検定, 88
等平均の検定, 90
特性関数, 53
独立，独立性
  ベルヌーイ試行の, 5
  事象の, 13
  確率変数列の, 32, 53
  i.i.d.正規確率変数の $\overline{X}_n$ と V_n の, 83
  分布の密度による言

い換え, 35
分散の加法性, 33
大数の法則, 中心極限定理, 48
相関係数, 36
独立性の検定, 122
独立増分性, 178
独立同分布, 29, 33
度数分布, 93, 120
ドリフト付きブラウン運動, 186

な行

2 仮説検定, 64, 144
2 項 1 期モデル, 159
2 項係数, 6, 9, 13
2 項定理, 9
2 項分布, 6
　多項分布, 120
2 項モデル, 2 項 n 期モデル, 164
抜き取り検査, 61, 80
ネイマン・ピアソンの定理, 144
ノイズ（雑音）, 2, 31

は行

場合の数, 6
バイアス, 103
排反事象, 7
パスカル分布, 13
ばらつき, 2, 8, 27, 56, 93, 94, 105
パレート分布, 40
範囲（統計量）, 41
反射原理, 175
反転公式, 53
ヒストグラム, 120
被説明変数（回帰分析）, 100
比熱（統計力学の）, 130
非ベイズ統計学, 146
標準正規分布, 58
標準偏差
　2 項分布の, 10
　離散分布の, 8
　連続分布の, 16
　確率変数の, 20
　ボラティリティ, 148, 169
標本, 29
標本回帰係数, 101
標本回帰直線, 102
標本最小値, 標本最大値, 標本中央値, 41
標本相関係数, 105
標本標準偏差, 99, 122
標本分散, 99, 122
χ^2 検定, 81
標本平均, 34, 45, 122
品質管理, 98
フィッシャー情報量, 124, 129, 131
複製ポートフォリオ, 161
プットオプション, 160
負の 2 項分布, 13
不偏性, 不偏推定量, 51, 122
不偏分散, 45, 80, 88, 122
ブラウン運動, 177
　指数ブラウン運動, 183, 186
　ドリフト付きブラウン運動, 186
ブラック・ショールズの公式, 株価モデル, 169, 222
分散
　離散分布の, 8
　連続分布の, 16
　2 項分布の, 10
　確率変数の V[X], 18, 19
　独立な場合の加法性, 33
　共分散, 36
　母分散, 30
　不偏分散, 45, 51, 80, 88
　標本分散, 81, 99
分散比, 88, 95
分散分析, 94
　実用上の意味, 20, 148, 169
　ボラティリティ, 148, 169
分布
　F 分布, 87, 138
　t 分布, 81, 106
　一様分布, 26, 197
　カイ平方 (χ^2) 分布, 40, 78, 118, 120
　確率変数の, P∘X^{-1}, 18, 30, 34
　ガンマ分布, 40
　幾何分布, 26
　結合分布, 34
　コーシー分布, 25
　指数分布, 26, 40, 201
　周辺分布, 35
　正規分布, 16, 58
　対数正規分布, 55,

　　　　169
　　多項分布, 120
　　単位分布, 8
　　2 項分布, 6
　　2 次元分布, 34
　　パスカル分布, 13
　　パレート分布, 40
　　負の 2 項分布, 13
　　ポワッソン分布, 72,
　　　　201
　　離散分布, 8, 37
　　連続分布, 16, 35
分布関数, 38
分離定理（凸解析）, 151
平均
　　離散分布の, 8
　　連続分布の, 16
　　2 項分布の, 10
　　母平均, 30
　　標本平均, 45, 90
　　平均値, 41
平均の差の推定, 90
ベイズ解, 143, 146, 154,
　　156
ベイズ統計学, 142, 146
　　非ベイズ統計学, 138
ベイズの公式，ベイズの
　　定理, 135
並列並び, 20
ベータ関数, 82, 88, 143
ベータ分布, 156
ベルヌーイ試行, 5, 70,
　　　136, 142, 190
法則収束, 49, 132, 168,
　　182
ポートフォリオ, 159
　　複製, 161
母関数, 26
母集団, 28, 190

母集団回帰係数, 100
母集団特性値, 45
母数, 30, 58, 115
母分布, 30
母平均，母分散
　　区間推定，検定, 67,
　　　80, 83
　　分散分析, 94
ボラティリティ, 148,
　　169
ホワイトノイズ, 199
ポワッソン過程, 201
ポワッソンの少数の法則,
　　72
ポワッソン分布, 72, 201

ま行

待ち行列，窓口, 14
マネーゲーム, 157
マルコフ性，マルコフ連
　　鎖, 198
満期（オプションの）,
　　160
密度関数
　　連続分布の, 16, 35
　　ラドン・ニコディム
　　　の, 129, 188
　　和の分布の, 38
ミニマックス (minimax)
　　解・定理, 143,
　　　153
見本, 29, 174
無記憶性（指数分布）, 26
無作為抽出, 29, 140, 195
モーメント $E[X^k]$, 26,
　　70
モデリング, 198
モンティ・ホール問題,
　　156

や行

有意水準, 60
有効性，有効推定量, 51,
　　126
尤度，尤度関数，尤度方
　　程式, 116
尤度比, 117, 135, 140
尤度比検定, 117
ヨーロピアンオプション,
　　160
予測, 102, 103, 199
予測分布, 140

ら行

乱数, 195, 197
ランダムウォーク, 173,
　　222
離散（値）確率変数, 18
離散分布, 8, 37, 120
リスク, 157
　　リスク中立確率, 163
　　リスクヘッジ, 160
リターン, 157
流体力学極限, 181
両側棄却域，両側検定,
　　118
累積密度関数, 38
レヴィの反転公式, 53
連続型確率変数, 18
連続分布, 16, 35

わ行

歪度, 76
和の分布の密度関数, 38
ワルドの定理, 126, 146,
　　154
ワルド分布, 44, 186

執筆者紹介

服部 哲弥
はっとりてつや

学習院大学理学部，宇都宮大学工学部，立教大学理学部，名古屋大学大学院多元数理科学研究科，東北大学大学院理学研究科を経て，慶應義塾大学経済学部教授

統計と確率の基礎　第3版
とうけい　かくりつ　き そ　だいさんぱん

2006年 4 月30日	第1版	第1刷	発行
2006年11月10日	第2版	第1刷	発行
2012年 3 月20日	第2版	第3刷	発行
2014年10月10日	第3版	第1刷	発行
2017年 3 月20日	第3版	第2刷	発行

著　者　　服部哲弥
発行者　　発田寿々子
発行所　　株式会社　学術図書出版社

〒113-0033　東京都文京区本郷5丁目4の6
TEL 03-3811-0889　振替 00110-4-28454
印刷　三和印刷（株）

定価はカバーに表示してあります．

本書の一部または全部を無断で複写（コピー）・複製・転載することは，著作権法でみとめられた場合を除き，著作者および出版社の権利の侵害となります．あらかじめ，小社に許諾を求めて下さい．

Ⓒ T. HATTORI　2006, 2014　Printed in Japan
ISBN978-4-7806-0414-6　C3041